Las tres preguntas

LAS TRES PREGUNTAS.

Argumentos convincentes de la existencia de Dios y de su comunicación con nosotros.

————————

Ing. Orlando Hernández

Comunícate con el autor de este libro escribiendo a:

hernandezorlando@yahoo.com

www.orlandohernandez.org

Editado por: neslymbello • Servicios editoriales

info@neslymbello.com

Diseño de portada: Gustavo Millán

ISBN: 978-0-9983288-1-2

Si alguien les pregunta acerca de la esperanza cristiana que tienen, estén siempre preparados para dar una explicación; pero háganlo con humildad y respeto.

1 Pedro 3,15-16

Las tres preguntas

A todos aquellos que durante mis conferencias me han demostrado que cada día se hacen más necesarias aportaciones racionales que a manera de columnas, ayudan a sostener el edificio de nuestra fe.

Y

A mi esposa Pilar que, con su presencia, apoyo y ayuda me acompañó durante todo este caminar.

Y

A mi hija Cata, para que con los de su generación, sepan reconocer la verdad y se maravillen de ella.

Las tres preguntas

ARCHDIOCESE OF MIAMI
Office of the Archbishop

Decreto

THOMAS G. WENSKI

por la gracia de Dios y el favor de la Sede Apostólica
Arzobispo de Miami

El texto del libro *"Las Tres Preguntas"* ha sido revisado cuidadosamente y está exento de todo aquello contrario a la fe o la moral tal como lo enseña la Iglesia Católica Romana.

Por lo tanto, de acuerdo con el canon 824 del *Código de Derecho Canónico*, otorgo el *approbatio* necesario para la publicación del libro *"Las Tres Preguntas."*

Este *imprimatur* es una declaración oficial de que el texto está exento de error doctrinal o moral, y puede ser publicado. Esto no implica que la concesión de este sello signifique estar de acuerdo con el contenido, opinión o declaración expresadas por el autor del texto.

Dado en Miami, Florida, el diecinueve de agosto en el año de Nuestro Señor dos mil veintiuno.

Arzobispo de Miami

Attestatio et Nihil Obstat

Cancellarius

9401 Biscayne Boulevard, Miami Shores, Florida 33138
Telephone: 305-762-1233 Facsimile: 305-757-3947

Las tres preguntas

Tabla de contenido

INTRODUCCIÓN

No soy diácono ni teólogo, ni miembro alguno de la jerarquía de nuestra Iglesia católica. Soy un laico comprometido, estudié Ingeniería de Sistemas y luego hice una maestría en Administración de Empresas. Esta misma presentación inicia la introducción de mi primer libro, *Lo que quiso saber de nuestra Iglesia católica y no se atrevió a preguntar*. Para el presente libro debo agregar que tampoco soy astrónomo ni biólogo (aclaración necesaria, ya que, para responder la primera pregunta de este libro —«¿Dios existe?»—, he acudido mucho a estas dos ciencias que han cautivado mi curiosidad desde muy temprana edad).

Siempre he disfrutado de conocer los mecanismos y el funcionamiento de las cosas, desde las muy elementales —como una trampa de ratón—, hasta la extrema complejidad de un computador. Pero dos temas me han intrigado de manera especial: la astronomía y la genética. Cientos de preguntas que necesitaban de una respuesta han ido apareciendo a lo largo de mi vida. ¿Cómo se formó todo? ¿De dónde proviene toda la materia que conforma el universo? ¿Por qué hemos encontrado miles de planetas similares a Marte, o a Venus o a Júpiter, fuera de nuestro sistema solar, pero ninguno como el nuestro? ¿Por qué los objetos celestes se mueven de una manera determinada, que nos permite saber con precisión cómo lucirá el cielo dentro de veinte o cincuenta mil años? ¿Cómo funciona una estrella? ¿Cómo produce su luz? ¿Cómo se pasa de un óvulo fecundado a un ser humano? ¿Cómo sabe esa pequeñísima célula que debe generar células de corazón, por un lado, y de pulmón, cerebro y hueso, por otro? ¿Cómo una pequeña célula puede procesar información? ¿Qué hace que nuestro cuerpo genere piel nueva solo en el lugar donde nos cortamos o nos raspamos, y no en donde tenemos piel sana? ¿Por qué, si la lesión es en la yema de los dedos, la piel nueva debe ir con lo que conocemos como huella digital, pero si es en la palma, no? ¿Cómo sabe la célula que debe reparar un tejido roto?

Nunca imaginé que la astronomía y la genética pasarían, de ser curiosidades intelectuales que me emocionaba conocer en profundidad, a ser temas sobre los que escribiría. Tampoco imaginé que las ciencias se convertirían en los mejores aliados para encontrar argumentos racionales de la existencia de Dios. Decía el padre de la microbiología, Louis Pasteur, «un poco de ciencia nos aparta de Dios. Mucha, nos aproxima a Él». Soy un fiel testigo de la verdad de dicha afirmación. La ciencia me condujo a Dios y Dios me condujo a Él.

Debo confesar que cuando adquirí mi primera biblia (La *Biblia popular* de la editorial Herder), hace muchos años, no lo hice con el propósito de conocer la Palabra de Dios, sino porque quería conocer la versión bíblica de la creación. Es decir que mi motivación fue intelectual y no espiritual. Debo confesar también que encontré fascinante el enorme parecido de la narración bíblica de la creación del universo con la teoría de la gran explosión (*Big Bang*[1]). ¿Cómo pudo haber sabido Moisés, el autor del Génesis, que el universo tuvo un comienzo? ¿Cómo pudo haber hablado él de una fuente de luz en el primer día[2], diferente a la de los astros luminosos que se crearon en el cuarto? ¿Cómo pudo saber que toda la materia orgánica de los seres vivientes proviene de la tierra, en total concordancia con la ley de la conservación de la energía[3]? ¿Cómo pudo saber que la vida se originó en los mares y no en la tierra, contrario a lo que hubiera supuesto cualquier observador de la naturaleza? ¿Cómo pudo saber que solo la vida puede producir vida, como lo afirma la ley de la biogénesis?

En mi primer libro contesté treinta y tres preguntas que considero que todo católico debe poder responder sin acudir a las consabidas respuestas: «Eso es un acto de fe» o «Eso es lo que nos enseña la Iglesia». Pero con el tiempo me di cuenta de que había tres preguntas fundamentales que debían preceder a esas treinta y tres. Esas tres preguntas son la razón de esta obra. ¿Dios existe? Si responde que sí, entonces es válido preguntarse: ¿Se comunica con nosotros? Si

---

[1] Según esta teoría, la materia era un punto infinitamente pequeño y de altísima densidad que, en un momento dado, explotó y se expandió en todas las direcciones. Así se creó lo que conocemos como nuestro universo, incluyendo el espacio y el tiempo.

[2] En 1978, se otorga el premio Nobel de Física a Penzias y a Wilson por el descubrimiento de la radiación de fondo de microondas, atribuida a la explosión de esa fuente primaria de energía.

[3] Descubierta a mediados del siglo XIX gracias a los trabajos de Mayer, Joule, Helmholtz y otros.

también responde que sí, entonces cabe la pregunta: ¿Cómo saber que es confiable esa comunicación? Estas tres preguntas fueron los pilares del discurso apologético del apóstol san Pablo a los griegos de su época.

> Pablo se levantó en medio de ellos en el Areópago, y dijo: «Atenienses, por todo lo que veo, ustedes son gente muy religiosa. Pues al mirar los lugares donde ustedes celebran sus cultos, he encontrado un altar que tiene escritas estas palabras: "A un Dios desconocido". Pues bien, lo que ustedes adoran sin conocer, es lo que yo vengo a anunciarles. El Dios que hizo el mundo y todas las cosas que hay en Él es Señor del cielo y de la tierra. No vive en templos hechos por los hombres, ni necesita que nadie haga nada por Él, pues Él es quien nos da a todos la vida, el aire y las demás cosas. De un solo hombre hizo Él todas las naciones, para que vivan en toda la tierra; y les ha señalado el tiempo y el lugar en que deben vivir, para que busquen a Dios, y quizá, como a tientas, puedan encontrarlo, aunque en verdad Dios no está lejos de cada uno de nosotros[...] Dios pasó por alto en otros tiempos la ignorancia de la gente, pero ahora ordena a todos, en todas partes, que se vuelvan a él. Porque Dios ha fijado un día en el cual juzgará al mundo con justicia, por medio de un hombre que Él ha escogido; y de ello dio pruebas a todos cuando lo resucitó». (Hechos de los Apóstoles 17,22-31)

San Pablo afirma: «El Dios que hizo el mundo y todas las cosas que hay en él». O sea que Dios creador sí existe, y nos señala cómo debemos vivir: «[...] y les ha señalado el tiempo y el lugar en que deben vivir [...]». Es decir que sí se comunica con nosotros, y que la resurrección de Jesús prueba que era el Mesías: «[...] y de ello dio pruebas a todos cuando lo resucitó». O sea que sí podemos confiar en esa comunicación. Desafortunadamente, la mayoría de los católicos no conoce argumentos racionales que le ayuden a respaldar sus respuestas a esas tres preguntas, asumiendo que contestarían afirmativamente a todas ellas.

Hace un tiempo, la Asociación Humanista Británica (AHB)[4] contrató una campaña publicitaria en el Reino Unido. Esta campaña se fue extendiendo poco a poco por toda Europa[5] con el siguiente eslogan: «Probablemente Dios no existe, deja de preocuparte y disfruta la vida». El «probablemente» lo colocaron para protegerse de posibles demandas por parte de comunidades cristianas.

---

[4] Fundada en 1896 con más de setecientos mil miembros activos en cerca de setenta ciudades en todo el Reino Unido, la Asociación promueve el humanismo. Su actual presidenta es la comediante Shappi Khorsandi.

[5] En España la campaña fue financiada por las asociaciones Ateos de Cataluña y Unión de Ateos y Librepensadores.

Igualmente, se enorgullecen de la publicación de la denominada «biblia para los ateos», escrita por su expresidente, el filósofo británico A. C. Grayling. Esta publicación se titula *El buen libro: una biblia humanista*[6]. La obra se presenta como una colección de libros —al igual que nuestra Biblia—, entre los que se encuentran: Génesis, Sabiduría, Parábolas, Lamentaciones, Cantos, Hechos, Epístolas, y Proverbios, entre otros. Un formato similar tiene la versión juvenil, *Manual del joven ateo*, escrita por el profesor de ciencias Alom Shaha. Este manual pretende dar a los adolescentes una guía de cómo vivir la vida sin recurrir a la religión y es distribuido gratuitamente por la Asociación en las escuelas secundarias de Inglaterra y Gales. ¿Estamos nosotros los católicos preparados para hacerle frente a empresas como la AHB?

En la actualidad se adoctrina equivocadamente a nuestros hijos y a la sociedad en general con un ateísmo simple, flojo y mentiroso, a punta de falsedades y medias verdades, usando como argumento principal la teoría de la evolución de Darwin. Hoy más que nunca es necesario conocer los últimos descubrimientos científicos que falsean las bases de las teorías naturalistas sobre el origen del universo y de la vida y que, por consiguiente, fortalecen la teoría de un Creador como causa de todo lo que existe.

Hace ya más de cincuenta años, y gracias a estos descubrimientos, una gran cantidad de biólogos, químicos, físicos, matemáticos y paleontólogos no se atreven a defender la teoría de Darwin tal y como la propuso en su momento (la lista de los firmantes de la conocida *Declaración científica de disidencia contra el Darwinismo*[7] sobrepasa los miles). Estos científicos rechazan el azar como rector del proceso de la formación de la vida propuesto por Darwin y reconocen la necesidad de una «inteligencia» como la causa de toda la creación.

¿Que fue una «bola» de energía el origen de todo? Sí, pero no como lo explican los naturalistas con sus elaboradas teorías del origen de esa energía

---

[6] Publicado en marzo del 2011 por la editorial Walker & Company.

[7] Los científicos que firmaron la declaración de disidencia provienen de todo el mundo y tienen títulos de universidades prestigiosas como Yale, Princeton y Stanford. Cada firmante debía tener un doctorado en un campo científico o tener un título de doctor en Medicina y ejercer como profesor de medicina. Dice la declaración: «Somos escépticos de las afirmaciones sobre la capacidad de la mutación aleatoria y la selección natural para explicar la complejidad de la vida». Se puede consultar la declaración con la lista detallada de los signatarios en: https://www.discovery.org/m/2019/02/A-Scientific-Dissent-from-Darwinism-List-020419.pdf También recomiendo visitar la página: https://dissentfromdarwin.org/

primaria. Para ellos, la nada fue capaz de aleatoriamente producir esa «bola» que dio lugar a todo. Para nosotros, Dios en su calidad de creador y de diseñador la creó: solo Él puede crear algo de la nada. ¿Que esa «bola» explotó dando origen al tiempo y al espacio? Sí, pero no por decisión propia —como lo explican los naturalistas—: lo hizo como parte del plan de ejecución diseñado por Dios. ¿Que después de un largo periodo de tiempo apareció vida unicelular en nuestro planeta? Sí, pero no como el resultado de una extraordinaria coincidencia, cuando una descarga eléctrica impactó un mar lleno de compuestos químicos, sino por la intervención de un ser superior que le infundió a la materia la «información» necesaria para que se formara una célula capaz de formar todas las expresiones de vida que han habitado nuestro planeta. ¿Que ha habido una evolución de las especies? Sí, pero no como la explican los naturalistas, que sostienen que una especie puede mutar tanto hasta convertirse en otra distinta, sino como lo atestigua el registro fósil: las especies han aparecido repentinamente y completas; es decir, con complejos sistemas óseos, nerviosos, circulatorios, etc., y, una vez que han aparecido, se han adaptado a su ambiente a través de microevoluciones o pequeñas modificaciones en su funcionamiento. Creemos en una evolución teísta. Pero, lo más importante: somos creación y, por lo tanto, tenemos un propósito. Nadie crea algo sin un propósito.

Cuando uno habla con personas ateas acerca de los temas que yo trato en este libro, es posible que se encuentre con algunas a quienes les encanta buscarle tres patas al gato (según la expresión de Cervantes en su *Quijote de la Mancha*), personas que desafían toda lógica y sentido común. Supongamos que la mamá de Carlitos llega por la tarde a su casa y descubre que le hacen falta unas galletas. Mira alrededor y nota que hay boronas en el piso. Igualmente, nota las huellas de unos zapatos, que se acercan al lugar donde guarda las galletas y luego se alejan.

¿Qué evidencias tenemos?

1. Faltan galletas.
2. Hay boronas en el piso.
3. Hay huellas de zapatos que se acercan al lugar donde se guardan las galletas y luego se alejan.

¿Cómo podemos explicar la misteriosa desaparición de las galletas?

1. Carlitos se las comió.
2. La hermana mayor se las comió.
3. La mamá se las comió.
4. El papá se las comió.

Si agregamos a nuestra lista de evidencias que la hermana mayor salió de viaje por la mañana y que además no le gustan las galletas, sería razonable descartar la posibilidad número dos. Si también agregamos que el tamaño de la huella de los zapatos corresponde al de una talla pequeña, y no grande como las tallas de los padres, sería igualmente sensato descartar las posibilidades tres y cuatro. Es decir que, siguiendo una lógica razonable, podemos concluir casi con certeza que la única explicación para la desaparición de las galletas es la posibilidad número uno. ¿Cierto?

Pero, como decía, existen personas que no van a estar de acuerdo con esta conclusión porque son de esa clase a la que hacía referencia Cervantes en su obra. Ellas van a adicionar otras posibles explicaciones a la desaparición de las galletas. Van a proponer alternativas como que la hermana mintió con respecto a su viaje, esperó a que la casa quedara sola, se puso los zapatos de su hermano y cogió las galletas dejando caer las boronas. También podrían proponer que fue el papá el que montó toda la escena para hacer parecer que había sido Carlitos y no él; o que fue un extraterrestre.

Estas nuevas teorías que pueden sugerir estas personas ciertamente son posibles explicaciones de que falten las galletas. Pero ¿son lógicas? ¿Realmente tienen sentido? ¿Son alternativas que vale la pena considerar? Seguramente a quien las propone le va a parecer que sí, pero no así al común de la gente, que utiliza una lógica más simple. La navaja de Ockham es un principio metodológico según el cual, en igualdad de condiciones, la explicación más sencilla suele ser la más probable[8]. Esto implica que, cuando dos teorías en igualdad de condiciones tienen las mismas consecuencias, la teoría más simple tiene más probabilidades de ser correcta. Posiblemente usted jamás había escuchado de esta metodología, pero la encuentra lógica y con bastante sentido, porque así lo dicta la razón.

Este libro presenta una serie de tesis lógicas y razonables con las que se explican hechos que la razón puede comprender y aceptar como válidos y certeros. La explicación se basa enteramente en la evidencia existente y no acude a absurdos que dificultan formar ideas claras y con sentido.

---

[8] La navaja de Ockham (a veces escrito Occam u Ockam) es un principio de economía o principio de parsimonia (*lex parsimoniae*). Es un principio metodológico y filosófico atribuido al fraile franciscano, filósofo y lógico escolástico Guillermo de Ockham (1280-1349).

Acudiendo a los descubrimientos científicos en los campos de la astronomía, la física y la biología, respondo a la pregunta «¿Dios existe?». La física ha ido desentrañando poco a poco los misterios de la materia y la energía, encontrando la enorme cantidad de «coincidencias» que tenían que ocurrir de un modo tan milimétricamente orquestado para que se formara un universo capaz de albergar vida, mostrando así que estas «coincidencias» sobrepasan todos los límites de la simple casualidad.

La ciencia había asumido la existencia del átomo como un hecho cierto desde el principio, pero hoy sabemos mucho más acerca de toda la secuencia de eventos que se necesitaron para que se formara, por ejemplo, un simple átomo de hidrógeno estable. Una vez que existe un átomo, pasar a objetos como una estrella requiere mucho más que suerte. Requiere diseño, planeación, cuidadosa ejecución; en otras palabras, requiere inteligencia —y una muy avanzada—.

Con la primera célula que habitó nuestro planeta pasó igual: se asumió que era muy fácil explicar su existencia a partir de reacciones químicas en un mar primitivo con una atmósfera incipiente llena de gases inertes. Pero hoy sabemos que la más simple célula tuvo que haber sido extremadamente compleja como para haber procesado la instrucción de autorreproducirse y haber tomado la decisión, más compleja aún, de hacerlo.

Tomar la decisión de autorreproducirse y saber cómo hacerlo —que es la base del árbol de la vida propuesto por Darwin— requiere de una inmensa cantidad de «algo» que no es material, que no puede ser explicado por la química ni por la física. Ese «algo» es la información. Ni ella ni la cualidad de saberse vivo para tomar una decisión pueden ser explicadas por la ciencia. Esa información que está representada en el ADN es todo un misterio para la visión naturalista, que sigue sin poder dar una explicación de su origen, pero que al menos ya reconoce que el azar no la pudo haber generado. El ADN es a la célula lo que el *software* es al computador. Solo la inteligencia puede producir información. Esa inteligencia tan avanzada que estaba presente desde el principio no es otra que la del Creador mencionado en el primer capítulo del Génesis de nuestra Biblia.

Prosigo con una segunda pregunta igualmente importante: ese creador que definitivamente existe, llámelo usted como lo quiera llamar —yo lo llamo Dios—, ¿se comunica con nosotros? O, ¿simplemente nos creó y se fue a dormir? Como cualquier buen padre, Dios ha mantenido una permanente comunicación pública con nosotros de cuatro formas: a través de su creación, de nuestros sentimientos, de personas muy especiales llamadas profetas y, por último, a través de su hijo Jesucristo. Estas dos últimas formas son recopiladas en la Biblia. Así que, ante la pregunta de si Dios se comunica con nosotros, la respuesta es un categórico sí. Dios habla con nosotros y lo hace a través de este libro tan especial que posee una sabiduría que sobrepasa toda capacidad humana. Dicha sabiduría se puede observar desde la narración tan sucinta de la creación del universo hasta narraciones que nos presentan información avalada por la ciencia muchos siglos después de su escritura. Me refiero a información como la de la redondez de la Tierra (Isaías 40,22), la magnitud y expansión del universo (Salmos 104,2), el infinito número de estrellas (Jeremías 33,22), que la Tierra «flota» libremente en el espacio (Job 26,7), el ciclo del agua (Eclesiastés 1,7), el peso del aire (Job 28,25), la composición de la luz blanca (Job 38,24), etc.

Las narraciones bíblicas también incluyen profecías que se cumplieron con una precisión sorprendente, como la invasión del monarca Jerjes a Grecia —quien reinó entre 485-464 a. C.— (Daniel 11,2-12); o el ascenso y caída de Alejandro Magno (Daniel 8,5-8, 21-22; Daniel 11,3-4); o el tiempo y la forma en que el rey Nabucodonosor iba a morir (Daniel 4); o las penurias que tuvo que pasar el rey Antíoco el Grande (Daniel 8) con el pueblo egipcio por mantener el control de Tierra Santa; o las profecías sobre la venida de Jesús —dónde nacería, quiénes serían sus padres, dónde viviría, cómo viviría, cómo y dónde moriría, sus milagros, quiénes serían sus amigos y enemigos, de qué forma sería recordado, su resurrección, su legado, etc.—. Repito, esto no es suerte. Ningún otro libro sagrado de las religiones más importantes del mundo posee este tipo de información científica o histórica, lo que de paso nos indica que estamos en la religión correcta.

Es evidente que la Biblia no es un libro ordinario y que, a pesar de haber sido escrito en el transcurso de un periodo de mil setecientos años, por más de cincuenta autores que vivieron por separado en tres continentes y que emplearon tres idiomas, no posee contradicciones en los tres temas principales que trata: la Iglesia, la salvación y el Reino de los Cielos; temas sumamente polémicos y controversiales. Es evidente que detrás de toda su escritura hubo un solo autor guiando a los profetas para comunicar las palabras de nuestro Creador.

La última pregunta, «¿podemos confiar en esa comunicación?», está fundamentada en la resurrección de Jesús. Su resurrección demuestra que Él era el Mesías, el hijo de Dios. Por lo tanto, todo lo que Él dijo eran las palabras de nuestro Creador, de nuestro Padre. La resurrección fue un evento tan apoteósico, tan absolutamente inmenso, contundente y maravilloso, que nos da la prueba y nos da la plena confianza de que la Biblia sí es la palabra de Dios. Jesús avaló las escrituras de su tiempo, que es lo que hoy llamamos Antiguo Testamento, al citar diferentes partes de ellas en más de sesenta ocasiones[9] —y otro tanto lo hicieron sus apóstoles—.

La resurrección de Jesús es el pilar del cristianismo. Como dijera san Pablo: «[...] Y si Cristo no resucitó, el mensaje que predicamos no vale para nada, ni tampoco vale para nada la fe que ustedes tienen» (Primera Carta a los Corintios 15,14). Sin acudir a la fe, yo aporto una serie de pruebas científicas, históricas y lógicas que demuestran que ese acontecimiento que puso el sello de autenticidad al Evangelio de Jesucristo fue un hecho real. Casi que, a manera de una investigación forense, recaudo una serie de pruebas, todas ellas verificables por el lector en otras fuentes, para determinar que la narración bíblica está apegada a la verdad.

Todos tenemos fe, el ateo y nosotros. La pregunta es: ¿en qué o en quién está puesta esta fe? Nuestra fe no es ciega. Tenemos demasiada información para responder afirmativamente y con seguridad a las tres preguntas desarrolladas en este libro. ¿Podemos negar el viento porque no lo vemos? La respuesta es no, porque su manifestación es innegable. Igual ocurre con la respuesta afirmativa a cada una de nuestras tres preguntas: ¿Dios existe?, ¿se comunica con nosotros? y ¿podemos confiar en esa comunicación?

La apologética busca explicar nuestra religión a través de argumentos racionales, así que usted no encontrará la palabra «fe» en el desarrollo de las preguntas. La tarea de la apologética no resulta fácil, en especial cuando estamos hablando de la existencia de Dios, de la forma que ha escogido para comunicarse con nosotros y de por qué podemos confiar en esa comunicación. La misión de la apologética es comunicar una verdad que pueda ser procesada con la razón y con el corazón.

Al final del libro, el lector encontrará unos apéndices que considero que le pueden ayudar a comprender mejor los temas aquí tratados. En el Apéndice A explico quién es y quién no es Dios. Respondo las consabidas preguntas de quién creó a Dios, cómo es físicamente, cuál es su carácter e intelecto, cuáles sus obras y su legado, entre otras. Trato también de responder muchas de esas preguntas

---

[9] Al respecto, puede consultarse el siguiente enlace: https://jewsforjesus.org/answers/jesus-references-to-old-testament-scriptures/

que a lo largo de nuestro caminar cristiano nos surgen acerca de Él. En el Apéndice B hablo un poco acerca de la notación numérica y trato de darle al lector una perspectiva y un sentido sobre algunos números que menciono. Me vi obligado a hacerlo, ya que en mis conferencias he descubierto que, cuando me refiero a un número grande, este adquiere significados muy diferentes para cada persona. Lo mismo ocurre con el tema de las probabilidades. La mayoría entiende que ganarse una lotería es difícil, pero ¿cuán difícil es? La misma ciencia ha llegado a menospreciar algunas probabilidades porque desconocía cierta información que hoy poseemos. Así que cuando ponemos esa información en una expresión matemática, quedamos perplejos de una realidad que es muy diferente a la que nos enseñaban de pequeños. En el Apéndice C hablo de esa «gran historia» que narra los eventos decisivos, desde que empezó a formarse nuestro universo hasta la aparición del hombre en la Tierra. Finalmente, en el Apéndice D resumo el que considero fue uno de los juicios más trascendentales para el sistema educativo de los Estados Unidos: el caso de Kitzmiller contra el distrito escolar de Dover, Pensilvania. Este juicio se llevó a cabo en el 2005 y prohibió que en los colegios públicos de los Estados Unidos se enseñara algo diferente a la teoría de Darwin sobre el origen de la vida y de todas las especies en el planeta.

Le queda a usted, amable lector, la tarea de juzgar si la argumentación presentada en este libro le permite compaginar la narración bíblica con todos y cada uno de los descubrimientos de la física, química, biología, paleontología y astronomía de los últimos cien años tratados en esta obra. Igualmente, tendrá que hacer una evaluación sería y justa, con las pruebas que presento y determinar si la Biblia es simplemente un libro antiguo que recopila una serie de historias y enseñanzas que le pueden servir para bien, o que son las palabras que nuestro Creador infundió a una cantidad de personas a lo largo de los siglos para crear un puente de comunicación con nosotros y que Jesucristo, con su resurrección probó ser el Hijo de Dios avalando de esta forma todas las Escrituras, de tal forma que lo que se lee en ella es la Palabra de Dios.

Espero despertar en usted la capacidad de hacer preguntas y buscar sus respuestas a través de la investigación seria sobre todos esos temas que nunca nos atrevimos a preguntar y que siempre quisimos saber sobre nuestra religión. Sigamos ese ejemplo de María, quien, cuando el ángel san Gabriel le dijo: «Concebirás en tu vientre y darás a luz un hijo», sin pena le hizo saber que no entendía lo que le estaba diciendo con una pregunta «Entonces María preguntó al ángel: ¿Cómo será esto?». Formulemos esas preguntas que tenemos guardadas en nuestro corazón y que por temores infundados no nos atrevemos a hacer.

¿DIOS EXISTE?

¡Qué tontos son aquellos que no toman en cuenta a Dios! Son tan tontos que no ven todo lo que Dios ha hecho, ni lo reconocen como el Dios creador. En cambio, reconocieron como dioses al fuego, al viento y a la suave brisa; a los mares, a los ríos y a las estrellas del cielo. Tan bellas les parecieron esas cosas que las consideraron dioses. Debieron haber sabido que más bello y hermoso es nuestro Dios, quien hizo todo lo que ellos adoran. ¡Dios es el creador de todo lo que es bello y hermoso! Si la energía y el poder de todo eso les causó tanta admiración, debieron darse cuenta que mucho más poderoso es el Dios de Israel quien los creó. Cuando vemos la grandeza y la belleza de todo lo creado, tenemos que reconocer el poder de nuestro Creador.

Sabiduría 13,1-5

Durante siglos, la humanidad dio por cierto que el mundo era plano, a pesar de la enorme evidencia que mostraba lo contrario. Aristóteles (siglo IV a.C.) fue una de las primeras personas en hablar de la Tierra como una esfera y se atrevió incluso a calcular su circunferencia. Un par de siglos más tarde, el matemático griego Eratóstenes ofreció un mejor cálculo y habló por primera vez de la inclinación del planeta. Para el siglo XIII, el libro de astronomía más influyente, *De sphaera mundi*, del irlandés Johannes de Sacrobosco, libro de lectura obligada para los estudiantes de todas las universidades occidentales de la época, describía al mundo como una esfera. Sin embargo, no faltaron los «ateos» de la redondez de la Tierra que se negaban a aceptar todas las evidencias que la astronomía, la matemática y la geografía aportaban. Sus ojos veían un planeta plano y les parecía absurda cualquier sugerencia diferente.

La prueba reina de la redondez del planeta no llegaría sino hasta el siglo XX cuando, el 24 de octubre de 1946, un misil intercontinental alemán tomó la primera fotografía de la Tierra desde el espacio, comprobando sin lugar a duda lo que por tantos siglos la ciencia había demostrado: que efectivamente es redonda.

A pesar de toda esta evidencia, puede parecer sorprendente que en el presente existan personas que siguen negando la redondez de nuestro planeta. Samuel Shenton es una de ellas. Oriundo del Reino Unido y miembro de la Real Sociedad Astronómica[10] y de la Real Sociedad Geográfica[11], Shenton fundó en 1956 la *Flat Earth Society*[12] y fue su presidente y principal orador hasta su fallecimiento en 1971. Hizo cientos de apariciones en televisión, universidades y diferentes congresos científicos defendiendo su teoría y tratando de rebatir todas las pruebas contrarias —incluyendo las fotográficas, que explicaba como simples aberraciones ópticas producto de la curvatura de las lentes, en el mejor de los casos, o como manipulaciones, en el peor de ellos—. La Sociedad cuenta en la actualidad con miles de afiliados, incluyendo profesores universitarios y académicos de diversas áreas[13].

Así como hay personas que se niegan a reconocer la redondez de la Tierra a pesar de la evidencia existente, hay otras que niegan la existencia de Dios o de un creador, a pesar de la información que disponemos. Gracias al enorme desarrollo científico de los últimos años, es más incuestionable que el mundo es la obra del Creador. La famosa frase de Albert Einstein, «el hombre encuentra a Dios detrás de cada puerta que la ciencia logra abrir», así lo afirma. A pesar de que Einstein no era creyente, sí quiso referirse a un «creador» como el artífice de todo. Esta idea contradice la afirmación de los ateos de que la simple fuerza de la aleatoriedad de la naturaleza es la causa de todo lo que existe.

Quiero hacer una aclaración con respecto a los ateos. Al igual que hay jugadores profesionales de fútbol que dedican toda su vida a ese deporte y buscan vivir de él, existen también los que una que otra tarde juega un rato en el jardín de sus casas con sus hijos y por eso se creen expertos del balón. Del mismo modo,

---

[10] La Real Sociedad Astronómica comenzó como la Sociedad Astronómica de Londres en 1820 para apoyar la investigación astronómica. Cambió su nombre a *Royal Astronomical Society* en 1831, cuando fue declarada «Real» por Guillermo IV.

[11] La Real Sociedad Geográfica es una institución británica, fundada en 1830 con el nombre de Geographical Society of London, para el desarrollo de la ciencia geográfica bajo el patronazgo de Guillermo IV de Inglaterra.

[12] https://www.tfes.org

[13] Si desea conocer los miembros de la Sociedad, puede ver la taquillera película del director Daniel J. Clark, *Behind the Curve,* disponible en Netflix.

hay ateos de muchas clases. Los hay intelectuales, que escudriñan información que pueda «demostrar» su creencia y gustan del debate y la argumentación. Los hay activistas, que buscan convencer a la mayor cantidad de personas posibles para que piensen como ellos. Los hay antiteístas, que, aunque creen que «algo» y no «alguien» creó las cosas de nuestro universo, ven la religión como sinónimo de ignorancia y consideran a cualquier persona o institución asociada a aquella como retrógrada y hasta perjudicial para la sociedad. Finalmente, están los no teístas, quienes simplemente no tienen ningún interés en aprender sobre estos temas, más por apatía y por sentimientos antirreligiosos que por convicción; no saben y no les interesa saber. A lo largo del libro, cuando me refiera a los ateos, me estaré refiriendo a todo este grupo de personas. El factor común entre ellas es la creencia en que no hay demostración de la existencia de Dios.

El común de los ateos, que es el que seguramente usted conoce, le va a decir «demuéstreme que Dios existe» o, mejor aún, «demuéstreme científicamente que Dios existe», ya que el calificativo «científicamente» garantiza cualquier demostración como verdadera. Aunque usted también le podría decir «demuéstreme que Dios no existe», estarían jugando el juego de los tontos que se creen astutos, pero ambos seguirían en la ignorancia. ¿Qué respuesta espera una persona que pregunta por la demostración científica de la existencia de Dios? Antes de contestar, permítame extenderme un poco en aquello de la «demostración científica».

Creo que el común de las personas no tiene problema alguno en aceptar la afirmación de que está probado científicamente que la aspirina es una medicina para aliviar el dolor de cabeza. ¿Cómo se llegó a esta afirmación? Básicamente, a través de ejercicios estadísticos. Se hace una serie de pruebas relacionadas con lo que se quiere demostrar y se observan los resultados. Estos resultados se tabulan para sacar conclusiones. En el caso de la aspirina, se selecciona una cantidad significativa de personas con diferentes características (edad, sexo, raza, etc.). Cuando manifiestan tener dolor de cabeza, se les suministra la medicina —y en algunos casos un placebo[14]—, y se anota en un cuadro el número de personas que sintió mejoría, el número de las que no y el número de las que sintió que el dolor empeoraba. Imaginemos que el 70 % de las personas que tomó el medicamento mejoró, el 20 % no sintió ningún alivio y el 10 % restante empeoró; y de los que

---

[14] Por ejemplo, una pastilla de azúcar con la misma apariencia de la del medicamento que se está probando.

tomaron el placebo solo el 15 % mejoró mientras que el 65 % no sintió mejoría y el resto desmejoró. ¿Qué conclusión podemos sacar? ¿Sirvió la medicina? De este tipo de investigaciones viene la creencia popular de que está probado científicamente que la aspirina alivia el dolor de cabeza. Aunque, en el sentido estricto de la palabra, lo que podemos afirmar partiendo de la investigación es que existe una alta probabilidad de que la aspirina alivie el dolor. No puedo negar que el calificativo «científicamente» le da mayor estatus a la frase. Cuando usted escuche que está demostrado científicamente que el cigarrillo produce cáncer, ya sabe que lo que hay detrás de esta aseveración es un estudio estadístico y probabilístico (científico), en el que toda la evidencia recopilada así lo sugiere.

Volviendo al tema que nos ocupa, cuando una persona pregunta por la demostración de la existencia de un ser que no podemos ver, como Cleopatra o Dios, está preguntando por evidencia que sugiera que el ser existe o existió. Eso es precisamente lo que voy a aportar en este capítulo: argumentación «convergente» y «convincente» de naturaleza científica que ponen a Dios de manifiesto. Recurriré para ello a la astronomía, la física y la microbiología. He pedido mucho al Espíritu Santo que me dé el discernimiento de escoger la forma más sencilla de explicar los argumentos que trato en el desarrollo de esta pregunta. Aun así, es posible que usted se sienta perdido en algunos de ellos y se vea tentado a abandonar el libro, pero lo exhorto a que no lo haga. Continúe pacientemente la lectura, porque, aunque es probable que no haya entendido claramente los detalles de algunos temas, estoy seguro que va a captar la idea general y le producirá una enorme alegría saber que hay forma de argumentar aquello que siempre ha intuido como cierto: que Dios existe por lo menos en su rol de Creador. Si aun después de continuar con la lectura siente que no está entendiendo nada, pase a la siguiente evidencia, hasta que llegue a la conclusión de la pregunta.

En el resto del libro dejo a un lado la ciencia y acudo a la Biblia, aunque desde un punto de vista un poco diferente al que usted puede estar acostumbrado. Por esta razón, se sentirá mucho más cómodo continuando con la lectura, si los temas científicos no son de su pleno interés.

ARGUMENTO: NO EXISTE DISEÑO SIN DISEÑADOR

Si vamos caminando por la playa de una isla desierta y de pronto encontramos una especie de recipiente transparente, aparentemente de vidrio, de forma cilíndrica, con cuello alargado y estrecho, lo identificamos como una botella creada por el hombre, y no como un producto de la acción del mar sobre una pieza de silicio. ¿Por qué pensamos que es una creación humana y no el resultado de la acción del mar? Porque nuestra experiencia nos indica que solo el hombre, y no el ir y venir de las olas, tiene la capacidad de producir ese objeto claramente diseñado para un propósito. La intervención de una inteligencia es evidente, a pesar de tratarse de un objeto tan simple y sencillo.

Transportémonos un par de siglos al futuro. Alguien se encuentra caminando por un espeso bosque de lo que en la actualidad es el pueblo de Keystone, condado de Pennington, en el estado norteamericano de Dakota del Sur; más exactamente, se encuentra caminando en lo que hoy conocemos como el monumento nacional Monte Rushmore. De repente, nuestro caminante se encuentra ante la montaña de granito que tiene esculpidos los rostros perfectamente identificables de cuatro personas y los asocia inmediatamente con expresidentes de los Estados Unidos. Él no va a pensar que esas formas aparecieron ahí a causa de la erosión. ¿Por qué? Porque este caminante sabe por su experiencia que la erosión, si bien es cierto que tiene la capacidad de cambiar notablemente la geografía, no podría haber esculpido esos rostros con la perfección que sus ojos están viendo. Sabe que solamente las manos de un escultor que diseñó su obra son capaces de lograr dicha perfección. ¿Cuál sería la probabilidad de que la erosión, al cabo de millones de años, lograra esas formas? ¿Sería matemáticamente cero? Ciertamente que no. Podría ser una probabilidad de uno entre millones de millones de millones de millones de millones de millones de millones, pero ciertamente no sería cero. Aun así, ¿el hecho de que exista una ínfima probabilidad, que no es cero, es suficiente para quitarle a usted la plena seguridad de que esos rostros son producto de una inteligencia y no del fortuito azar del clima y del tiempo actuando sobre esa montaña? Estoy seguro que no, porque la evidencia de un diseño es tan obvia, tan inconfundible, tan clara que no nos permite aceptar ninguna otra explicación.

Cuando los pilotos peruanos avistaron por primera vez las famosas líneas de Nazca[15] a mediados del siglo XX, inmediatamente pensaron que una antigua civilización las había realizado. ¿Cómo? ¿Quién? ¿Cuándo? No tenían esas respuestas, pero jamás pensaron que hubiera sido producto de la fuerza de la naturaleza actuando sobre la tierra. ¿Por qué pensaron que la autora de dicha obra tuvo que haber sido una antigua civilización? Porque su experiencia les indicaba que la única fuerza capaz de realizarla era la del hombre, con su inteligencia y creatividad. Nadie estaría dispuesto a pensar en que el tiempo y el clima fueran los responsables de esas figuras, así como nuestro caminante no pensaría eso del Monte Rushmore. Nuevamente, el diseño de estas líneas es tan obvio, indiscutible e inconfundible que la única explicación que usted consideraría posible es que fueran el producto de una inteligencia.

William Paley[16] es el autor de *Teología Natural*, obra publicada en 1802; allí expone la famosa «analogía del relojero». Dice Paley en su obra que, si encontramos un reloj abandonado, la compleja configuración de sus partes nos llevaría a concluir que todas las piezas han sido diseñadas para un mismo propósito y dispuestas para un uso concreto. El diseñador en este caso habría sido un relojero. Análogamente, para Paley, la complejidad de un órgano como el ojo humano se equipara con la del reloj, lo cual evidencia un diseño y, por lo tanto, un diseñador. Los conocimientos en las áreas de la astronomía y la biología disponibles cuando Paley escribió su libro son insignificantes si los comparamos con los actuales —muy seguramente, un alumno de primaria posee ahora más conocimientos sobre estos temas que los grandes genios de esa época—. Aun así, en su momento fueron muy concluyentes como para ofrecer una argumentación científica, alejada de la fe, sobre la existencia de Dios y autor de toda la creación,

---

[15] Las líneas de Nazca son una serie de caminos trazados en la superficie terrestre que ocupan una vasta extensión del desierto de Nazca, localizado en el departamento de Ica en Perú. Se trata de unos trescientos geoglifos (dibujos trazados en la tierra) con forma de figuras geométricas, antropomorfas, zoomorfas y fitomorfas, con longitudes de entre cincuenta y trescientos metros. Los geoglifos se extienden sobre una superficie de cuatrocientos cincuenta metros cuadrados. El ancho de las líneas oscila entre los cuarenta y los doscientos diez centímetros, y su profundidad nunca excede de los treinta centímetros. Fueron trazadas mediante el retiro de los materiales de la superficie terrestre (principalmente guijarros de un color rojizo causado por la oxidación), lo cual dejó a la vista una tierra más pálida, que es la que dibuja las formas que se pueden apreciar desde las alturas. La obra se ha conservado prácticamente intacta a lo largo de los siglos gracias a que en la zona apenas llueve.

[16] Filósofo y teólogo británico, nacido en 1743 y fallecido en 1805.

a pesar de que el «como» y el «cuándo» hubieran seguido siendo un completo misterio.

Si existe un reloj, ha de existir un relojero. Si existe un edificio, ha de existir un arquitecto. Si existe una escultura, ha de existir un escultor. Si existe un diseño, ha de existir un diseñador.

La naturaleza —que incluye la vida, el universo, la materia, etc.— obedece a un diseño; por lo tanto, ha de existir un diseñador. En mi caso, ese diseñador se llama Dios. Usted le puede dar otro nombre por ahora, si tiene problemas asociando a este Dios con el cristianismo o con cualquier religión establecida. Lo importante es reconocer una «inteligencia» superior que ha diseñado las leyes de la naturaleza y las ha dotado de la «información» necesaria para dar vida y forma a todo lo que conocemos; y reconocer que dicha creación, que nos incluye a usted y a mí, tiene un propósito, como todo lo que ha sido diseñado.

PRIMERA TESIS: UNA FÁBRICA DIGITAL DENTRO DE LA CÉLULA

Saber cómo comenzó la vida, cómo se dio el tránsito de algo sin vida a algo con ella, ha sido siempre una gran incógnita. Durante siglos, la única respuesta provenía de las concepciones religiosas. En el caso de Occidente, la respuesta tenía su origen indudablemente en la Biblia, más exactamente, en su primer libro, el Génesis. Dios lo había creado todo. Los creacionistas —como se nos ha denominado— creemos que este libro no contiene una verdad científica. El libro es la revelación de la acción creadora de Dios, de la cual partimos para explicar el origen de todo lo que podemos ver y de lo que no. A pesar de no presentarse como verdad científica, no hay contradicción entre lo dicho en el Génesis y lo que la ciencia ha descubierto hasta el momento.

Desde los comienzos de la cristiandad, ha habido innumerables interpretaciones que han fijado diversas posturas respecto al significado de este primer libro de la Biblia. Hay personas que lo han interpretado de un modo totalmente literal. Para ellos, los días descritos allí son días de veinticuatro horas. Según esto, el tránsito de la nada a un inmensurable universo material (con nosotros a bordo) tomó una semana de siete días calendario. Después de ese momento, se empiezan a desarrollar todas las historias que nos narra el Antiguo Testamento. Para ellos, la Tierra tiene apenas unos miles de años de antigüedad. Por tal razón se les conoce como «creacionistas de la Tierra joven». Otras personas interpretan esos días bíblicos como periodos de millones de años, en cada uno de los cuales Dios ha intervenido para hacer que la materia avance en la formación del universo y de la vida (siendo nosotros su obra maestra y especial). A este grupo, dentro del cual yo me encuentro, se le conoce como «creacionistas de la Tierra antigua». Gracias a esta forma de interpretar el Génesis, he podido compaginar mejor su narrativa con los descubrimientos científicos. Pero, independientemente de cómo se interprete, todos concuerdan en que lo fundamental, lo que realmente importa, es lo que nos revela el primer versículo: «En el comienzo de todo, Dios creó el cielo y la tierra». Los ateos siguen sin poder encontrar una respuesta a la pregunta por el origen de la materia prima del universo. Nosotros los creyentes la tenemos. Dios creó todo. Él proveyó a la materia de la información necesaria para organizarse tal y como lo ha hecho, formando el universo y la vida que conocemos.

La versión del Génesis era la aceptada por la mayoría de los biólogos del siglo XVIII. Para ellos, que cada especie tuviera el complejo diseño que le permitía vivir en un ambiente especifico y de una determina forma —lo que denominaron «adaptación»— era la evidencia inequívoca de la autoría intelectual de Dios. Cada forma de vida llevaba consigo la firma de su creador y se podía leer en ella la palabra «diseño». Cada especie había sido diseñada para vivir en su respectivo ambiente. El pescado tiene branquias para vivir bajo el agua; las aves, alas para volar; las jirafas, cuellos largos para comer de las partes altas de los árboles, etc.

Esto cambió radicalmente luego de la publicación de *El origen de las especies,* del naturalista británico Charles Darwin[17], el 24 de noviembre de 1859. En esta obra, Darwin presentaba una explicación del origen de las diferentes y abundantes formas de vida. Según Darwin, todo comenzó con una forma básica y simple de vida que durante su reproducción cometía algunos errores (mutaciones): por ejemplo, un animal que trepaba a los árboles presentaba una cola más larga. Este «error» le permitía tener un mejor agarre cuando un depredador lo perseguía. De este modo, sus oportunidades de sobrevivir mejoraban en comparación con las de los que tenían la cola más corta. Ya que los que tenían la cola más larga subsistían en mayor número, eran ellos los que más se reproducían. Debido a su reproducción, esa nueva ventaja era transmitida a la siguiente generación. Con el tiempo, irían apareciendo otros «errores» que se seguirían pasando a generaciones descendientes, hasta el punto en el que las diferencias serían lo suficientemente visibles como para reconocer por separado a dos especies distintas. Este proceso, que tardaría millones de años, fue presentado por Darwin como la «teoría de la evolución». Según él, era la fuerza de la naturaleza, y no Dios, la encargada de guiar el proceso de selección de los cambios en la especie, que la diferenciarán de su antecesora. A dicho proceso se le denominó «selección natural».

Uno de los daños colaterales que dicha teoría causó fue quitar al hombre del pedestal en el que se encontraba al saberse un ser privilegiado en toda la creación. Al Creador le había parecido buena toda su obra —«Dios vio que todo lo que había hecho estaba muy bien»— (Génesis 1,12.18.21.25.30), pero quiso hacer algo muy

---

[17] Charles Robert Darwin (Shrewsbury, 12 de febrero de 1809-Down House, 19 de abril de 1882) fue un naturalista inglés, reconocido por ser el científico más influyente de aquellos que plantearon la idea de la evolución biológica a través de la selección natural. Esta idea está justificada con numerosos ejemplos extraídos de la observación de la naturaleza en su obra *El origen de las especies.*

especial con nosotros, algo que no hizo con nadie más: nos formó a su imagen y semejanza (Génesis 1,27). ¡Qué cosa tan hermosa! Pero Darwin anula esta revelación y nos deja al mismo nivel de cualquier otro ser viviente. Para Darwin, éramos simplemente producto del azar. Al contar con un poco más de suerte, terminamos con nuestra forma y capacidad actual mientras que otros, como el árbol de guayaba, terminaron con la suya. Nosotros tenemos inteligencia y el árbol tiene guayabas. Juegos del azar.

En los tiempos de Darwin, los ganaderos sabían bien cómo mejorar los animales que criaban. Al que estaba dedicado a la crianza de ovejas, le interesaba obtenerlas más lanudas. ¿Cómo podía mejorar su producción de lana? ¿Cómo podía obtenerlas más lanudas? Lo hacía cruzando el ovejo más lanudo con la oveja más lanuda y repitiendo ese proceso con las siguientes generaciones. Al cabo del tiempo, la descendencia era bastante más lanuda que sus ancestros. La inteligencia del ganadero era la que estaba guiando el proceso. Darwin decía en su obra que la selección natural era capaz de obtener el mismo resultado sin que interviniera ninguna inteligencia. ¿Qué pasaría, se preguntaba él, si en donde vivieran las ovejas se diera un invierno tan extremadamente crudo que causara la muerte por hipotermia de algunas de ellas? ¿Cuáles tendrían una mayor probabilidad de sobrevivir? Las más lanudas, por supuesto. Al solo quedar ellas, se reproducirían entre sí. En caso de sucederse una serie de crudos inviernos, el resultado final sería el mismo logrado por el ganadero. La selección natural, y no una inteligencia, sería la encargada de guiar el proceso, concluía Darwin.

Pero Darwin fue mucho más lejos. Si se diera otra serie de alteraciones importantes en el medio ambiente en el que vivían estas ovejas, eventualmente las más lanudas llegarían a presentar diferencias tan notables con sus remotos antepasados que serían reconocidas como una nueva especie. Cada una de estas nuevas especies, a su vez, continuaría cambiando con el paso del tiempo y daría lugar a otras nuevas. De esta manera se explicaba el origen de todas las especies. Sin embargo, hubo dos grandes interrogantes que Darwin no pudo contestar:

- ¿Cómo se transmitía la información de los padres a los hijos?
- Si se supone que cada nueva especie es mejor que su antepasado, ¿por qué el 99 % de todas ellas se ha extinguido?

Es necesario explicar dos términos clave para continuar con este tema: «microevolución» y «macroevolución». Por microevolución se entiende la serie de cambios evolutivos que se producen dentro de la especie y cuyos resultados se pueden notar rápidamente, en unas pocas generaciones. Dos ejemplos «comprobados» de esta microevolución son las ovejas lanudas que consideré anteriormente y las diferentes clases de picos que presentan los pinzones, aves que fueron encontradas por Darwin en la isla Galápagos. Por macroevolución se entiende la serie de cambios evolutivos a gran escala que rompe la barrera de la especie dando lugar a una nueva. Ejemplos «inferidos» por Darwin de esta macroevolución son la ballena actual y su pariente cercano, el hipopótamo, que supuestamente hace cincuenta y cinco millones de años[18] eran el mismo mamífero de cuatro patas y cola, similar a una comadreja y del tamaño de un gato actual, llamado «indohyus». Lo que la inmensa mayoría de personas asocia a la teoría de la evolución es la macroevolución. Volveré a este tema más adelante.

Darwin nunca tuvo la intención de dar una explicación sobre el origen de esa primera forma de vida que dio comienzo a todas las especies. Él solo quería encontrar el porqué de la inmensa variedad de formas de vida que existen, en todas sus expresiones y escalas. ¿Por qué Darwin pasó por alto el importantísimo detalle del origen de esa primera forma de vida? Los biólogos de aquella época contaban con microscopios ópticos que les permitían ver los objetos aumentados hasta unas dos mil veces. Este aumento es nada si lo comparamos con el de los actuales microscopios electrónicos, que pueden ofrecer imágenes aumentadas hasta diez millones de veces. Cuando aquellos biólogos observaron muestras de células en sus microscopios ópticos, vieron una especie de líquido gelatinoso envuelto por una fina membrana. Llamaron «protoplasma» a ese líquido y lo diferenciaron del «núcleo», que se encontraba en el centro y tenía una masa diferente. ¿De qué estaba formado aquel líquido gelatinoso? No lo sabían con exactitud. Pero sus incipientes investigaciones apuntaban a una «gelatina» química sin ninguna estructura ni componentes funcionales perceptibles. Por esta razón, el enigma de la primera célula no ofreció mayor dificultad. A los biólogos les resultó fácil conjeturar que la Tierra primitiva se encontraba llena de toda clase de materiales químicos («caldo primigenio» o «sopa primitiva»[19]). Gracias a los factores ambientales favorables, estos materiales químicos se

---

[18] Los esqueletos más antiguos de las ballenas que se han encontrado son de hace cincuenta millones de años, en lo que hoy es Pakistán; los de hipopótamos son de hace quince millones, encontrados en el sur de África.

[19] «Caldo primigenio», también llamado «primordial»; «caldo primitivo», «primario», «de la vida»; «sopa primitiva», «prebiótica» o «nutricia», entre otras denominaciones. Se trata de una metáfora empleada para ilustrar una hipótesis sobre el origen de la vida en nuestro planeta.

agruparon al azar en las cantidades adecuadas y dieron así nacimiento a la célula, que supo alimentarse, sobrevivir y reproducirse. El tiempo se encargaría del resto.

La teoría de la evolución está tan arraigada en la mente de las personas que ellas no admiten ninguna revisión o aclaración. Su rechazo a las nuevas evidencias encontradas por paleontólogos y biólogos en épocas recientes es automático.

La extrema rareza de las formas transicionales halladas en el registro fósil persiste como secreto comercial de la paleontología. Los árboles evolutivos que adornan nuestros libros de texto *tienen soporte fósil solamente de sus hojas y nodos de sus ramas; el resto es inferencia*, por razonable que sea, pero no es por la evidencia fósil[20]. (El *énfasis* es mío).

Aunque el registro fósil no ha probado la teoría evolutiva de Darwin (macroevolución), pues no se han encontrado los fósiles transicionales entre una especie y la otra, voy a poner a un lado este grave hecho y voy a asumir que la teoría es cierta. Voy a aceptar la hipótesis de que, a través de pequeñas y sucesivas mutaciones, una especie es capaz de convertirse en otra totalmente diferente. A pesar de esto, queda un problema sumamente importante por resolver.

Toda la teoría de la evolución (macroevolución) se basa en la premisa de que la célula comete errores (mutaciones) en su proceso de reproducción. Si dicho cambio le favorece a su supervivencia (selección natural), dice la teoría, la mutación pasa a la siguiente generación. ¿Qué quiere decir que la célula es capaz de reproducirse? Quiere decir que posee la «información» necesaria para saber cómo hacer una copia de todas sus partes y crear un duplicado, proceso del cual resultan dos células iguales. Entonces, cabe preguntarse ¿cómo esa primera célula, que se formó por azar, adquirió la «información» necesaria para saber cómo reproducirse? ¿Cómo tomó la «decisión» de hacerlo? Esto es un problema sumamente complicado para los materialistas (ateos). No así para nosotros los creyentes.

---

[20] La cita proviene del libro Historia natural, de Stephen Jay Gould (1941-2002). Gould fue un destacado paleontólogo, biólogo evolutivo e historiador de la ciencia estadounidense. También fue uno de los escritores de ciencia popular más influyentes y leídos de su generación. Gould pasó la mayor parte de su carrera enseñando en la Universidad de Harvard y trabajando en el Museo Americano de Historia Natural de Nueva York.

Desde el punto de vista naturalista, a esa primera célula que contó con la información necesaria para «saber» cómo reproducirse y tomó la «decisión» de hacerlo le pasó lo mismo que al señor que iba distraído caminando por un despoblado bosque y cayó en un pozo de cincuenta metros de profundidad. Después de pensar por un largo rato sobre la forma de salir, al señor se le ocurrió una idea. Se dijo a sí mismo: «¡Fácil! Yo tengo en mi casa una escalera de cincuenta metros de largo. Así que lo único que tengo que hacer para salir de acá es traer la escalera y salir por ella». ¿Cuál es el problema con este planteamiento? Para poder traer la escalera que necesita para salir del pozo, el señor debe primero salir del pozo, que es precisamente el problema que pretende resolver trayendo la escalera. Toda la teoría de la evolución funciona una vez que la célula tiene la compleja «información» de cómo reproducirse, mantenerse viva y tomar «decisiones».

En el momento en que la célula adquiere «información», ella puede hacer muchísimas cosas. Esto es obvio, y tal vez mucho más en la era digital en la que estamos viviendo. Cuando usted le instala el sistema operativo *Android* o *Windows* o *iOS* a su teléfono celular y le instala aplicaciones, este puede hacer muchísimas cosas también. La célula, por su parte, necesita un «sistema operativo» y una gran cantidad de «aplicaciones» para poder, a partir de ahí, hacer muchísimas cosas: buscar la forma de alimentarse, de procesar nutrientes para mantenerse viva; de autorrepararse; de crear otras células con distintas funciones, y de reproducirse. ¿De dónde salió esa primera y enorme cantidad de información?

Aplicando el mismo método científico que utilizó Darwin para tratar de reconstruir el remoto pasado[21], podemos entonces preguntar ¿cuáles son las fuentes, conocidas por el hombre, capaces de producir esa información inicial? La única respuesta es la inteligencia.

Hasta mediados del siglo pasado, los biólogos sabían que las proteínas estaban formadas por cadenas de aminoácidos y que estas cadenas ejecutaban las funciones más críticas dentro de la célula para preservar la vida. Por ejemplo,

---

[21] Consistía en buscar la causa (fuente) más lógica de explicar la existencia de un determinado fenómeno. Si excavando la tierra encontraba un extensa y profunda capa de ceniza, se preguntaba ¿qué fuente conocida por el hombre es capaz de generar tal capa? La respuesta más lógica era un volcán, ya que sabemos que solo un volcán es capaz de explicar esa capa de ceniza de esas características.

las cadenas de aminoácidos le indican a la célula, durante la reproducción, cómo hacer para que la nueva célula sea de piel y no de hueso. Cuando hay una herida, las células que se encuentran alrededor de ella producen una proteína anticoagulante que se transforma en un sellante al entrar en contacto con el oxígeno. Simultáneamente, otras células están produciendo piel y músculo. De este modo, las células reparan la herida causada.

Una célula utiliza miles de proteínas para ejecutar todas sus funciones. Los biólogos pensaban que lo que diferenciaba a una proteína anticoagulante de, por ejemplo, una de colágeno era simplemente el número de aminoácidos. El total de aminoácidos en una célula varía dependiendo de su función. Así, la proteína de la levadura tiene unos 466 aminoácidos mientras que la proteína que le da flexibilidad a los tejidos (titina) tiene cerca de 27 000. Los biólogos pensaban que el azar era capaz de explicar el origen de las cadenas de aminoácidos. Si la cadena tiene un determinado número de cada aminoácido, ella constituye una proteína X y no una Y. Esa concepción quedó totalmente falseada en 1951, cuando Frederick Sanger[22] descubrió que las proteínas debían tener aminoácidos en un orden determinado para ser completamente funcionales. No bastaba con que tuvieran el número exacto de cada aminoácido; el orden era crucial. Es decir que las proteínas no solo eran complejas —por el gran número de aminoácidos— sino específicas —por el orden requerido—.

Permítame explicarle lo que esto quiere decir con un ejemplo. Asumamos que existen veintisiete (en realidad son veinte) aminoácidos que pueden formar proteínas[23]. Siendo veintisiete, puedo asociar cada uno de ellos con una letra distinta de nuestro alfabeto incluyendo el espacio. Antes del descubrimiento de la especificidad de las proteínas, los biólogos habrían pensado que las siguientes dos cadenas de aminoácidos (representados en letras) eran la misma proteína:

- «lce al zacir soe ulole»
- «cl ilreo las ucalze oe»

---

[22] Frederick Sanger (Rendcomb, Inglaterra, 13 de agosto de 1918-Cambridge, Inglaterra, 19 de noviembre de 2013) fue un bioquímico británico laureado dos veces con el premio Nobel de Química.

[23] Los aminoácidos proteicos, canónicos o naturales son aquellos que están codificados en el genoma. Para la mayoría de los seres vivos son veinte: alanina, arginina, asparagina, aspartato, cisteína, fenilalanina, glicina, glutamato, glutamina, histidina, isoleucina, leucina, lisina, metionina, prolina, serina, tirosina, treonina, triptófano y valina.

Las dos contaban con igual número de aminoácidos (representados aquí por letras): cuatro espacios, dos letras «a», ninguna «b», dos «c», ninguna «d», etc.

Sanger descubrió que, para que esa proteína pudiera hacer su trabajo correctamente (ser funcional), los aminoácidos que la formaban deberían estar en un orden determinado; es decir, que la cadena debía seguir una secuencia específica, por ejemplo: «el cielo es azul claro». Esta nueva cadena tiene el mismo número de cada una de las letras que las dos cadenas anteriores, pero tiene un orden inequívoco, exacto y preciso. Descubrir que sólo esta tercera cadena es funcional es uno de los descubrimientos más importantes en la historia de la humanidad y constituye una prueba inequívoca de la presencia de una inteligencia en su ordenamiento. Compárelas nuevamente:

- «lce al zacir soe ulole»
- «cl ilreo las ucalze oe»
- «el cielo es azul claro»

Este orden entrega un mensaje inteligible que podemos entender y procesar con nuestra inteligencia. Cualquier alteración en el orden destruye el mensaje (la información) que se está entregando. Es lo mismo que ocurre en un lenguaje escrito: las letras del alfabeto deben ordenarse de una manera específica para transmitir la información que se desea. No sirve cualquier orden. Entonces, la pregunta que se hicieron los biólogos fue ¿cómo conoce la célula el orden exacto en que se deben organizar los aminoácidos para componer una determinada proteína?

Decía anteriormente que un organismo requiere de miles de diferentes clases de proteínas para poder funcionar. Una de las más pequeñas está compuesta por ciento cincuenta aminoácidos. Si solo existen veinte diferentes clases de aminoácidos que pueden formar parte de una proteína[24], ¿cuál sería la probabilidad de que esta se formara por puro azar? El total de posibles permutaciones es 20^{150} que equivale a 1×10^{195}. Es decir que la probabilidad de que la proteína se hubiera formado por azar es solo una entre 1×10^{195} (Apéndice B). Sabemos que la vida apareció hace unos tres mil ochocientos millones de años (es decir, $1,9 \times 10^{17}$ segundos). Si divido el total de tiempo de existencia de la vida en el planeta entre el total de permutaciones, obtendría el número de

_____

[24] Véase dos notas arriba.

permutaciones por segundo que se tendrían que «ensayar» para «posiblemente» obtener la correcta. El resultado es 1×10^{177}. Es decir que, en este caso, la célula tendría que mantenerse viva por tres mil ochocientos millones de años y hacer 1×10^{177} intentos por segundo para que, por azar, «posiblemente» se formara la proteína correcta. En caso de lograr estos dos imposibles (vivir esa cantidad de tiempo y hacer esos intentos cada segundo), tenga presente que hace falta generar miles más de otras proteínas cuyas cadenas de aminoácidos tienen en promedio unos dos mil quinientos aminoácidos. Así que el azar no es el camino, es la «información». Pasar de una célula primitiva a un humano requiere de mucha información, no de la acumulación de errores. ¿De dónde adquiere la célula esta información?

La respuesta llegaría dos años más tarde, en 1953, cuando los biólogos moleculares Francis Crick[25], James Watson[26] y Rosalind Franklin[27] descubrieron la estructura molecular del ADN[28] y su papel en la transferencia de información en la materia viva a través de un código genético escrito en él. La famosa estructura de doble hélice —que parece una escalera enroscada— que todos conocemos por ADN contiene las instrucciones genéticas necesarias para construir las proteínas.

Cada uno de esos «escalones» (bases) es en realidad una unidad básica de información. Cada base puede estar compuesta por uno de cuatro químicos diferentes: Adenina, Guanina, Timina y Citosina (A, G, T y C). Estas bases son el equivalente a los ceros («0») y los unos («1») en el código binario digital de los computadores. Tres «escalones» consecutivos equivalen a un determinado

---

[25] Francis Harry Compton Crick (8 de junio de 1916-28 de julio de 2004) fue un físico, biólogo molecular y neurocientífico británico. Recibió, junto a James Dewey Watson y Maurice Wilkins el premio Nobel de Medicina en 1962 «por sus descubrimientos concernientes a la estructura molecular de los ácidos desoxirribonucleicos (ADN) y su importancia para la transferencia de información en la materia viva».

[26] James Dewey Watson (Chicago, 6 de abril de 1928) es un biólogo estadounidense.

[27] Rosalind Elsie Franklin (Londres, 25 de julio de 1920-Londres, 16 de abril de 1958) fue una química y cristalógrafa inglesa. Contribuyó a la comprensión de la estructura del ADN con las imágenes por difracción de rayos X que revelaron la forma de doble hélice de esta molécula. También contribuyó a la comprensión del ARN, de los virus, del carbón y del grafito.

[28] El ADN es la biomolécula que almacena la información genética de un organismo. Se trata de un ácido nucleico. Concretamente el ácido desoxirribonucleico. Consiste en una secuencia de nucleótidos, compuestos a su vez por un grupo trifosfato, una pentosa, conocida como desoxirribosa, y cuatro bases nitrogenadas (Adenina, Citosina, Guanina y Timina). La estructura del ADN es una doble hélice, compuesta por dos cadenas complementarias y antiparalelas.

aminoácido[29]. Así que el ADN es ciertamente el libro de instrucciones con todas las recetas necesarias para formar cada una de las miles de proteínas que necesita un organismo para su funcionamiento.

Cuando la célula debe generar una proteína coagulante porque usted sufrió una herida, ella «sabe» qué parte de la cadena de tres mil millones de «escalones»[30] en el ADN (gen[31]) debe activar para crear una copia (ARN[32]) de toda esa sección (transcripción). Luego, esa cadena se autocorrige (serie mensajera de ARN) y sale del núcleo, a donde están los ribosomas. Los ribosomas están encargados de «leer» de tres en tres esos «escalones», buscar el respectivo aminoácido y pegarlo con el anterior. Así se forma la cadena exacta que le fue ordenada hacer.

Tres mil millones de letras en el ADN humano es muchísima información. Esto equivale a una persona tecleando en un computador sesenta palabras por minuto, ocho horas al día… durante cincuenta años. El ADN de una simple ameba unicelular contiene hasta cuatrocientos millones de bases de información genética, lo suficiente para escribir ochenta libros de quinientas páginas cada uno. Bill Gates, el fundador de Microsoft, dijo en una ocasión: «El ADN es como un programa de computador, pero mucho, mucho más avanzado que cualquier *software* jamás creado». Le podríamos preguntar a Bill Gates, ¿un programa se crea solo? ¿Todas las aplicaciones instaladas en su teléfono celular, más el sistema operacional, pueden crearse a punta de producir millones de combinaciones de ceros y unos por segundo, al azar, hasta que formen una secuencia que su teléfono celular sea capaz de ejecutar para que usted pueda interactuar en *Facebook* o enviar mensajes por *WhatsApp*, o tomar fotos y editarlas, o hacer compras en línea, o jugar Solitario, o filmar videos, etc.?

---

[29] Con una sola base podría escoger solo cuatro aminoácidos, con dos bases podría escoger dieciséis aminoácidos y con tres puede escoger hasta sesenta y cuatro.

[30] Cada célula del cuerpo humano (con la excepción de los glóbulos rojos) contiene una secuencia de ADN de tres mil doscientos millones de letras de longitud; es decir, dos metros de ADN (un trozo de ADN de un milímetro de longitud contiene una secuencia de pares de bases de más de tres millones de letras).

[31] El gen es la unidad funcional de herencia. Tradicionalmente se ha considerado que un gen es un segmento de ADN que contiene la información necesaria para la producción de una proteína que llevará a cabo una función específica en la célula.

[32] El ARN es otro ácido nucleico; en concreto, el ácido ribonucleico.

Si bien es cierto que los protobiólogos[33] han propuesto una buena cantidad de teorías sobre el origen y la evolución de la primera célula —incluyendo la del origen extraterrestre—, ellos están resolviendo un acertijo químico. Pero el fondo de las preguntas que he formulado se refiere a cómo algo puede ser intrínsecamente un «buscador de un fin», cómo la materia es dirigida por el procesamiento de códigos, que solo es posible en un contexto inteligente. Dejar esa tarea a los protobiólogos es como querer explicar un libro describiendo los procesos químicos y físicos que intervienen en la elaboración del papel y de la tinta y en la adherencia de la tinta al papel, pero ignorando por completo que esa tinta forma símbolos reconocibles por la inteligencia y que tiene como finalidad entregar un mensaje que registramos como información. El premio nobel de medicina George Wald[34], siendo aún un ateo acérrimo, escribió en 1954 para la revista *Scientific American*:

> La opinión generalizada era creer en la generación espontánea; la otra alternativa era creer en la creación sobrenatural. No hay una tercera posición.
> *La mayoría de los biólogos modernos, habiendo examinado con satisfacción la caída de la hipótesis de la generación espontánea, aún no están dispuestos a aceptar la creencia alternativa de la creación especial, quedándose sin nada [...]* Cuando se trata del origen de la vida solo hay dos posibilidades: creación o generación espontánea. No hay una tercera opción.
> La generación espontánea fue refutada hace cien años, pero eso solo nos lleva a una sola conclusión diferente: la de la creación sobrenatural.
> *No podemos aceptar eso por razones filosóficas, por lo tanto, escogemos creer lo imposible: ¡que la vida surgió espontáneamente por casualidad!* (El *énfasis* es mío).

Cuatro años después, en un artículo titulado «Biología e innovación» publicado en la revista *Scientific American*, Wald repetía su argumento. De forma insensata, rechazaba la «única conclusión posible» (Dios) y aceptaba lo que es «científicamente imposible» porque no quería admitir la existencia de Dios:

---

[33] Los protobiólogos son los que estudian las estructuras biológicas más pequeñas.

[34] George Wald (Nueva York, 18 de noviembre de 1906-Cambridge, Massachusetts, 12 de abril de 1997) fue un científico estadounidense conocido por su trabajo con pigmentos de la retina. Ganó el premio Nobel de Fisiología o Medicina junto a Haldan Keffer Hartline y Ragnar Granit en 1967.

La generación espontánea, [la idea de] que la vida surgió de la materia inerte, fue algo refutado científicamente, hace 120 años, por Louis Pasteur y otros. Eso nos deja con la única conclusión posible de que la vida surgió como un acto creativo sobrenatural de Dios.

No aceptaré eso filosóficamente, porque no quiero creer en Dios; por lo tanto, elijo creer en lo que yo sé es científicamente imposible; la generación espontánea como algo surgido de la evolución. (El *énfasis* es mío).

Durante la década de 1980, en su artículo «La vida y mente en el universo y en el discurso» —leído por Wald ante el Primer Congreso Mundial para la Síntesis de Ciencia y Religión (1986), celebrado en Bombay— señaló:

Llego al fin de mi vida como científico enfrentando dos grandes problemas. Ambos están arraigados en la ciencia, y me aproximo a ellos solo como científico. Sin embargo, creo que ambos están irrevocablemente —por siempre— inasimilables como ciencia, y eso es duramente extraño ya que uno implica la cosmología, el otro, [el origen de] la consciencia.

El problema de la conciencia era difícil de evitar por alguien que ha pasado la mayor parte de su vida estudiando los mecanismos de la visión. Hemos aprendido mucho, esperamos aprender mucho más, pero nada de eso trata, o ni si quiera apunta, al sentido de lo que significa ver.

Nuestras observaciones del ojo humano y del sistema nervioso y la de las ranas son básicamente parecidas. Yo sé que yo veo, pero ¿una rana ve? Reacciona a la luz, también lo hacen las cámaras, las puertas de garaje, cualquier número de dispositivos fotoeléctricos. Pero ¿ve? ¿Es consciente de que está reaccionando?

No hay nada que pueda hacer como científico para contestar a esa pregunta, no hay manera en que yo pueda identificar la presencia o la ausencia de consciencia. [...]. La consciencia me parece completamente impenetrable para la ciencia.

El segundo problema está relacionado con las propiedades especiales de nuestro universo. [...] Tenemos sobradas razones para creer que nos encontramos en un universo permeado por vida, en el que la vida surge inevitablemente, con el tiempo suficiente, cuando se dan todas las condiciones que la hacen posible. [...] ¿Cómo es que, con tantas otras opciones aparentes, estamos en un universo que posee justo ese peculiar conjunto de propiedades que hacen posible la vida?

Se me ha ocurrido últimamente —debo confesar que, al principio, con cierto espanto de mi sensibilidad científica— que ambas cuestiones deben ser tratadas de forma hasta cierto punto congruentes. Es decir, mediante la suposición de que la inteligencia, en lugar de emerger como un subproducto tardío de la evolución de la vida, en realidad ha existido siempre como la matriz, la fuente, [...]. Es la mente la que ha compuesto un universo físico capaz de desarrollar vida, capaz de producir evolutivamente criaturas que saben y crean: criaturas que hacen ciencia, arte y tecnología. (El *énfasis* es mío).

Si un ateo llegara a una isla que presume desierta y encuentra labrada en la arena la inscripción «bienvenido», por ningún motivo pensaría que esos símbolos aparecieron ahí por pura casualidad, que el ir y venir de las olas labró el mensaje en la arena. Claramente, esa secuencia de códigos fue el producto de una inteligencia que quiere transmitir una información. Ahora, podríamos hacerle a esa persona la siguiente pregunta: si reconoce sin lugar a duda que la única fuente capaz de generar esa pieza de información codificada de diez caracteres de longitud es la inteligencia, ¿por qué no aceptar lo mismo para una cadena de información codificada, no de diez caracteres, sino de tres mil millones, como la de nuestro ADN?

SEGUNDA TESIS: MÁQUINAS MOLECULARES

Una letra del alfabeto es específica sin ser compleja. Miles de letras revueltas al azar encima de una mesa forman un conjunto complejo, sin ser específico. Un poema de Pablo Neruda[35] es complejo y específico. Como los poemas de Neruda, las proteínas son complejas y específicas, deben tener una secuencia determinada de aminoácidos para ser funcionales. Veamos ahora otro concepto igualmente fascinante, el de la complejidad irreducible.

Michael Behe[36], creador del concepto, define un sistema irreducible como un sistema individual compuesto de varias partes bien coordinadas que interactúan para desempeñar una función básica del sistema. De este modo, el sistema dejaría de funcionar si se eliminara cualquiera de sus partes. Por ejemplo, la maquinaria de un reloj es un sistema irreducible, ya que como unidad está compuesta de varias partes: piñones, ruedas dentadas, engranajes y resortes. Si elimináramos cualquiera de esas partes, el reloj dejaría de funcionar. Lo

---

[35] Pablo Neruda, seudónimo de Ricardo Eliécer Neftalí Reyes Basoalto (Parral, 12 de julio de 1904-Santiago de Chile, 23 de septiembre de 1973), premio Nobel de Literatura en 1971, fue un poeta chileno, considerado uno de los más destacados e influyentes artistas de su siglo. «El más grande poeta del siglo XX en cualquier idioma», según Gabriel García Márquez.

[36] Michael J. Behe (Altoona, Pensilvania, 18 de enero de 1952) es un bioquímico estadounidense defensor del diseño inteligente. Behe es profesor de bioquímica en la universidad Lehigh University en Pensilvania y es un *senior fellow* del Center for Science and Culture del Discovery Institute.

importante del concepto es que todas las piezas deben estar listas al mismo tiempo. Ninguna de esas piezas puede empezar a «evolucionar» gradualmente. No podemos pensar que un determinado piñón se formó solo con dos dientes y que «evolucionó» hasta tener los cuarenta y ocho que necesita para poder moverse, o pensar que el resto de las piezas esperan por su formación final y definitiva. ¿Cómo sabría ese piñón que son cuarenta y ocho los dientes que se necesitan? Si lo supiera, ¿no sería esta una prueba de una conciencia propia, de un «sentido de propósito»? Claramente, un «sentido de propósito» no puede nacer por procesos no guiados, sino que tiene que venir de un ente externo que infunde ese sentido. El reloj, para ser un reloj, necesita que todos sus componentes estén listos al mismo tiempo. No puede haber gradualidad. Otras partes, como su tapa o la pulsera, pueden haber «evolucionado» lenta y gradualmente, sin comprometer el propósito de la maquinaria: marcar la hora. Dicho de otra manera, un sistema irreducible está compuesto por el mínimo necesario de componentes con el que el sistema puede desempeñar su función.

En biología también hay ejemplos de sistemas irreducibles: el sistema del flagelo bacteriano, el del ojo, el del mecanismo de coagulación de la sangre, el de la fabricación de proteínas dentro de la célula, el del sistema inmunológico dentro de la célula, etc. La primera vez que vi la disección del flagelo bacteriano quedé maravillado. El flagelo es, por así decir, la «cola» de una bacteria, es el sistema por el que ella se moviliza[37].

Si yo le mostrara una gráfica de una disección del flagelo bacteriano y le preguntara qué piensa usted que es eso, muy seguramente me diría que es la gráfica del motor eléctrico de un barco. Ambos poseen un eje, un codo de eje, junturas, anillos, engranajes, rotor, estátor[38], balancines, balineras y, por supuesto, la hélice (que en el caso del flagelo es una especie de látigo o cola). El flagelo de la bacteria puede completar entre seis mil y diecisiete mil revoluciones (giros) por minuto, y alcanza la increíble velocidad de sesenta longitudes de cuerpo por segundo (el animal más veloz es el guepardo, que corre veinticinco longitudes de cuerpo por segundo). Igualmente, el flagelo puede invertir el

---

[37] En este video de YouTube puede apreciar una animación de su funcionamiento y de las más de cuarenta y seis partes diferentes interactuando para impulsarse: www.youtube.com/watch?v=5P6zO99ihOU

[38] El estátor es la parte fija de una máquina rotativa y uno de los dos elementos fundamentales para la transmisión de potencia (en el caso de motores eléctricos) o corriente eléctrica (en el caso de los generadores eléctricos). El rotor es la contraparte móvil del estátor.

sentido de la rotación del eje propulsor en menos de una cienmilésima de segundo. Veinte proteínas diferentes dan forma a la parte mecánica del motor y treinta más intervienen en su funcionamiento, bombeando un fluido a través de los anillos. Todo este prodigio de ingeniería viene empacado en un envoltorio de escasas veinte millonésimas de milímetro. Al igual que sucede con el motor del barco, si se elimina cualquiera de las partes del flagelo de la bacteria, esta no se podría mover. Todas sus partes tienen que estar listas para funcionar al mismo tiempo. ¿Cómo puede evolucionar un motor de éstos? ¿Cómo puede un engranaje evolucionar? ¿Es el azar la mejor explicación del origen de una máquina tan sofisticada como esta? ¿No es esta, al igual que el motor eléctrico del barco, el resultado de un «diseño» hecho por un diseñador con un propósito en mente?

El sistema de coagulación de la sangre es otro ejemplo de complejidad irreducible. Cuando un vaso sanguíneo se lesiona, sus paredes se contraen para limitar el flujo de sangre del área dañada. Entonces, pequeñas células llamadas plaquetas se adhieren al sitio de la lesión y se distribuyen a lo largo de la superficie del vaso sanguíneo. Al mismo tiempo, pequeños bolsos al interior de las plaquetas liberan señales químicas para atraer a otras compañeras al área y para lograr que todas se junten a fin de formar lo que se conoce como tapón plaquetario. En la superficie de estas plaquetas activadas, diferentes factores que propician la coagulación trabajan juntos en una serie de reacciones químicas complejas (esta serie es conocida como «cascada de la coagulación») que generan un coágulo de fibrina. El coágulo de fibrina actúa como una red para detener el sangrado. Los factores de la coagulación circulan en la sangre sin estar activados, pero están vigilantes para actuar en cualquier momento y en cualquier lugar.

En la cascada de la coagulación actúan diecisiete factores (proteínas). Estos se activan en un orden específico para dar lugar a la formación del coágulo. Su orquestación parece coordinada por un «computador» que toma en cuenta una gran cantidad de información para decidir cuándo activar el siguiente paso de la cascada de generación de proteínas. Toda esta información esta almacenada en el ADN. ¿Cómo puede evolucionar un mecanismo de estos? ¿Cómo puede saber la secuencia de eventos que debe estar totalmente sincronizada para que pueda cumplir su función? ¿Es el azar la mejor explicación del origen de un sistema tan sofisticado como este? ¿No es esto el resultado de un «diseño» hecho por un diseñador con un propósito en mente?

Volviendo al ejemplo del reloj, los detractores de los sistemas irreducibles argumentan que si, por ejemplo, a uno de los piñones le faltara un diente, la caja tendría una función diferente; digamos, la función de pisapapeles. Pero eso destaca precisamente el argumento contrario: para que el reloj sea reloj y funcione como tal necesita ese piñón, pues sin él no puede marcar el tiempo. Si el reloj no cumple su función, deja de ser un reloj. ¿Qué «motivaría» a un piñón a continuar un proceso evolutivo para desarrollar el diente faltante para abandonar su rol de pisapapeles y convertirse en una máquina de dar la hora? Si el reloj iniciara ese proceso evolutivo, nuevamente, ¿no sería esta una prueba de una conciencia propia de un «sentido de propósito»?

Con el continuo desarrollo de los microscopios electrónicos —que permiten aumentos de hasta diez millones de veces—, hemos podido ver de primera mano los complejos sistemas que se encuentran en la célula; ya sean los de una bacteria o los de un hombre. Fábricas con líneas de ensamblaje, orquestadas milimétricamente por millones y millones de instrucciones codificadas en un alfabeto biológico molecular que despertaría la envidia de cualquier fabricante de computadores.

El azar no es el camino para construir un teléfono celular, que funciona con instrucciones escritas por el hombre mediante la comprensión y el procesamiento de esas instrucciones. Lo mismo ocurre al interior de la célula. Charles Darwin escribió:

> Si se pudiese demostrar que existió un órgano complejo que no pudo haber sido formado por modificaciones pequeñas, numerosas y sucesivas, mi teoría se destruiría por completo; pero no puedo encontrar ningún caso de esta clase[39].

Hoy los hemos encontrado, y seguiremos encontrando más con el desarrollo de la biología molecular.

TERCERA TESIS: LA GRAN EXPLOSIÓN CÁMBRICA

Según Stephen Jay Gould (paleontólogo y profesor de la Universidad de Harvard y codirector del Museo de Historia Natural de Nueva York), «la explosión cámbrica fue el evento más transcendental y enigmático en la historia de la vida».

---

[39] El origen de las especies, Capítulo VI.

Empecemos por explicar qué es el Cámbrico. Así como los humanos tenemos algunos nombres distintivos para las etapas de la vida («primera infancia», entre cero y cinco años; «infancia», entre seis y once; «adolescencia», entre doce y dieciocho; etc.), nuestro planeta también tiene nombres para las etapas de su existencia. Estas etapas se denominan «eras» y cada una de ellas se divide en periodos. El Cámbrico es un periodo que empezó hace 550 millones de años y tuvo una duración aproximada de 55 millones de años.

En nuestro planeta, existen muchos lugares donde se pueden apreciar visualmente casi todas las eras y sus respectivos periodos. En los cortes verticales de las montañas del Gran Cañón del Colorado, por ejemplo, las capas de distintos colores y grosores muestran una gran cantidad de cambios geológicos (periodos). Al norte de Gales, en el Reino Unido, se encuentra otro de estos lugares. Fue allí donde, justo después de haberse graduado de la Universidad de Cambridge, Charles Darwin vio por primera vez fósiles de animales complejos (con sistema nervioso, digestivo, circulatorio, motriz, reproductivo, etc.) que vivieron en el periodo cámbrico. Lo acompañó su maestro, el profesor Adam Sedgwick[40]. Al igual que los demás paleontólogos de su tiempo, el profesor Sedgwick estaba bastante familiarizado con este periodo y su abundancia de fósiles.

Hasta ese momento no se habían encontrado fósiles de periodos anteriores al Cámbrico. Todos los fósiles que se habían documentado eran de este periodo o de periodos posteriores, pero no anteriores. Esto intrigó a la comunidad científica por largo tiempo y Darwin no era la excepción. Ya que su teoría predecía que toda especie provenía de una anterior e inferior a ella, surgían varias preguntas. ¿Dónde estaban los fósiles de los antecesores de esa inmensa cantidad de criaturas del Cámbrico? ¿Dónde estaban los fósiles de los «experimentos» fallidos de la selección natural, los fósiles de aquellos organismos que no prosperaron como nuevas especies? Darwin escribió lo siguiente en su famoso libro, *El origen de las especies:* «A la pregunta de por qué no encontramos registros de estos vastos periodos primordiales, no puedo dar una respuesta satisfactoria».

Darwin era perfectamente consciente del problema que representaba esta explosión de vida que se registró en el Cámbrico. El 90 % de todas las familias de

---

[40] Adam Sedgwick (22 de marzo de 1785, Dent-27 de enero de 1873, Cambridge) fue un geólogo británico. Sedgwick fue uno de los fundadores de la geología moderna. Estudió los estratos geológicos del Devónico y del Cámbrico.

criaturas que alguna vez han habitado nuestro planeta apareció en este periodo, de ahí el término «explosión». La vida comenzó hace 3800 millones de años, cuando aparecieron los primeros organismos unicelulares.

Si convertimos esos 3800 millones de años en un día de veinticuatro horas, a las 0:00 horas aparecen los primeros organismos unicelulares. A las 6:00 a. m. siguen existiendo solamente estos organismos. A la 1:00 p. m., lo mismo. A las 6:00 p. m., lo mismo. Transcurren tres cuartas partes del día y en nuestro planeta solo existen, y han existido, organismos unicelulares. De pronto, a las 8:50 p. m. y en solo dos minutos (que corresponden al periodo cámbrico), aparecen todas las criaturas con sistemas nervioso, circulatorio, digestivo, reproductivo y respiratorio; que tienen cerebro, esqueleto, visión, etc., y que han mantenido su forma y sistemas iguales hasta el presente, ¡no han cambiado!

Menos de dos minutos de un día de mil cuatrocientos cuarenta minutos: así de repentina fue la explosión cámbrica. El 75 % del tiempo en que ha habido vida en la Tierra solo existieron organismos unicelulares. Después de eso, la vida compleja surgió repentinamente, sin las transiciones moderadas ni incrementales de las que habla la teoría de la evolución de Charles Darwin. Esto es lo que nos dice el registro fósil actual. Los nueve sistemas biológicos conocidos y existentes actualmente (muscular, nervioso, excretor, inmunitario, linfático, óseo, tegumentario, endocrino y reproductor) están presentes en los fósiles del Cámbrico. Es decir que el supuesto proceso evolutivo no ha generado ningún sistema nuevo después de este periodo (tampoco había generado ninguno antes).

Algo similar ocurre en periodos posteriores al Cámbrico. En estos periodos aparece el otro 10 % de las familias de animales, las cuales también surgen repentinamente (no se han hallado fósiles de las especies anteriores e inferiores que supuestamente les preceden). Estos animales están igualmente equipados con los mismos nueve sistemas enumerados anteriormente. Hasta el día de hoy, el registro fósil no da cuenta del árbol de la vida que dibujó Darwin, que tan diligentemente se incluye en todo libro de biología para los alumnos de grados avanzados. El registro fósil solamente muestra la punta final de las ramas, pero no el tronco ni sus brazos, ni mucho menos sus raíces.

«Variedad» no es lo mismo que «macroevolución». Ciertamente, con el paso del tiempo, han existido más razas de perros (variedad) que se han adecuado a diferentes geografías y climas (adaptación), pero el registro fósil encontrado es el del perro[41]. Hipotéticamente, se ha relacionado al perro con otras especies inferiores. Pero, repito, no hay registro fósil que corrobore la hipótesis. Los hallazgos fósiles muestran la aparición súbita de la especie, su estructura y forma de la especie han permanecido iguales con el paso del tiempo. Estos hallazgos dan apoyo al creacionismo. Se han encontrado fósiles de muchos animales que existen en la actualidad (fósiles de hace cien millones de años, incluso) que muestran poca o casi ninguna diferencia con los animales actuales.

Los biólogos contemporáneos de Darwin creían que la microevolución explicaba las similitudes entre ciertas especies (como en el caso de la gran variedad de pinzones, encontrados por Darwin en la isla Galápagos, que presentaban algunas diferencias entre ellos, principalmente en sus picos). Lo novedoso de la teoría de Darwin fue decir que toda la vida provenía de un ancestro común. La selección natural y el ancestro común fueron los pilares de la biología moderna y el árbol de la vida de Darwin se convirtió en un ícono de dicha ciencia. Estas ideas mantienen su vigencia hasta nuestros días, a pesar de la enorme evidencia en su contra. Darwin escribió en su libro:

Se presenta aquí otra dificultad análoga mucho más grave. *Me refiero a la manera en que las especies pertenecientes a varios de los principales grupos del reino animal aparecen súbitamente en las rocas fosilíferas inferiores que se conocen.* La mayor parte de las razones que me han convencido de que todas las especies vivientes del mismo grupo descienden de un solo progenitor se aplican con igual fuerza a las especies más antiguas conocidas. Por ejemplo: es indudable que todos los trilobites cámbricos y silúricos descienden de algún crustáceo, que tuvo que haber vivido mucho antes de la edad cámbrica, y que probablemente difirió mucho de todos los animales conocidos. Algunos de los animales más antiguos, como los Nautilus, Lingula, etc., no difieren mucho de especies vivientes, y, según nuestra teoría, no puede suponerse que estas especies antiguas sean las progenitoras de todas las especies pertenecientes a los mismos grupos que han ido apareciendo luego, pues no tienen caracteres en ningún grado intermedios.
Por consiguiente, si la teoría es verdadera, es indiscutible que, antes que se depositase el estrato cámbrico inferior, transcurrieran largos periodos, tan largos, o probablemente mayores, que el espacio de tiempo que ha separado la edad cámbrica del día de hoy y, durante estos vastos periodos, los seres vivientes hormigueaban en el mundo. *Nos encontramos aquí con una objeción formidable, pues parece dudoso que*

---

[41] El fósil de perro más antiguo (encontrado en las montañas Altay, al suroeste de Siberia) tiene 33 000 años de antigüedad.

*la Tierra, en estado adecuado para habitarla seres vivientes, haya
tenido la duración suficiente.*[42] (El *énfasis* es mío)

Si tomamos uno de los trilobites cámbricos a los que se refiere Darwin en su
libro, notamos que posee todos los sistemas enumerados anteriormente. Es claro
entonces que, cuando existió, ya tenía un ADN complejo, con millones y millones
de instrucciones, capaz de generar todas las proteínas requeridas para formar
cada tipo de tejidos. La transformación de una bacteria, perteneciente al periodo
precámbrico, que pasa a ser un trilobite con más de cincuenta diferentes tipos de
tejidos (esqueleto, caparazón, ojos, cerebro, músculos, estómago, antenas, etc.)
implica un gigantesco salto en complejidad que requiere una enorme cantidad de
«información». ¿De dónde proviene esa información? ¿Es acaso el producto de
una suerte extraordinaria? ¿O es producto de un diseño?

CUARTA TESIS: EL UNIVERSO FINAMENTE AJUSTADO

La base de la pastelería es la torta o el ponqué: siempre presente en toda clase
de celebraciones. Sus ingredientes son los siguientes: un billón de cuatrillones
(un uno seguido de treinta y dos ceros) de partículas de harina de trigo, media
taza de mantequilla, una taza y media de azúcar refinada, una taza de leche, tres
cucharaditas y media de levadura, una cucharadita de sal, una cucharadita de
extracto de vainilla y tres huevos. La receta es bastante simple:

- Precalentar el horno a 180 °C (350 °F). Engrasar y enharinar un molde de
  aproximadamente 23×33 centímetros. Adicionar la levadura y sal a la
  harina. Reservar.
- Batir la mantequilla junto con el azúcar en un tazón grande hasta que la
  mezcla se esponje. Agregar los huevos uno por uno, batiendo bien después
  de cada adición. Añadir lentamente el billón de cuatrillones de partículas
  de harina de trigo, alternando con la leche y batiendo hasta integrar.
  Incorporar la vainilla.
- Verter la masa dentro del molde y hornear por 45 minutos.

Asumiendo por un momento que usted tuvo la capacidad de contar ese
enorme número de partículas de harina para seguir al pie de la letra la receta,
permítame hacerle la siguiente pregunta: ¿usted cree que si en su conteo de las

---

[42] *El origen de las especies*, capítulo x.

partículas de harina se equivoca y adiciona una de más, o si le quedó faltando una, no saldrá una torta después de tener la masa cuarenta y cinco minutos en el horno? ¿La partícula faltante, o la extra, tendría el efecto devastador de destruir toda la receta y malograr la anhelada torta al final? ¿Cierto que no?

Resulta que, en la gran receta de la formación del átomo en los orígenes del universo, un error de esta magnitud sí hubiera resultado en fracaso: no se habría formado el átomo. Por consiguiente, no habría estrellas, lunas ni planetas. No existiríamos, de hecho. Ese era el grado de precisión necesario para la formación de la materia. Permítame explicar esto con mayor profundidad.

Si cuando le mencionan la palabra «átomo» se imagina una serie de esferas aglomeradas en el centro y otras girando a su alrededor, describiendo circunferencias concéntricas, usted está imaginando el modelo atómico que postuló el físico danés Niels Bohr[43] en 1913. Según este modelo, el átomo está compuesto de protones y neutrones en el centro y de electrones en el exterior, todos ellos en igual número. El protón tiene carga eléctrica positiva, el electrón tiene carga eléctrica negativa y el neutrón no tiene carga.

El concepto de una unidad mínima primaria de la materia (átomo) ha existido desde la antigua Grecia, pero su origen se debe más a una necesidad filosófica que a la experimentación científica. Tuvieron que pasar muchos siglos antes que la ciencia empezara a conocer más de él. En 1804 se determinó que todos los átomos de un determinado elemento eran iguales entre sí y diferentes de cualquier otro[44]. A partir de ese momento, empezó una carrera por descubrir las propiedades físicas y químicas de cada uno de los elementos. La primera lista de elementos ordenados según su masa (peso) atómica apareció en 1869[45] y fue la precursora de la tabla periódica que conocemos hoy. El siguiente gran paso para llegar a esta tabla fue «especular» cómo era un átomo. En ese momento surgieron diferentes modelos, entre ellos el de Bohr.

Cada nuevo descubrimiento generaba una cantidad enorme de preguntas, muchas de las cuales siguen sin una respuesta clara en nuestros días. Algunas de

---

[43] Premio nobel de física en 1922. Bohr nació en Copenhague, Dinamarca, en 1885 y falleció en la misma ciudad en 1962. Trabajó en el proyecto Manhattan. Allí participó del desarrollo de la primera bomba atómica de los Estados Unidos. Compartió varias veces escenarios en los que debatía sus ideas con Albert Einstein.

[44] Este fue un postulado del químico, físico y matemático inglés John Dalton (1766-1844).

[45] Trabajo realizado por el químico ruso Dmitri Ivanovich Mendeleyev (1834-1907).

las preguntas más importantes que captaron la atención de los primeros estudiosos fueron ¿qué le daba la estabilidad al átomo? ¿Qué hacía que los protones y neutrones se mantuvieran juntos para formar un núcleo? ¿Qué hacía que el electrón girara infinitamente y conservara la distancia que mantiene con el núcleo? Además de esto, si ya se sabía que los protones poseían carga eléctrica positiva, y por la ley del electromagnetismo se sabía también que dos cargas iguales se repelen y dos opuestas se atraen, ¿cómo se podían mantener unidos varios protones en el núcleo? ¿Por qué el electrón no se pegaba al protón si tenían cargas opuestas?

A mediados del siglo XX se descubrió en el interior del núcleo lo que se denominó la «fuerza nuclear fuerte»[46]. Esta, al ser mayor[47] que la fuerza electromagnética que obliga a los protones a separarse entre sí por tener la misma carga eléctrica, la vence y hace que se mantengan juntos. ¿Qué pasaría si suprimiéramos la fuerza nuclear fuerte? El átomo dejaría de existir, ya que los protones se separarían entre ellos por poseer la misma carga y el núcleo se desintegraría. ¿Qué pasaría si esa fuerza fuera «ligeramente» más fuerte? El átomo dejaría de existir, ya que el electrón escaparía de su órbita y se uniría a los protones del núcleo, que tienen carga eléctrica positiva. ¿Qué pasaría si esa fuerza fuera «ligeramente» más débil? El átomo colapsaría, ya que la fuerza electromagnética ganaría y los protones se separarían. Al no haber átomos no habría moléculas. Al no haber moléculas no tendríamos ningún objeto más grande que un protón o un electrón y, por lo tanto, no habría planetas ni galaxias, ni química y, en consecuencia, no existiríamos. Afortunadamente, esa fuerza nuclear tiene el valor necesario para darle estabilidad al átomo. Ni muy fuerte ni muy débil; solo la cantidad precisa.

Otra de las cuatro fuerzas fundamentales de la naturaleza es la de la gravedad o gravitación, que ejerce la atracción entre dos objetos. Cientos de miles de años después de la Gran Explosión (*Big Bang*), en el universo solamente había átomos de hidrógeno, que son los átomos más simples de todos (están formados por un protón, un neutrón y un electrón). Frente a la fuerza nuclear fuerte, la gravedad es prácticamente despreciable. Sin embargo, la gravedad es suficiente como para acercar dos átomos que se encuentren bastante cerca. Cuando un átomo atrae a

---

[46] Esta es una de las cuatro fuerzas fundamentales entre las partículas subatómicas. Las restantes son la fuerza electromagnética, la fuerza nuclear débil y la fuerza gravitatoria.

[47] La fuerza nuclear fuerte es 137 veces mayor que la fuerza electromagnética entre protones.

otro, su masa aumenta y, por lo tanto, también su gravedad. De este modo, el átomo puede atraer más fácilmente a otros un poco más distantes. Si este proceso continúa por millones de años, se formará una inmensa «bola» de gas, que luego se transformará en una estrella. Cuando agotan su combustible, las estrellas explotan y arrojan generosamente al espacio material sólido que contiene todos los elementos de la tabla periódica. Luego de esto, por efecto de la gravedad, esos materiales vuelven a unirse y forman planetas rocosos como el nuestro. Otras estrellas más pequeñas no explotan, sino que quedan en su lugar como una bola pesada, fría e inerte. Esto es lo que le va a pasar a nuestro sol (apéndice C).

Como podemos observar, la fuerza de la gravedad es la responsable de que haya planetas y estrellas. ¿Qué pasaría si esa fuerza fuera «ligeramente» más débil? Si así lo fuera, los átomos no se atraerían entre sí y no se formarían moléculas ni planetas, ni tampoco estrellas. ¿Qué pasaría si esa fuerza fuera «ligeramente» más fuerte? Los átomos se fusionarían entre ellos poco tiempo después de la Gran Explosión (*Big Bang*) y formarían una sola «bola» de materia. Así pues, no se formarían moléculas ni planetas, ni tampoco estrellas.

¿Sabe qué es un centímetro? Es un metro dividido en cien partes. ¿Sabe qué es un milímetro? Es un centímetro dividido en diez partes. ¿Sabe qué es un nanómetro? Es un milímetro dividido en un millón de partes. ¿Sabe qué es un yoctómetro? Es un nanómetro dividido en un millón de partes (es decir, 1 metro dividido en 1 000 000 000 000 000 000 000 000). Trate de imaginar esta fracción.

Acá viene algo sorprendente. Cuando hablé de la gravedad y de la fuerza nuclear fuerte, hice la hipotética pregunta de qué pasaría si esas fuerzas se modificasen ligeramente. Pero ¿cuánto es ligeramente? Veamos el caso de la primera. La fórmula que calcula la fuerza de gravedad entre dos masas está dada por la distancia entre las dos masas y una constante[48].

Pregunté anteriormente qué pasaría si modificáramos esa constante «ligeramente». Si la disminuyéramos (hiciéramos ligeramente menor el valor de la constante) en tan solo una fracción equivalente al tamaño de un yoctómetro, no se formaría el universo. Si la aumentáramos (hiciéramos ligeramente mayor

---

[48] La fuerza de la gravedad entre dos masas está dada por la siguiente fórmula: $F = (G \times m1 \times m2) / d2$, donde «m1» y «m2» son las masas (pesos) del primer y segundo, en kilogramos; «d2» es el cuadrado de la distancia entre los dos objetos, en metros, y «G» es la constante de la fuerza de gravitación universal.

el valor de la constante) en tan solo una fracción equivalente al tamaño de un yoctómetro, tampoco se formaría el universo. Aunque los valores de esas fracciones son tan pequeños, el más «ligero» cambio alteraría el resultado. De todos los posibles valores que puede tener esa constante, solo uno hace viable el universo. ¿Coincidencia? ¿Suerte?

Con la fuerza nuclear fuerte ocurre lo mismo. A pesar de que su radio de influencia es sumamente pequeño (menor a una billonésima de milímetro), una mínima variación de su valor haría que no se formara nada. Volviendo al metro que dividimos anteriormente, tome un yoctómetro y divídalo en mil millones de partes. Si esa fuerza aumenta o disminuye en tan solo una de esas minúsculas fracciones, no habría universo. Este solo se puede formar con el valor que posee actualmente. Nuevamente, así de dramático es ese «ligeramente». ¿Coincidencia? ¿Suerte?

Al momento de escribir estas páginas, el hombre ha logrado identificar noventa y tres fuerzas, constantes, proporciones, velocidades, distancias, etc., que rigen la formación y preservación de toda la materia. Existimos gracias a lo preciso y exacto de los valores actuales de esas fuerzas. Con la más «ligera» variación, la materia no se comportaría de la manera en que lo hace y nada se habría formado.

¿Puede el azar causar exactamente los valores que se necesitaban para que todo existiera? Veamos de qué tipo de azar estamos hablando. Volviendo a la fuerza de la gravedad, de todos los $1x10^{279}$ posibles valores que puede tener la constante gravitacional[49], uno y solamente uno de ellos sirve para generar átomos estables que sean la base de nuestro universo y la vida. Es decir que, al hablar de azar, estamos hablando de una probabilidad de 1 entre $1x10^{279}$ (apéndice B). Veamos también el caso de la constante cosmológica de la velocidad de expansión del universo: de todos los posibles $1x10^{57}$ valores, uno y solamente uno de ellos sirve. En su obra *Le Chaos et l'Harmonie*, el astrofísico Trinh Xuan Thuan[50] dice lo siguiente con respecto a esta probabilidad:

---

[49] El dato viene del libro *The Anthropic Cosmological Principle* (1986), de John D. Barrow y Frank Tipler.

[50] Trinh Xuan Thuan (20 de agosto de 1948) es un astrofísico y escritor vietnamita-estadounidense, francófono, nacido en Hanoi. Ganó en el 2009 el premio Kalinga de la Unesco y en el 2012 el premio mundial Cino Del Duca. Publicó el libro *Le Chaos et l'Harmonie*, en el que presenta el
Continúa en la siguiente página...

Esa cifra es tan pequeña que corresponde a la probabilidad de que un arquero le atinara a un objetivo de 1 cm², situado en el otro extremo del universo, disparando a ciegas una única flecha desde la Tierra y sin saber en qué dirección está el objetivo.

La probabilidad de que la fuerza nuclear fuerte tuviera el valor que de hecho tiene es de 1 entre $1x10^{32}$, según Barrow y Tipler[51]. Es decir que la probabilidad de que las tres fuerzas adquirieran estos tres valores a la vez es de 1 entre $1x10^{368}$ (faltaría aún incluir en nuestro cálculo el resto de las noventa y tres variables conocidas). Permítame poner en perspectiva esta probabilidad. *Powerball* es una de las loterías más populares de los Estados Unidos. Para ganar el premio mayor, se deben adivinar cinco números de los sesenta y nueve que están en juego, y además adivinar el *Powerball* (que es un número de veintiséis posibles). Es decir que la probabilidad es de 1 entre 292 201 338, que equivale a 1 entre $2,92x10^8$. Es una probabilidad muy pequeña. Sin embargo, es inmensa comparada a una probabilidad de 1 entre $1x10^{368}$ (y no olvide que esta última es solo la probabilidad de tres factores de los noventa y tres conocidos). Pensar en una extraordinaria coincidencia como explicación de que estas fuerzas posean los valores que poseen no es razonable.

Ciertamente, la materia y las fuerzas que la afectan fueron diseñadas desde el principio para que adquirieran esos valores precisos. Así, ellas se ajustaron estrictamente a los planos que trazó el Diseñador para crear su obra. No podemos pretender que el azar es la explicación de este ajuste tan extremadamente preciso. Pretender eso sería el acto de fe más grande que cualquier hombre podría hacer.

Cuando los científicos empezaron a descubrir que las fuerzas, constantes, proporciones, velocidades, distancias, etc. básicas del universo debían tener los valores que tenían (ya que la más pequeña variación hacía inviable el universo), la comunidad creyente comenzó a sentirse respaldada nada menos que por la ciencia. Según esos descubrimientos, solo una mente superior, un Creador, podía haber dictaminado unas leyes de la naturaleza armónicas y exactas, capaces de impregnarle a la materia las propiedades que la hacían apta para formar el universo y la vida. El azar quedó excluido de esta gran ecuación.

---

soporte numérico de la cifra de posibles valores de la constante cosmológica de la velocidad de expansión del universo.

[51] *The Anthropic Cosmological Principle*.

Ni siquiera el célebre científico Stephen Hawking[52] pudo ignorar semejantes descubrimientos. Por ello escribió en *Historia breve del tiempo*, publicado en 1988, lo siguiente:

> Las leyes de la ciencia, tal como las conocemos en la actualidad, contienen muchos números fundamentales, como el tamaño de la carga eléctrica del electrón y la relación de las masas del protón y el electrón [...] El hecho notable es que los valores de estos números parecen haber sido ajustados finamente para hacer posible el desarrollo de la vida.

También el matemático, astrónomo, físico y ateo inglés Fred Hoyle[53] afirmó lo siguiente:

> Una interpretación juiciosa de los hechos nos induce a pensar que un superintelecto ha intervenido en la física, la química y la biología para hacer la vida posible.

Ante esos descubrimientos, la reacción de los académicos ateos no se hizo esperar. Surgió, como sacada de un sombrero, la teoría de los multiversos[54]. El concepto de «multiverso» había sido usado por algunos autores de ciencia ficción. Pero, al carecer de la más mínima prueba de la existencia de un multiverso, ni siquiera en la ciencia ficción el concepto ocupó el lugar que estos académicos le asignaron.

Básicamente, la teoría de los multiversos sostiene que existe una «fábrica de universos» que produce trillones y trillones de ellos por segundo. En cada uno de estos universos, las fuerzas, constantes, proporciones, velocidades, distancias, etc., propias de la materia tienen valores diferentes. Debido a que estas fuerzas no tienen los valores correctos, los universos desaparecen en el instante mismo en que nacen. Esa fábrica, que según la teoría existe y sigue produciendo universos, es la que hace muchísimo tiempo produjo un universo con los valores correctos: el nuestro. ¿Qué pruebas hay de la existencia de esta «fábrica»?

---

[52] Stephen William Hawking (1942-2018) fue un físico teórico, cosmólogo y divulgador científico británico, célebre por sus estudios sobre el origen del universo y por sus demostraciones científicas de la inexistencia de Dios.

[53] Responsable de uno de los descubrimientos más importantes del siglo pasado: la nucleosíntesis del carbono. Hoyle fue miembro activo de la *Royal Society* y de la Academia Estadounidense de las Artes y las Ciencias. Falleció en el 2001.

[54] Puede ver al naturalista de fama mundial Richard Dawkins explicando esta teoría: https://www.youtube.com/watch?v=oO0QRUX4HGE

Ninguna. Pero los académicos ateos aseguran que existe, ya que para ellos es la «única» explicación de que nuestro universo esté finamente ajustado.

Postular la existencia de esta «fábrica» no resuelve nada, sino que mueve un paso atrás el enigma del origen de todo. ¿Cómo fue creada esa fábrica? ¿Cómo adquirió las propiedades físicas necesarias para haber podido infundirle a la materia inicial unas ciertas propiedades que desembocaran en un universo fallido o acertado? ¿De dónde salió la materia prima para su funcionamiento? Y, lo más importante, ¿de dónde adquirió la «inteligencia» que era necesaria para que funcionara? Antes que se postulara esta teoría, el enigma era el origen de la materia prima de nuestro universo, es decir, la «bola» de energía que en algún momento explotó en esa Gran Explosión (*Big Bang*). Para la comunidad creyente ese enigma se resuelve con la existencia de un Creador que, en su calidad de Diseñador, creó la materia con las propiedades necesarias para que esas variables tuvieran los valores justos y exactos. Para la comunidad no creyente, esa «bola» de energía siempre había existido y el azar se encargó del resto. Al aparecer este «problema» de los valores exactos, la comunidad no creyente tuvo que quitar el azar como el hecho que condujo a la materia hasta el presente. Se inventaron entonces esto de la «fábrica» de hacer universos. Con esa teoría volvieron al mismo punto. Antes se les preguntaba a estos ateos académicos por el origen de la materia y no tenían una respuesta. Ahora sí la tienen: la materia fue producida por esta «fábrica». Pero, cuando se pregunta por el origen de esta «fábrica»— que, dicho sea de paso, lógicamente debe tener una complejidad que escapa a nuestro conocimiento, porque si encontrar explicaciones para un único universo ya nos causa dolores de cabeza, ¡qué sería ahora una «fábrica» de ellos! —, no tienen una respuesta.

QUINTA TESIS: UN PLANETA FUERA DE LO COMÚN

En los cuentos de ciencia ficción es muy común encontrar historias de seres de otros planetas que vienen a visitarnos, ya sea para destruirnos porque sí; o porque necesitan urgentemente algún recurso natural que es escaso y vital para ellos, pero abundante en nuestro planeta, y están dispuestos a obtenerlo a toda costa. También había los que, por su avanzado nivel evolutivo, deseaban estudiarnos cual ratón de laboratorio, para comprender cómo eran ellos millones de años atrás; y, bueno, también estaban las historias de los que simplemente quieren ser nuestros amigos y mezclarse con nosotros, casarse con terrícolas y establecer una sucursal extraterrestre en nuestro territorio. Con la aparición de estos cuentos empezó a forjarse en la mente de las personas la idea de que la vida debía ser tan abundante como abundantes eran los planetas y las estrellas.

Marte fue uno de los primeros objetos de especulación. Se creía que era un planeta con seres mucho más avanzados que nosotros. Estos seres, para quienes se acuñó el término «marcianos», debían poseer supuestas naves capaces de viajar millones de kilómetros para venir a visitarnos. Este término fue recogido y explotado por el escritor inglés H. G. Wells en su obra *La guerra de los mundos,* publicada por primera vez en 1898. En esta obra, Wells describió una invasión marciana a la Tierra que fracasaba ya que los marcianos no tenían las defensas necesarias para resistir a algunas de las bacterias que abundan en nuestro ambiente. Debido al éxito de esta obra nació una subcultura interesada por los extraterrestres que existe incluso en nuestros días y que ha sido alimentada por los más recientes descubrimientos de la astrofísica.

La nave Voyager 1 es una sonda espacial que fue lanzada el 5 de septiembre de 1977 desde Cabo Cañaveral, en el estado de Florida. A pesar de haber sido diseñada para tener una vida útil de unos veinte años, hoy continúa su viaje exploratorio hacia el centro de nuestra galaxia. De todas las fotografías que esta nave ha enviado a la Tierra, tal vez la más significativa e importante es a la que se le dio el nombre de «punto azul pálido»[55]. Es una fotografía de nuestro planeta. Pero no se la imagine como una foto tomada desde la luna o desde la Estación Espacial Internacional, en la que se pueden observar los continentes, rodeados del azul de los océanos y cubiertos por inmensas masas de nubes. Esta fotografía no es así. De hecho, en ella, la Tierra es absolutamente imperceptible ya que su tamaño es el de la punta de un alfiler, escasamente visible. Esto se debe a que fue tomada a una distancia de seis mil millones de kilómetros (la distancia de la Tierra al sol es de ciento cincuenta millones de kilómetros) el 14 de febrero de 1990. Inspirado en esta fotografía, el astrónomo Carl Sagan[56] publicó cuatro años más tarde una obra llamada *Un punto azul pálido: una visión del futuro humano en el espacio.* Uno de los apartados del libro dice:

---

[55] https://voyager.jpl.nasa.gov/galleries/images-voyager-took/solar-system-portrait/

[56] Carl Edward Sagan (Nueva York, 9 de noviembre de 1934-Seattle, 20 de diciembre de 1996) fue un astrónomo, astrofísico, cosmólogo, astrobiólogo, escritor y divulgador científico estadounidense. Fue un defensor del pensamiento escéptico científico y del método científico, pionero de la exobiología y promotor de la búsqueda de inteligencia extraterrestre a través del proyecto SETI (*Search for Extra Terrestrial Intelligence*).

Mira ese punto. Eso es aquí. Eso es nuestro hogar. Eso somos nosotros. En él, todos los que amas, todos los que conoces, todos de los que alguna vez escuchaste, todos los seres humanos que han existido vivieron su vida. La suma de todas nuestras alegrías y sufrimientos, miles de religiones seguras de sí mismas, ideologías y doctrinas económicas, cada cazador y recolector, cada héroe y cobarde, cada creador y destructor de civilizaciones, cada rey y campesino, cada joven pareja enamorada, cada madre y padre, niño esperanzado, inventor y explorador, cada maestro de la moral, cada político corrupto, cada «superestrella», cada «líder supremo», cada santo y pecador en la historia de nuestra especie, vivió ahí —en una mota de polvo suspendida en un rayo de sol—.
La Tierra es un escenario muy pequeño en la vasta arena cósmica. Piensa en los ríos de sangre vertida por todos esos generales y emperadores, para que, en su gloria y triunfo, pudieran convertirse en amos momentáneos de una fracción de un punto. Piensa en las interminables crueldades cometidas por los habitantes de una esquina del punto sobre los apenas distinguibles habitantes de alguna otra esquina. Cuán frecuentes sus malentendidos, cuán ávidos están de matarse los unos a los otros, qué tan fervientes son sus odios. Nuestras posturas, nuestra importancia imaginaria, la ilusión de que ocupamos una posición privilegiada en el Universo [...] es desafiada por este punto de luz pálida. Nuestro planeta es una solitaria mancha en la gran y envolvente penumbra cósmica. En nuestra oscuridad —en toda esta vastedad—, no hay ni un indicio de que vaya a llegar ayuda desde algún otro lugar para salvarnos de nosotros mismos. La Tierra es el único mundo conocido hasta ahora que alberga vida. No hay ningún otro lugar, al menos en el futuro próximo, al cual nuestra especie pudiera migrar. Visitar, sí. Asentarnos, aún no. Nos guste o no, por el momento la Tierra es donde tenemos que quedarnos. Se ha dicho que la astronomía es una formadora de humildad y carácter. Tal vez no hay mejor demostración de la locura de los conceptos humanos que esta distante imagen de nuestro minúsculo mundo. Para mí, subraya nuestra responsabilidad de tratarnos mejor los unos a los otros y de preservar y querer ese punto azul pálido, el único hogar que siempre hemos conocido.

Carl Sagan fue uno de los grandes promotores del proyecto SETI (acrónimo del inglés *Search for Extra Terrestrial Intelligence* —búsqueda de inteligencia extraterrestre, en español—). El proyecto trata de encontrar vida extraterrestre inteligente, ya sea por medio del análisis de señales electromagnéticas (el equivalente a nuestras ondas de radio, televisión, telefonía celular o de las luces incandescentes de las calles) capturadas por distintos radiotelescopios, o bien enviando mensajes de distinta naturaleza al espacio con la esperanza de que alguno de ellos sea contestado. Si en alguna parte de nuestra galaxia hay un planeta habitado por seres inteligentes que estén buscando las mismas señales que nosotros, ese planeta tendría que estar a una distancia de poco menos de cien años luz (que es la distancia estimada a la que deben estar, en este momento, las primeras señales de radio emitidas por la BBC de Londres, cuando inició sus transmisiones en 1922). Cien años luz ($9,4x10^{14}$ km) es una distancia enorme (apéndice B), pero es insignificante si se le compara con el diámetro de nuestra galaxia, que es de cien mil años luz ($9,4x10^{17}$ km). Así que, para que alguien nos encuentre, tiene que vivir muy pero muy cerca de nosotros; en la misma cuadra, por así decirlo.

El proyecto SETI de Carl Sagan no es el único de esta naturaleza. Existen otros tantos en los Estados Unidos como en diversos países europeos. Hasta la fecha, no se ha detectado ninguna señal de origen inteligente. Pero, como sostiene la lógica, «la ausencia de prueba no es prueba de ausencia», por lo que, hasta el momento, no se puede afirmar que no exista vida inteligente extraterrestre —y tal vez nunca lo podamos hacer—.

En 1950, el físico italiano Enrico Fermi (premio nobel de física y padre del reactor nuclear), acuñó la que se conoce como la «paradoja de Fermi». Esta paradoja se refiere a la supuesta contradicción que hay entre sostener que la vida inteligente ha de abundar en el universo conocido y la ausencia total de evidencia de su existencia. En los últimos setenta años, nuestro universo observable ha crecido de una manera exponencial, ya que hemos logrado superar el obstáculo de la gruesa capa atmosférica que actúa como una película semitransparente algo borrosa que nos impide mirar más allá de ella. Este obstáculo se ha superado con telescopios que orbitan el planeta, como el telescopio Hubble[57], puesto en órbita el 24 de abril de 1990. No es extraño que en 1950 se asumiera la abundancia de planetas como el nuestro, capaces de albergar vida compleja.

Para poder determinar la probabilidad de que exista vida —no necesariamente inteligente— es necesario, primero, enumerar las características mínimas que debe tener un planeta para que pueda desarrollar vida y, segundo, determinar qué tan común o insólito sería encontrar un planeta con esas características en el espacio exterior.

Durante siglos, el hombre pensó que la Tierra era el centro del universo. Según esta creencia, el sol, los planetas y los demás cuerpos celestes giraban a su

---

[57] https://www.nasa.gov/mission_pages/hubble/main/index.html

alrededor. Pero la situación cambió cuando Nicolás Copérnico[58] culminó su obra maestra, *De revolutionibus orbium coelestium* (Sobre las revoluciones de las esferas celestes, en español), después de veinticinco años de trabajo (1507-1532). En su obra, Copérnico demostró que el sol se encuentra en el centro y que la Tierra y los demás cuerpos se mueven a su alrededor. Este correcto entendimiento de la mecánica de nuestro sistema solar revolucionó el mundo académico del momento y nuestro planeta dejó de tener ese estatus especial y privilegiado: de ocupar el centro de todo el universo, la Tierra pasó a ser un planeta más que daba vueltas alrededor de una estrella. Con el pasar de los años, los hombres de ciencia hablaron de lo que llegó a conocerse como el «principio copernicano»: lo que ocurrió con nuestro planeta debió haber ocurrido con otros, ya que era claro que el universo no se había formado con nosotros como huéspedes de honor —nuestra posición en el universo no era especial—.

El principio copernicano tomó mayor relevancia en 1921, cuando el astrónomo Edwin Hubble[59] descubrió que la mayoría de lo que se pensaba que eran estrellas en el firmamento se trataba, en realidad, de otras galaxias compuestas de millones y millones de estrellas, planetas y demás cuerpos celestes. Hasta ese momento, se pensaba que nuestra galaxia era la totalidad del universo. Con este nuevo hallazgo, el tamaño del universo se expandió billones de billones de veces y, con esta expansión, se pensó que planetas como el nuestro, con complejas formas de vida, debían ser extremadamente comunes.

Yo me imagino que el número de planetas habitados en nuestra galaxia es del orden de miles o cientos de miles. ¿Y por qué pienso que hay vida en otros planetas?, porque el universo es extremadamente grande, hay billones y billones de estrellas. Así que, a menos que nuestra Tierra tenga algo muy especial, sumamente especial, milagroso sí se quiere, lo que ha

[58] Nicolás Copérnico (19 de febrero de 1473-24 de mayo de 1543) fue un monje y astrónomo polaco del Renacimiento que formuló la teoría heliocéntrica del sistema solar —aunque esta fue concebida en primera instancia por Aristarco de Samos—. Su obra *De revolutionibus orbium coelestium* suele ser considerada como el libro fundacional de la astronomía moderna, además de ser una pieza clave en lo que se llamó la Revolución Científica en la época del Renacimiento. Dicha obra fue publicada póstumamente en 1543 por Andreas Osiander.

[59] Edwin Powell Hubble (Marshfield, Misuri, 20 de noviembre de 1889-San Marino, California, 28 de septiembre de 1953) fue uno de los más importantes astrónomos estadounidenses del siglo XX. Hubble es famoso principalmente porque se creyó que en 1929 había demostrado la expansión del universo. Hubble es considerado el padre de la cosmología observacional, aunque su influencia en astronomía y astrofísica toca muchos otros campos.

pasado acá en la Tierra debió haber pasado muchas veces en otros planetas. (Seth Shostak, astrónomo senior del SETI)

La hipótesis de que hay vida afuera de la Tierra dio origen a la astrobiología, cuya misión es responder si los planetas habitados son raros en el universo o si, por el contrario, son abundantes. Guillermo González[60] es un astrobiólogo y astrofísico de la Universidad Estatal de Iowa que trabaja en los programas de astrobiología de la NASA. Su trabajo es entender las características necesarias para sostener la vida y ver si esas características se cumplen en otros lugares del universo. Hay dos supuestos detrás de este trabajo. Por un lado, que hay millones y millones de estrellas con planetas orbitándolas; por otro lado, que se requiere una extensa cadena de eventos y condiciones muy precisas para que se pueda dar y sostener vida compleja. Una de esas condiciones es que haya agua en estado líquido. Para ello es necesario que haya una distancia muy específica entre el planeta y la estrella que este circunda. Si están muy cerca, el agua se evapora y si están muy lejos, se congela. Existe entonces una pequeña área («zona ricitos de oro»[61]), en la que cabe solamente un planeta donde puede haber agua líquida dentro de cada sistema solar. En el caso de la Tierra, si su distancia con respecto al sol fuera tan solo 5 % menor, nos pasaría lo que a Venus: la temperatura del planeta sería de 900 °F debido al efecto invernadero, lo cual anularía la posibilidad de que existiera agua líquida. Si, por el contrario, la distancia fuera 20 % mayor, nos pasaría lo que a Marte: nubes de dióxido de carbono la cubrirían y harían que fuera tan fría que toda el agua se congelaría. Dado que las leyes de la física y la química se cumplen en todo el universo conocido, los científicos se han concentrado principalmente en buscar planetas en la «zona ricitos de oro».

El agua es fundamental, pero no es el único requisito. La receta para la vida es mucho más compleja. Se necesita que el planeta cumpla, entre otros, con los siguientes requisitos:

---

[60] Guillermo González (nacido en 1963 en La Habana, Cuba) es un astrofísico defensor del principio del diseño inteligente. González es profesor asistente en la Ball State University y en Muncie, Indiana. Es miembro principal del Centro de Ciencia y Cultura del Instituto Discovery (considerado el centro del movimiento del diseño inteligente) y miembro de la Sociedad Internacional de Complejidad, Información y Diseño (que también promueve el diseño inteligente).

[61] «Esta avena está demasiado caliente», exclamó Ricitos de Oro, así que probó la avena de la segunda taza. «Esta avena está demasiado fría», así que probó la última taza de avena. «¡Ah, esta avena está perfecta!», dijo alegremente, y se la comió toda (fragmento del cuento infantil *Ricitos de Oro y los tres osos*).

- Estar en la zona habitable dentro de la galaxia. Las galaxias, al igual que los sistemas solares (que tienen su zona «ricitos de oro»), también tienen su propia zona «habitable». El centro de ellas es un lugar extremadamente peligroso por su enorme actividad. Es como si usted instalara su casa en un campo minado, rodeado de volcanes activos, en un área altamente propensa a los tornados y sobre la unión de dos placas tectónicas.
- Orbitar una estrella enana tipo G2[62] (se estima que tan solo el 7,5 % de las estrellas de nuestra galaxia son de este tipo). Si el sol fuera más pequeño (del tamaño del 90 % de las estrellas de nuestra galaxia), el planeta tendría que estar más cerca de él. Pero, si se acercara más a la estrella, su gravedad aumentaría y su rotación se sincronizaría con la del sol. De este modo, el planeta daría siempre la misma cara al sol, por lo que la mitad de él sería un completo desierto y la otra mitad estaría congelada y totalmente oscura (esto es lo que sucede con la luna; solo podemos ver una de sus caras).
- Estar protegido por gigantes planetas gaseosos para resguardarse de la gran cantidad de objetos letales que navegan sin dirección por el espacio. Estos gigantes actúan como imanes que los atraen.
- Estar en la zona habitable dentro del sistema solar («zona ricitos de oro»).
- Su órbita tiene que ser casi circular. Los planetas con órbitas más elípticas sufren unas alteraciones climáticas violentas: pasan del congelamiento total a temperaturas cercanas a los 1000 °F.
- Tener una atmósfera rica en oxígeno y nitrógeno. La nuestra es 78 % nitrógeno, 21 % oxígeno y 1 % dióxido de carbono, lo que permite una temperatura estable. Asimismo, esta composición actúa como escudo contra el destructivo viento solar. Es la combinación perfecta para generar agua y vida compleja.
- La atmósfera debe ser casi transparente: tiene que permitir la entrada de luz para que se pueda generar el oxígeno mediante la fotosíntesis en las plantas.
- Ser orbitado por una luna grande (25 % del tamaño del planeta). Sin la luna, nosotros no existiríamos[63]. Ella estabiliza el ángulo de inclinación de la Tierra en los 23,5 grados actuales, lo que permite estaciones con

---

[62] Para la clasificación de las estrellas ver https://es.wikipedia.org/wiki/Clasificaci%C3%B3n_estelar#Clase_G

[63] Ver https://elpais.com/elpais/2015/12/15/ciencia/1450179769_533306.html

cambios moderados de temperatura y mantiene la rotación de 24 horas. Sin la luna, esta inclinación fluctuaría periódicamente entre 0 y 90 grados y la rotación seria de apenas 6 horas.

- Tener campos magnéticos generados por el núcleo de hierro líquido en el centro del planeta para protegernos de las mortales radiaciones solares.
- Su masa debe ser la correcta. Si el planeta fuera muy pequeño, el campo magnético sería muy débil y no lo protegería del viento solar, que arrasaría con toda la atmósfera y lo convertiría en un desierto, como le pasó a Marte.
- La proporción de agua y tierra debe ser cercana a dos partes de agua por cada parte de tierra (más o menos 70 % de agua y 30 % de tierra).
- Su rotación debe ser moderada. Si la rotación es muy rápida, el planeta sería un completo horno; si es muy lenta, los cambios de temperatura serían demasiado drásticos para sostener la vida.
- El grosor de la capa terrestre del planeta debe ser el correcto (el grosor de la nuestra varía de cuatro a treinta millas). Si la capa es muy gruesa, no habría reciclaje de las placas tectónicas[64], y si es muy delgada, no se formaría tierra firme. El reciclaje de las placas permite regularizar la temperatura de la Tierra, producir los nutrientes que sirven de alimento para todos los seres vivientes y generar las reacciones químicas que producen el átomo de carbón necesario para que se formen los ladrillos de la vida.

Estas y otras condiciones tienen que estar dadas al mismo tiempo para que la vida compleja se desarrolle y mantenga. El número de factores que se consideran necesarios para tener un planeta habitable ha aumentado con el pasar de los años. En la actualidad, se estima que son veinte los requisitos mínimos e indispensables[65].

---

[64] Este reciclaje se produce con el movimiento de la capa más externa de la Tierra, que está fragmentada en piezas gigantes, como las piezas de un rompecabezas. Estas piezas se deslizan una encima una de la otra. Como resultado, una capa surge mientras que la otra se va al núcleo de la Tierra, donde empieza a derretirse. De este modo continúa el ciclo de formación de las placas.

[65] La ecuación de Drake, o fórmula de Drake, es una ecuación para estimar la cantidad de civilizaciones en nuestra galaxia (la Vía Láctea) que podrían emitir ondas de radio detectables por nosotros. La ecuación fue concebida por Frank Drake, radioastrónomo y presidente del instituto SETI, en 1961 mientras trabajaba en el Observatorio Nacional de Radioastronomía en Green Bank, Virginia Occidental. La ecuación de Drake identifica los factores específicos que, se cree, tienen
Continúa en la siguiente página...

Si tomamos un valor conservador de un 10 % (1/10) de probabilidad de que el requisito necesario esté presente en un determinado planeta, así como un número estimado de estrellas en nuestra galaxia de $1x10^{11}$, la probabilidad de que existiera un planeta con estos veinte requisitos sería de 1 entre $1x10^{15}$. Acá viene lo sorprendente. Dijimos que la cantidad de sistemas solares en nuestra galaxia es $1x10^{11}$ y también dijimos que, por la «zona ricitos de oro», solamente puede haber un planeta por sistema solar. Esto quiere decir que, de los potenciales $1x10^{11}$ planetas, solamente 1 de cada $1x10^{15}$ cumpliría con estos veinte requisitos. Pero, si observa cuidadosamente estas cifras, se dará cuenta de que la probabilidad es mayor al número de planetas disponible. Es como si la lotería *Powerball* se continuara jugando con los sesenta y nueve números, más los veintiséis del *Powerball*, pero se estableciera que no se va a vender el 90 % de las combinaciones disponibles. Si con esas condiciones alguien se la ganara, sería un verdadero milagro. Matemáticamente, es un milagro que existamos en esta galaxia. No somos la norma, como muchos piensan a la ligera; somos la excepción. ¿Contamos con suerte? ¿O todo estaba diseñado para que fuera así?

En los últimos años, los astrónomos se han sorprendido al confirmar que es extremadamente difícil que un planeta cumpla con las características que le permiten tener eclipses totales y perfectos de sol. La teoría general de la relatividad de Einstein, que nos ha permitido una mejor comprensión de la mecánica del universo y de la materia, logró ser demostrada gracias a un eclipse total de sol. Casi todo lo que sabemos de nuestro astro rey y, por ende, de las estrellas, es debido a estos eclipses. ¿Qué es un eclipse total y perfecto de sol? Es cuando la luna tapa el 99,9 % del sol, dejando expuesta solamente la corona. Es esta corona la que emite luz, calor, rayos ultravioleta, radiaciones, vientos, etc. Gracias a esto podemos estudiar el sol y aprender de él y del resto de estrellas.

¿Qué se necesita para que se dé un eclipse total perfecto de sol? Guillermo González contesta esta pregunta en su libro *Astronomía y geofísica*. Para que se pueda apreciar un eclipse de esta naturaleza, el aparente tamaño del sol debe ser igual al aparente tamaño de la luna, vistos los dos desde la Tierra. El sol es

---

un papel importante en el desarrollo de las civilizaciones. Aunque en la actualidad no hay datos suficientes para resolver la ecuación, la comunidad científica ha aceptado su relevancia como primera aproximación teórica al problema y varios científicos la han utilizado como herramienta para plantear distintas hipótesis. Puede ver la fórmula y todo su desarrollo en https://es.wikipedia.org/wiki/Ecuaci%C3%B3n_de_Drake.

cuatrocientas mil veces más grande que la luna, y la luna está cuatrocientas mil veces más lejos del sol que de la Tierra. Una mínima variación, de más del 2 % en esta relación, haría que la luna tapara completamente al sol, en cuyo caso no podríamos conocer nada de él. Una variación de menos del 2 % haría que la luna dejara expuesta algo más que la corona, lo que impediría que la pudiéramos estudiar debido a la gran cantidad de luz. De todos los planetas con lunas estudiados por Guillermo González, solo el nuestro cumple las condiciones para que se den eclipses de sol perfectos. ¿Contamos con suerte? ¿O todo estaba diseñado para que fuera así?

En el libro *Rare Earth, Why Complex Life is Uncommon in the Universe*, de los profesores Peter Ward y Donald Brownlee, se expone uno de los estudios más completos y elaborados sobre este tema. El estudio establece que, si bien es cierto que es más probable encontrar vida microbiana en otros lugares, son extremadamente escasos los planetas capaces de sostener vida compleja como la de las plantas, los animales o el ser humano. Nuestro planeta es ciertamente un lugar muy privilegiado. Somos definitivamente un planeta fuera de lo común. ¿Contamos con suerte? ¿O todo estaba diseñado para que fuera así?

SEXTA TESIS: LAS LEYES DE LA TERMODINÁMICA

La termodinámica es la ciencia que estudia la energía. Sus orígenes se encuentran a mediados del siglo XIX (en aquella época, a la energía se le decía «fuerza»). Sus dos primeras leyes, que en su formulación hacen referencia a «sistemas cerrados», son las columnas de la ciencia moderna. ¿Qué es un sistema cerrado? Si estoy estudiando las propiedades de un líquido contenido en un recipiente herméticamente sellado, sin que lo afecten en lo absoluto las condiciones externas —tales como luz, aire y temperatura—, entonces diremos que ese recipiente constituye un sistema cerrado para el estudio del líquido. Si amplío el espacio donde se lleva a cabo el estudio, es decir, sello herméticamente las puertas y ventanas del laboratorio, y bloqueo cualquier entrada de luz, aire o sonido, etc., el laboratorio se convierte ahora en el sistema cerrado.

La primera ley de la termodinámica —o ley de conservación de la energía— dice que en un «sistema cerrado» la energía no se crea, sino que se transforma. La energía permanece constante y solo cambia de una forma a otra. Este principio puede ser demostrado quemando un pedazo de madera. Cuando la madera se quema, pasa a un estado diferente (ceniza en este caso) y durante el proceso libera principalmente luz y calor. La energía necesaria para la producción de calor es tomada del mismo sistema, no proviene de otra fuente. La cantidad de energía presente en ese «sistema cerrado» antes de la quema sigue siendo la misma después de ella (demostrar esta afirmación escapa al alcance y propósito de esta obra, pero en cualquier texto de física se puede encontrar su demostración).

La segunda ley de la termodinámica —o ley de la entropía[66]— a la cual Albert Einstein[67] se refirió como la «máxima ley de todas las ciencias», afirma que la tendencia de la materia en un «sistema cerrado» es pasar del orden al desorden. ¿Ha notado qué les pasa a las cosas con el tiempo? Dejan de funcionar, se gastan, se deterioran, se dañan, se envejecen, se oxidan, se decoloran, se pudren, se desintegran, se dispersan, se disuelven, se desordenan, se mezclan, se ensucian, se acaban, se enferman, se mueren, etc. Eso es lo que predice esta ley, que la materia pasa de lo complejo a lo simple, de lo ordenado a lo desordenado. Piense en el cuerpo de un ser humano: es complejo y ordenado, ¿cierto? ¿Qué pasa con ese cuerpo después de doscientos años? Se convierte en cenizas, un elemento simple pero desordenado. ¿Puede este paso del orden al desorden detenerse o incluso revertirse? La respuesta es no, ya que, al tratarse de un «sistema cerrado», no tenemos cómo intervenir. Si ampliáramos el sistema, la respuesta sería diferente, pues podríamos «inyectarle» al sistema la energía necesaria para detener o invertir el proceso. Supongamos que usted cierra la puerta de su casa con llave y solo vuelve a entrar a ella muchos años después. ¿Cómo la encontrará? Derruida, llena de polvo. A lo mejor algunas paredes se habrán venido al piso, los electrodomésticos estarán totalmente oxidados, etc. ¿Podemos devolver la casa al estado en el que estaba cuando usted la cerró? La respuesta es no, porque la casa es un «sistema cerrado» y no puede arreglarse por sí misma. Pero si ampliamos ese sistema, sí podemos devolverla a su estado original. Para eso, tendríamos que «inyectarle» una gran cantidad de «energía», representada en mano de obra.

Otra forma de expresar esta segunda ley es mediante la primera. Decíamos que la primera ley establece que en un «sistema cerrado» la energía permanece

---

[66] La entropía es la medida del desorden que puede verse en las moléculas de un gas. Es sinónimo de aleatoriedad, desorden, caos.

[67] Albert Einstein (1879-1955) fue un físico alemán de origen judío. Einstein es considerado el científico más importante, conocido y popular del siglo XX. En 1921 obtuvo el Premio Nobel de Física.

igual a pesar de las múltiples transformaciones que puede experimentar a lo largo del tiempo. Ahora, según la segunda ley, esa energía se va volviendo menos «utilizable». Volvamos al pedazo de madera que incendiamos anteriormente. Los resultados después de la quema (ceniza, calor y luz) se vuelven menos «reusables». Recuperar ese calor y esas cenizas para generar otra transformación es más difícil. Si juntáramos el material y lo incendiáramos, podría arder por poco tiempo y generar algo de calor, pero nunca podría producir una hoguera tan grande como la primera. Una siguiente «utilización» sería aún más difícil, y así sucesivamente hasta agotar la energía «usable».

La propiedad de la entropía es una realidad en la naturaleza. Se puede minimizar la entropía, la pérdida de «usabilidad» de la materia, pero no erradicarla: no se puede hacer que la materia sea reutilizada indefinidamente. La ingeniería nos ayuda a buscar maneras de minimizar la pérdida de energía «utilizable» y maximizar su uso antes que se pierda para siempre. Cientos de miles de ingenieros trabajan en todo el mundo tratando de minimizar los efectos de esta ley. ¿Ha escuchado el término «eficiencia» o cosas como «este motor es más eficiente que aquel otro»? Lo que le están diciendo es que el primer motor desperdicia menos energía que el segundo. La meta, en este ejemplo, es llegar a un diseño en el que el 100 % de la energía se emplee exclusivamente en mover el motor con 0 % de desperdicio. Por la ley de la entropía, sin embargo, sabemos que eso es imposible: siempre se transformará un porcentaje de energía en calor, ruido, etc., (energía no «usable»).

¿Qué implicaciones tienen estas dos leyes en el debate de la existencia de Dios? Si no hay un Dios Creador, la presencia del universo debe poder explicarse sin Él. Como se expone en la narración de «la gran historia» (Apéndice C), el universo tiene su origen en una pequeñísima «bola» de energía que explotó. ¿Cuál es el origen de esa «bola»? Solo tenemos tres hipótesis posibles: surgió por generación espontánea, siempre ha existido o fue creada.

La hipótesis de la generación espontánea viola abiertamente la primera ley de la termodinámica, que establece que, en un «sistema cerrado», la energía no se crea, sino que se transforma. Si no hay nada para ser transformado, no es posible obtener algo que dé comienzo a todo. Sería necesaria entonces una intervención por fuera del «sistema cerrado» para dar origen a algo. Para nosotros los creyentes, esa fuerza que interviene para crear la materia prima inicial no es otra que el Dios de la Biblia.

La hipótesis de la eternidad del universo viola la segunda ley de la termodinámica. Si asumimos que el universo siempre ha existido, y esta ley nos dice que la cantidad de energía utilizable es limitada, entonces la Gran Explosión debió haber consumido toda esa energía utilizable, pero sigue existiendo energía aprovechable (el proceso de formación de estrellas, planetas, vida, etc. aún continúa). Por lo tanto, la materia no puede haber existido eternamente.

Habiendo descartado las dos primeras hipótesis, que son a las que acuden los ateos para explicar toda la existencia del universo y de la vida, queda la última opción, la de la creación por un Creador. En palabras del famoso astrónomo naturalista Robert Jastrow[68]:

> *Ahora vemos cómo la evidencia astronómica conduce a un punto de vista bíblico acerca del origen del mundo. Los detalles difieren, pero los elementos esenciales del relato astronómico y el relato bíblico del Génesis son iguales: la cadena de sucesos que culminaron en el hombre comenzó súbita y abruptamente en cierto momento definitivo en el tiempo, con un estallido de luz y energía [...] Los teólogos están encantados con el hecho de que la evidencia astronómica conduce a una visión bíblica del Génesis [...]* Pero un hecho curioso es que los astrónomos están molestos [...] *Ante tal evidencia, la idea de que hay un Dios que ha creado el universo es, desde el punto de vista científico, tan plausible como muchas otras ideas.* Considere la magnitud del problema. La ciencia ha demostrado que el universo nació por una explosión que tuvo lugar en un momento determinado. Pregunta: ¿Qué causa produjo este efecto? ¿Quién o qué puso materia y energía en el universo? Hay un cierto tipo de religión en la ciencia. Esta fe religiosa del científico es profanada por el descubrimiento de que el mundo tuvo un comienzo. La esencia de estos extraños descubrimientos es que el universo tenía, en cierto sentido, un principio [...] que comenzó en un momento determinado.[69] (El *énfasis* es mío)

«La gran historia» (Apéndice C) ha despertado gran interés, no solo por lo atrayente que resulta conocer nuestra propia historia desde el origen más remoto, sino por la gran cantidad de preguntas que pretende resolver. Entre esas

---

[68] Robert Jastrow (1925- 2008) fue un científico estadounidense. Trabajó en los campos de la astronomía, la geología y la cosmología. Fue autor de numerosas obras de divulgación. Fundó en el año 1961 el Instituto Goddard para Estudios Espaciales de la NASA. Fue director emérito del Observatorio de Monte Wilson y profesor en la universidad de Columbia (en la que obtuvo el Doctorado en Física Teórica) hasta el final de su vida. Jastrow fue posiblemente el mejor astrofísico de su tiempo.

[69] *God and the Astronomers.*

preguntas están las siguientes: si, como lo indica la segunda ley de la termodinámica, la tendencia del universo es pasar del orden y la estructura a la falta de ellas, ¿cómo es posible que se haya generado el universo que conocemos? ¿Cómo puede la vida haber invertido los efectos ineludibles de la tendencia al desorden que impone la materia? ¿Cómo puede la vida haberse organizado para abrir paso entre el desorden a todo su esplendor? ¿Cómo puede una enorme explosión haber desencadenado una secuencia ordenada de eventos que tienen como resultado final el que conocemos? Recordemos que la «bola» de energía inicial debió haber contenido toda la materia prima necesaria para formar el universo y todo lo que hay en él. Claramente se pasa del desorden (que es lo que produce una explosión) al orden (que es lo que se necesita para formar vida), lo cual contradice la segunda ley de la termodinámica. Para hacer una analogía, es como si alguien metiera tornillos, piñones, cristales, piezas de metal y un taco de dinamita encendido en un tarro, y el resultado de la explosión fuera un reloj funcionando.

¿Qué piensan los naturalistas? Ellos sostienen que la naturaleza es el único principio de la realidad y, por lo tanto, nada existe fuera de los límites naturales. Es decir que lo único que existe son fuerzas y causas medibles, cuantificables y susceptibles de ser analizadas en un laboratorio. En contraposición, el pensamiento teísta sostiene que, además de las realidades naturales, hay también realidades sobrenaturales, y el Creador es la fuente de ellas.

¿Qué respuesta trataría de dar un naturalista, con una alta formación académica en las ciencias, si se le pregunta sobre la incoherencia entre esta segunda ley y los hechos de la naturaleza que puede observar, medir, cuantificar y estudiar? Diría que la ciencia no ha encontrado una respuesta... ¡aún! Esta es la misma respuesta que dio el científico Michael Shermer[70], fundador de *The Skeptics Society* y editor en jefe de la revista *Skeptic*, en el programa de televisión *Faith Under Fire,* dirigido por Lee Strobel[71]. Pero si la persona no posee ese alto nivel académico, repetiría lo que seguramente le enseñaron en el colegio: que la materia se fue organizando lenta y gradualmente por sí misma, sin seguir ningún libreto, hasta haber formado organismos simples; que luego, en el transcurso de millones de años, se fue volviendo más organizada y estructurada, y logró así la

---

[70] Michael Shermer tiene un doctorado en Historia de la Ciencia por Claremont Graduate University y es autor de numerosos libros de ciencias.

[71] Ver entrevista en https://www.youtube.com/watch?v=Y5tEAINU3wc

complejidad que tiene hoy, todo ello sin la intervención de ningún ente sobrenatural.

Solo la guía y dirección de un Gran Diseñador que planeó su obra desde el principio, y que sabía exactamente cómo quería que luciera, pudo haber puesto en la materia las leyes que la gobiernan. Él ha guiado el proceso en cada uno de esos momentos cruciales, en cada uno de esos «puntos de inflexión» de «la gran historia» en los que la materia se comportó de manera especial para escalar un nuevo peldaño de la importante escalera de acontecimientos que nos condujeron al presente. Como dijo el evolucionista Jeremy Rifkin[72]: «La ley de la entropía (o la segunda ley de la termodinámica) será el tema más paradójico del que se va a hablar en el siguiente periodo de nuestra historia».

---

[72] Rifkin es un filósofo, científico, economista y politólogo norteamericano, autor de numerosos libros, entre ellos *La civilización empática*.

CONCLUSIÓN

En estos últimos tiempos el creyente se ha sentido abandonado cuando, apegado a sus convicciones religiosas, ha tratado de reconciliar la Biblia con los grandes descubrimientos de la ciencia. Rodeado por un ateísmo en aumento, se ha sentido incapaz de presentar argumentos racionales que le hagan sentir que sus creencias tienen bases razonables y científicas. Así, el creyente ha optado por callarse y acomodarse en el campo de la fe, donde no se le exigen pruebas ni demostraciones. Pero la estrategia del avestruz (esconder la cabeza en un hueco para sentirse a salvo de los depredadores, pensando que nadie lo va a ver) no contribuye al fortalecimiento de sus creencias. Las dudas hay que resolverlas, y se deben enfrentar sin temor. La verdad —visible o invisible— es siempre verdad, desde cualquier ángulo, dirección o campo del conocimiento del que se trate. «Todos los caminos conducen a Roma», dice un popular refrán. Pero no todos los caminos están pavimentados y van en línea recta. Los hay cortos y largos, con túneles y sin ellos, en piedra y en asfalto, planos y con montañas, anchos y angostos.

Básicamente, existen dos visiones del origen de todas las cosas: la naturalista, que atribuye todo a la fuerza de la prueba y el error repetidos durante periodos muy largos, y la de los creyentes, quienes en virtud de la Palabra revelada saben que todo empezó a existir por la acción del Creador —«En el principio creó Dios los cielos y la tierra» (Génesis 1; Éxodo 20,11; Hebreos 11,3)—.

El problema es que ni la evolución ni la creación son observables o repetibles, así como, por ejemplo, tampoco es observable ni repetible la formación de nuestra luna. La ciencia puede expresar teorías basadas en la evidencia que posee sobre el origen de nuestro satélite. Cada una de ellas está fundada en un conocimiento y en una forma específica de interpretación de esa información. Pero, en la medida que la ciencia hace nuevos descubrimientos, las hipótesis deben ser revisadas para ver si se mantienen o si deben cambiarse para ajustarse a los hechos. Si la hipótesis se comprueba como cierta, esta se mantiene y refuerza la teoría. Si, por el contrario, la hipótesis se falsea, debe eliminarse y, en consecuencia, debilita o anula la teoría. Las hipótesis naturalistas hicieron enormes suposiciones que hoy la ciencia ha catalogado como falsas. Desafortunadamente, estas pruebas y evidencias son todavía desconocidas para el ciudadano del común, y en especial para los creyentes. Por esta razón, los creyentes siguen pensando que no hay una alternativa distinta a evitar la argumentación. Los religiosos creen que no cuentan con un argumento diferente al de la enseñanza bíblica. Hubo una época en que eso era suficiente, pero hoy en día ya no lo es.

El argumento que he presentado para evidenciar la existencia de Dios es que la materia y la vida obedecen a un diseño y, por lo tanto, debe existir un diseñador. Este diseñador, al que llamamos el Creador, es el mismo Dios de la Biblia. La película *Contacto*[73], con Jodie Foster en el papel de Ellie Arroway, tiene lugar en el observatorio de Arecibo, en Puerto Rico. La científica Arroway lleva muchos años en ese lugar escuchando «ruidos», aparentemente sin significado, provenientes del espacio exterior. Un buen día, ella descubre un patrón de pulsaciones y pausas que son interpretados como la secuencia de los números primos[74] del dos al ciento uno. Esto llama su atención e inmediatamente deduce que existe una inteligencia que diseña, que es la fuente de esos «ruidos». La secuencia empieza con dos pulsaciones, seguidas de una pausa; luego tres pulsaciones, seguidas de una pausa; luego cinco pulsaciones..., y continúa así, siguiendo toda la serie de números primos hasta el ciento uno. Al finalizar la secuencia, vuelve a comenzar con el número uno. Para la científica, es claro que está escuchando un mensaje producido por una inteligencia extraterrestre.

¿Por qué? ¿Dónde está escrito que una secuencia de señales con pausas que van seguidas por un número primo puede ser producida solamente por una inteligencia? Ninguna ley de la física establece que las señales de radio deban tomar una forma u otra. Pero en la mente de nadie cabe que una sucesión larga de números primos (del dos al ciento uno hay veinticinco números primos) pueda ser producto del azar. Su complejidad y especificidad son la marca o la firma

---

[73] *Contacto* es una película estadounidense de 1997 de ciencia ficción y drama, dirigida por Robert Zemeckis. Es una adaptación cinematográfica de la novela del mismo nombre escrita por Carl Sagan en 1985.

[74] Los números primos son los que solo pueden dividirse entre sí mismos y entre la unidad.

característica de ser producto de una inteligencia. El diseño es un marcador empírico totalmente confiable de la inteligencia, de la misma manera que las huellas dactilares son un marcador de la presencia de una persona en la escena de un crimen.

He presentado una serie de hechos que van desde lo minúsculo de la célula hasta lo inmensurable del universo para mostrar esas marcas empíricas del diseño que se ajustan al relato bíblico en el que aparece el Gran Diseñador. Pero los naturalistas escogen creer lo increíble:

- Que la nada produjo algo.
- Que existe una máquina que fabrica millones de universos por segundo, cambiando los valores de las diferentes constantes que gobiernan la materia hasta que finalmente produce este universo (que posee los valores exactos que permiten que haya vida compleja).
- Que la vida surgió por generación espontánea.

¿Qué evidencia tienen los naturalistas para estas teorías? La única evidencia es nuestra existencia y la del universo. ¿Es esta realmente una solución científica? Solo existen dos alternativas: o la vida fue creada o se creó sola. Los naturalistas escogen la última, ya que admitir la primera los llevaría a aceptar que existe un Creador y esto tendría unas implicaciones filosóficas y teológicas que no estarían dispuestos a aceptar. Cualquier científico que escuchara una secuencia de veinticinco números primos proveniente del espacio no dudaría un momento y pensaría que solamente una inteligencia sería capaz de producirla. Seguramente, al escuchar el quinto o sexto número primo descartaría al azar como explicación del fenómeno. Cuando haya escuchado más de diez números, estaría seguro de la existencia de una inteligencia, y cuando haya escuchado todos los veinticinco tendría el convencimiento pleno y total. ¿Por qué una secuencia, no de veinticinco, sino de tres mil millones, como la secuencia de información de nuestro ADN, es insuficiente para atestiguar la existencia de una inteligencia como la entidad que le dio su origen? ¿Por qué una probabilidad de 1 entre 1×10^{368} de que la fuerza de la gravedad, la fuerza nuclear fuerte y la velocidad de expansión del universo tengan los valores que actualmente tienen, que son los únicos que sirven, no es suficiente para atestiguar un Diseñador que así lo dispuso? ¿Por qué, si solo uno de cada 1×10^{15} planetas tiene el potencial de albergar vida compleja, no nos sentimos parte de un plan diseñado?

La biogénesis es la ley de la biología que establece que la vida solo puede provenir de la vida. Sin embargo, algunos científicos han sugerido, de vez en cuando, que la vida puede provenir exclusivamente de la materia inorgánica. En la Edad Media se creía que las larvas y las moscas provenían de la basura y desperdicios. Francesco Redi[75] demostró en 1668 que, si bien se reproducían en la basura, no provenían de ella[76]. Dos siglos después, algunos científicos pensaron de nuevo que era posible que la vida proviniera de la materia inorgánica (se referían a las bacterias y las algas). El científico Louis Pasteur[77] realizó una serie de experimentos a mediados del siglo XIX. Colocó caldos estériles en matraces sellados o con extensos cuellos curvos y demostró que los microorganismos solo provenían de otros microorganismos. Un siglo después del experimento se pensó que hace muchísimo tiempo la vida comenzó espontáneamente cuando los gases y algunas sustancias químicas cumplieron con ciertas condiciones especiales en la Tierra. Las sondas espaciales *Viking I* y *Viking II* fueron lanzadas al planeta Marte, ya que este tenía (y sigue teniendo) las mismas características que el nuestro en sus orígenes. Las sondas fueron lanzadas el 20 de agosto de 1975 y el 9 de septiembre de ese mismo año, respectivamente. Si se hubieran encontrado signos de cualquier forma de vida, habría quedado demostrado de una vez y por siempre que la vida sí podía provenir de la materia inorgánica. Después de haber analizado todos los resultados, no se encontraron rastros de vida, ni presente ni pasada.

---

[75] Francesco Redi (Arezzo, 18 de febrero de 1626-Pisa, 1 de marzo de 1697) fue un médico, naturalista, fisiólogo, y literato italiano. Se le considera el fundador de la helmintología (el estudio de los gusanos).

[76] Para esto, Redi colocó un trozo de carne en tres jarras iguales. Dejó la primera jarra abierta, tapó la segunda con un corcho y cubrió la tercera con un trozo de tela bien atado. Después de unas semanas, Redi observó que en la primera jarra habían crecido larvas. El contenido de las segunda y tercera jarras estaba podrido y olía mal, pero no había crecido ninguna larva. De allí se concluía que la carne de los animales muertos no puede engendrar gusanos a menos de que sean depositados en ella huevos de animales. Redi pensó que la entrada de aire en los frascos pudo haber influido en su experimento, por lo que llevó a cabo otra prueba. Esta vez puso carne y pescado en un frasco cubierto con una gasa. Después de haber vigilado el frasco por un largo tiempo, descubrió que las moscas no dejaban sus huevos en el frasco, sino en la gasa. Los resultados fueron exactamente los mismos que los del primer experimento. Suya es la frase «*omne vivum ex ovum, ex vivo*» que se traduce como «todo lo vivo procede de un huevo, y este de lo vivo».

[77] Louis Pasteur (Dole, Francia, 27 de diciembre de 1822-Marnes-la-Coquette, Francia, 28 de septiembre de 1895) fue un químico y bacteriólogo francés, cuyos descubrimientos tuvieron enorme importancia en diversos campos de las ciencias naturales, sobre todo en la química y microbiología.

Algunos experimentos han logrado la producción de aminoácidos o moléculas orgánicas en el laboratorio. Otros han logrado generar secuencias de aminoácidos extrañamente estructuradas que han dado lugar a grandes titulares en los que se ha anunciado «haber resuelto el enigma de cómo comenzó la vida en la Tierra» (como lo anunció el popular sitio de ciencias *www.phys.org* en su edición del 1 de agosto de 2019). Pero unir unos cuantos aminoácidos, encontrar agua en Marte o material «orgánico» en meteoritos, o incluso fabricar numerosas moléculas a partir de una reacción, no es igual a crear vida. Ni siquiera está cerca de ello. La vida es un sistema de funcionamiento extraordinariamente complejo y sofisticado, no solamente un conjunto de moléculas orgánicas diversas. Se pueden colocar en un recipiente estéril todos los aminoácidos, las azúcares, los lípidos, todas las estructuras biológicas necesarias para la vida en condiciones ideales de luz, temperatura, alcalinidad, etc. Incluso se pueden remover todas las sustancias que inhiben las reacciones químicas que permiten la formación de una célula: así y todo, la vida no se originaría espontáneamente.

Pero, si algún día se pudiera generar vida en el laboratorio a partir de los componentes más elementales, no estaríamos hablando de una generación espontánea, sino de una creación a partir de un diseño, precedida de décadas y décadas de estudio, comprensión científica y planeación «inteligente». Si se lograra esto, se estaría plagiando una obra ya existente, lo que pondría de manifiesto que la formación de la vida es un proceso guiado por la inteligencia. Estaríamos suplantando al Creador, al Diseñador original.

Todas las investigaciones científicas, hasta el momento, no han hecho otra cosa que ratificar la ley de la biogénesis. Los naturalistas tienen que contradecir esa ley para explicar el origen espontáneo de una primera vida a partir de materia inorgánica. No sucede lo mismo con los creacionistas. Nosotros ratificamos que esa primera forma de vida provino de otra viva, que es el mismo Dios que, como Creador, pudo darle vida a la materia inorgánica. «Que produzca la tierra toda clase de plantas: hierbas que den semilla y árboles que den fruto». «Que produzca el agua toda clase de animales, y que haya también aves que vuelen sobre la tierra». «Que produzca la tierra toda clase de animales: domésticos y salvajes, y los que se arrastran por el suelo». «Entonces Dios el Señor formó al hombre de la tierra misma». La tierra y el agua, que son materia inorgánica, fueron capaces de producir vida, pero no espontáneamente, sino por la acción de la Palabra del Creador, del Gran Diseñador.

La explicación de la vida va mucho más allá de los procesos químicos que la hayan producido, por sencillos o complejos que puedan ser. Se han podido descifrar las composiciones químicas del ADN, de los aminoácidos y de las proteínas. Se han logrado comprender algunas de las reacciones químicas que ocurren al interior de la célula. Se han identificado etapas clave en el complejo sistema de la reproducción celular. Se ha manipulado el átomo para formar material radioactivo. Hemos sido testigos del nacimiento de estrellas. Se tienen imágenes de agujeros negros y se han logrado cosas que eran impensables hace unos años. Pero persiste una pregunta: ¿cómo ha adquirido la materia la «información» necesaria para actuar y reaccionar de la manera en que lo hace?

¿Qué es la información? ¿Qué entendemos por ella? Podemos decir que es una entidad conceptual, no material, que transmite significado y que puede ser usada para crear o comunicar algo. También podemos decir que solo la «inteligencia» la puede producir.

En el curso de estos pensamientos, mientras traté de contestar esta pregunta, aporté elementos concretos y tangibles que nos permiten estimar la cantidad tan grande de información que se necesita para la formación de todo lo que existe. Estos elementos han sido revelados por los grandes descubrimientos científicos de los últimos cien años. ¿Cómo explicar el origen de esta enorme cantidad de información? Si la cantidad de información disponible en Internet lo maravilla tanto como a mí, ella es nada en comparación con la cantidad que se requiere para crear un hombre. En nuestra cosmovisión cristiana no hay contradicciones ni violaciones de leyes, ni complejas teorías. Los ateos deben recurrir a esas contradicciones y violar todas las leyes fundamentales de la física, la biología y la lógica para explicar nuestra existencia.

El ateo que posee una cierta formación académica sigue apegado a los descubrimientos científicos sobre las estructuras de la célula, de la vida y de la materia, pero deja a un lado el tema de la información. Usted puede desarmar su teléfono celular hasta llegar a sus partes más básicas para entender de qué está hecho. Puede ver cada pieza en un microscopio electrónico y analizar cada uno de los componentes a nivel molecular. Puede también replicar ese mismo aparato. No obstante, sin la información de las aplicaciones, ese teléfono no es más que un montón de componentes eléctricos que no cumple ninguna función. Esa información (las aplicaciones) no puede ser detectada bajo el microscopio. De hecho, el peso del teléfono es el mismo sin aplicaciones que con cientos de ellas, porque las aplicaciones son inmateriales. Lo mismo ocurre con la célula: sin la información, no puede cumplir ninguna función.

Un usuario de computador sabe que sin los programas o aplicaciones su computador solo sirve de adorno. ¿Qué es una aplicación? Yo soy ingeniero de sistemas y trabajo diariamente desarrollando aplicaciones. Mi trabajo consiste en escoger y ordenar adecuadamente una serie exacta y extensa de instrucciones a través de un proceso de racionalización y discernimiento de la función que pretendo implementar. La base del proceso es que sé que el computador será capaz de ejecutar exactamente esas instrucciones en el orden que yo establecí. Cuando me equivoco y escribo una instrucción que el computador no conoce, todo se detiene. A pesar de que el computador es muy «inteligente», en realidad es extremadamente inútil y no sabe qué hacer con una instrucción que no conoce. Si altero el orden lógico de la secuencia de comandos, obtengo un resultado no lógico; es decir, no se da la función que quiero. Yo, como un agente inteligente, soy capaz de definir las instrucciones y el orden necesarios para que el computador ejecute una función específica. Lo mismo sucede con una célula. Necesita un programa (ADN) para poderse alimentar, reproducir, para adaptarse y autorrepararse, etc. Solo un ente inteligente es capaz de escribir un programa que dé a la célula la información necesaria para hacer todas estas cosas. La evolución darwinista puede suponer todas las reacciones químicas que quiera para explicar las estructuras de los seres vivos, desde las más simples hasta las más complejas. Pero a pesar de ello, no puede explicar el origen «inmaterial» de la información en la vida y la materia.

La presencia innegable de «información» invisible en todo el mundo visible es una prueba enorme que refuta la cosmovisión naturalista y materialista, y ratifica de manera sólida la cosmovisión cristiana que nos revela la Biblia. Toda la información que subyace a cada descubrimiento científico apunta a un Creador. La famosa frase del científico y matemático Albert Einstein —«el hombre encuentra a Dios detrás de cada puerta que la ciencia logra abrir»—, pronunciada hace más de setenta años, tiene hoy mucha más relevancia. En estos últimos años, el campo de conocimiento se ha agrandado de manera exponencial y consistentemente apunta a la presencia de un factor de información y diseño.

Espero que, si usted era uno de los que había escogido el camino de creer lo imposible, tenga ahora la tranquilidad de contar con una serie de argumentos científicos y racionales que no riñen para nada con la enseñanza bíblica. Por el contrario, encuentra usted la más perfecta coherencia entre lo que sabía de la Palabra de Dios y los últimos descubrimientos científicos.

¿Dios existe? ¡No hay duda de ello!

¿SE COMUNICA CON NOSOTROS?

Ahora bien, si ustedes se preguntan cómo saber si una persona trae o no un mensaje de parte de Dios, sigan este consejo: Si el profeta anuncia algo y no sucede lo que dijo, será señal de que Dios no lo envió. Ese profeta no es más que un orgulloso que habla por su propia cuenta, y ustedes no deberán tenerle miedo.

Deuteronomio 18,21-22

Existe una gran cantidad de posturas filosóficas del hombre con respecto a Dios: ateísmo, gnosticismo, agnosticismo, anticlericalismo, panteísmo, panenteísmo, pandeísmo, deísmo, teísmo, etc. Cada una de estas corrientes filosóficas se distingue de las otras por el grado de aceptación de la existencia de Dios y de su interacción con nosotros. No es necesario detenerse en las definiciones de cada una de ellas. Quiero, sin embargo, profundizar un poco en las posturas de los extremos y en una que está en el medio: ateísmo, deísmo y teísmo. Del ateísmo hablamos bastante en la pregunta anterior. Basta por ahora con decir, de nuevo, que el ateo es la persona que no cree en la existencia de Dios y cree poder explicar todo lo que percibe con sus sentidos hablando de procesos naturales que se pueden probar en el laboratorio. En el otro extremo estamos los teístas, quienes creemos que Dios existe y podemos establecer una comunicación con Él. En algún lugar hacia el centro del espectro se encuentran los deístas. Ellos creen que Dios creó todo y después se olvidó de nosotros. Para este grupo de personas no ha existido una comunicación con el Creador ni es posible que la haya. Él nos creó y nos abandonó a nuestra suerte, y algún día nos volveremos a encontrar. En consecuencia, los deístas no aceptan ningún credo religioso. La naturaleza es la única «palabra» de Dios, de modo que, según ellos, no está escrita en ningún libro en especial. Así pues, los deístas rechazan cualquier evento sobrenatural, como los milagros y las profecías; se consideran espirituales antes que religiosos, entre otras características.

¿Qué hace que una persona sea deísta y no teísta? En general, se puede decir que las razones son tres: la primera es que la persona no logra reconciliar la idea de que Dios permita el mal y el sufrimiento[78] con la idea de su infinita benevolencia; la segunda es que existe una gran oferta de religiones, y cada una proclama ser la verdadera, y la tercera es que la ciencia encuentra explicaciones alternativas a las sobrenaturales para explicar ciertos fenómenos de la naturaleza, así que terminan aceptando a un Creador que nos dejó solos para que nosotros nos las «arreglemos» como podamos. Es cierto que no siempre resulta fácil sobreponerse a estas tres razones. Pero, mirando en retrospectiva nuestras vidas, con humildad y justicia, distinguiremos claramente el amor de Dios y su permanente compañía. Resulta triste que una persona, reconociendo que la Creación es grandiosa, crea en Dios como creador y no como Padre. Esta persona se está privando de la mejor parte de la vida: saberse hijo de Dios.

¿No son el universo y toda la naturaleza pruebas suficientes de la sabiduría y el poder de Dios? ¿Podría un ser tan sabio y poderoso haber olvidado tender unos puentes de comunicación con su obra máxima que somos nosotros, sus hijos? ¿Podría ser excelente creador, pero pésimo padre? ¡Claro que no!

Dios se ha comunicado con el hombre de cuatro formas, básicamente:

- *A través de la Revelación Natural.* Dice el salmista: «Los cielos cuentan la gloria de Dios, el firmamento proclama la obra de sus manos. Un día transmite al otro la noticia, una noche a la otra comparte su saber. Sin palabras, sin lenguaje, sin una voz perceptible, por toda la tierra resuena su eco, ¡sus palabras llegan hasta los confines del mundo!» (Salmos 19,1-4). Desde la época en la que el hombre habitaba las cavernas, tuvo conciencia de la existencia de un ser superior, autor de toda la Creación. Al observar detenidamente su Creación, las personas reconocieron su perfección, su generosidad, su creatividad, su paciencia, su ternura, su sentido del humor.
- *A través de la Revelación Evangélica.* En muchos pasajes bíblicos encontramos referencias a frases como «todo esto sucedió para que se

---

[78] En mi libro, *Lo que quiso saber de nuestra Iglesia católica y no se atrevió a preguntar*, desarrollo todo un capítulo sobre este tema.

cumpliera lo que el Señor había dicho por medio del profeta [...]» (Mateo 1,22); «pero de este modo Dios cumplió lo que de antemano había anunciado por medio de todos los profetas [...]» (Hechos 3,18); «esto es lo que había prometido en el pasado por medio de sus santos profetas [...]» (Lucas 1,70); «[...] que ordenaste por medio de los profetas, tus servidores» (Esdras 9,11). Los profetas han sido personas elegidas por Dios para transmitirnos su palabra «Nunca hace nada el Señor sin revelarlo a sus siervos los profetas.» (Amós 3, 7). Cuando Dios le estaba comisionando a Moisés la labor de sacar al pueblo de Israel de la esclavitud, Moisés le pidió que buscara otro emisario en vez de él, que era tartamudo. Enojado con Moisés, Dios le respondió de la siguiente manera: «¡Pues ahí está tu hermano Aarón, el levita! Yo sé que él habla muy bien. Además, él viene a tu encuentro, y se va a alegrar mucho de verte. Habla con él, y explícale todo lo que tiene que decir; yo, por mi parte, estaré con él y contigo cuando hablen, y les daré instrucciones de lo que deben hacer. Tú le hablarás a Aarón como si fuera yo mismo, y Aarón a su vez le comunicará al pueblo lo que le digas tú» (Éxodo 4,14-16). Esto nos muestra la clase de relación que mantenía Dios con sus elegidos.

- *A través de Jesús de Nazaret.* «En tiempos antiguos, Dios habló a nuestros antepasados muchas veces y de muchas maneras por medio de los profetas. Ahora, en estos tiempos últimos, nos ha hablado por su Hijo, mediante el cual creó los mundos y al cual ha hecho heredero de todas las cosas» (Hebreos 1,1-2). Habiendo hecho visible al invisible, Dios habitó entre nosotros para contarnos toda la verdad con plena autoridad, usando para ello el lenguaje del pueblo escogido. De este modo disipó cualquier duda o desviación que hubiese existido del mensaje comunicado a través de los profetas.

- *A través de nuestros sentimientos y experiencias.* Una vez san Ignacio de Loyola estaba paseando por el jardín y se detuvo a contemplar largamente una flor hasta que la golpeó delicadamente con su bastón y le dijo: «Deja de gritarme que Dios me ama». Las parejas que han cultivado el amor se comunican sin palabras. Saben lo que el otro quiere, qué necesita, cómo se siente, qué la alegra y qué le molesta; se vuelven una sola entidad. La comunicación con Dios es igual. Usando el lenguaje del amor, Él nos habla permanentemente. El sentimiento de una madre al sostener en sus brazos al hijo que cargó en su vientre; el sentimiento de una pareja de enamorados que lucha contra el tiempo para que este se detenga y poder vivir así el momento eternamente; la alegría, la esperanza, la satisfacción, la solidaridad, la serenidad, la empatía, la caridad, la comprensión, la fidelidad, el altruismo, la amistad, el respeto, la paciencia, la bondad, la curiosidad, el fervor, la humildad, la justicia, la libertad, la motivación, la pasión, la paz, la admiración, la dignidad, la fortaleza, etc., todos ellos son puentes de comunicación con nuestro Padre.

De estas cuatro formas de comunicación, la Revelación Evangélica y la de Jesús de Nazaret se han recopilado en la Biblia. Por eso podemos afirmar que esta es la Palabra de Dios, escrita por hombres elegidos, quienes usaron su propia voz, idioma, y forma de expresarse, para dárnosla a conocer y conservarla perpetuamente.

La constitución *Dei Verbum* del Concilio Vaticano II, sobre la Revelación Divina, nos dice:

> En la composición de los libros sagrados, Dios se valió de hombres elegidos, que usaban todas sus facultades y talentos; de este modo, obrando Dios en ellos y por ellos, como verdaderos autores, pusieron por escrito todo y solo lo que Dios quería. (*Dei Verbum*, 11)

Es claro que la Biblia no nos cayó del cielo. Tampoco fue escrita y empastada en el Cielo para ser entregada por un ángel a un desprevenido pastor o al gobierno de la nación más poderosa de la época para que avalara su origen. Con la guía de Dios, la Biblia fue escrita por seres humanos muy especiales, pero tan humanos como usted y yo.

La constitución del Concilio Vaticano II, en referencia a esos libros sagrados, agrega:

> Como todo lo que afirman los hagiógrafos, o autores inspirados, lo afirma el Espíritu Santo, se sigue que los libros sagrados enseñan sólidamente, fielmente y sin error la verdad que Dios hizo consignar en dichos libros para salvación nuestra. (*Dei Verbum*, 11)

Hago énfasis en las expresiones «sin error» y «para salvación nuestra». Desde la perspectiva del conocimiento del siglo XXI, podemos encontrar errores de naturaleza geográfica, histórica, temporal o científica; pero no hay error en lo que respecta a la salvación de nuestras almas. Por eso san Pablo afirma:

Toda Escritura ha sido inspirada por Dios, y es útil para enseñar, para persuadir, para corregir, para educar en la rectitud, a fin de que el hombre de Dios sea perfecto y esté preparado para hacer el bien. (Timoteo 3,16-17)

La palabra «biblia» no aparece en la Biblia. Se refieren a ella como «Palabra de Dios» o «Escritura». «Biblia» es el plural de la palabra griega *biblion,* que significa 'rollo para escribir' o 'libro'. Así que el significado de «biblia» es 'los libros'. Del griego, la palabra pasó al latín, ya no como plural sino como singular femenino, para denotar a la Biblia como «*el libro* por excelencia».

Cuando decimos con certeza que la Biblia es la Palabra de Dios, no estamos limitando el sentido de «palabra» a una unidad fonética que corresponde además a una entrada en un diccionario. ¡No!, esta Palabra, aunque naturalmente es humana (escrita por y para seres humanos) también es divina (por su proveniencia).

Nosotros le hablamos a Dios a través de nuestra oración y Él nos responde con su Palabra.

ARGUMENTO: EL ESPÍRITU SANTO ES EL AUTOR DE LA BIBLIA

El discípulo amado escribió un evangelio con un enfoque más teológico que los otros tres, por lo que algunos cristianos lo encuentran un poco «difícil» de leer. Sin embargo en el último versículo de su evangelio nos revela algo que todos podemos entender con total claridad: «Jesús hizo muchas otras cosas; tantas que, si se escribieran una por una, creo que en todo el mundo no cabrían los libros que podrían escribirse.» (Juan 21, 25). Claramente los apóstoles recibieron muchas enseñanzas del Gran Maestro que no lograron llegar al papel, pero no por ello carecen de importancia o relevancia para nuestro caminar a la casa del Padre. Cabe imaginar las amenas tertulias, plagadas de enseñanzas e historias, que sostuvieron los Apóstoles con Jesús alrededor de una fogata, degustando un buen vino para acompañar el pescado recién sacado del mar de Tiberiades. Cambiar la testaruda forma de pensar de aquellos hombres elegidos para pescar hombres, requería de cada ocasión posible para que el Maestro los instruyera en la forma correcta de pensar y de actuar. Por eso Jesús encomienda a los discípulos, antes de su ascensión, que fueran por todo el mundo «[...] y enséñenles a obedecer todo lo que les he mandado a ustedes.» (Mateo 28, 20).

Hasta el último de sus días, cumplieron con la tarea encomendada, no sin antes haberse asegurado que dichas enseñanzas se transmitieran de manera intacta hasta el fin de los tiempos, pasándolas a sus sucesores quienes a su vez han hecho lo mismo hasta nuestros actuales obispos. Esta transmisión viva, llevada a cabo en el Espíritu Santo, es llamada «La Tradición» o «Sagrada Tradición». Esta fuente de revelación divina no es la única, también está la «Sagrada Escritura». Estas dos fuentes de revelación divina, la «oral» y la «escrita» constituyen el único depósito sagrado de la palabra de Dios. Por ejemplo, la Revelación Escrita no nos dice que pasó con María al final de sus días en la Tierra, sin embargo la Tradición ha proclamado su asunción a la gloria celestial desde la era apostólica. Por ello vemos ciudades fundadas hace varios siglos que llevan el nombre de Asunción[79], a manera de honra y festejo de este

---

[79] Asunción: ciudad capital de Paraguay fundada el 15 de Agosto de 1537 o Nueva Guatemala de la Asunción: ciudad capital de la Republica de Guatemala fundada el 23 de Enero de 1776 o Nuestra *Continúa en la siguiente página...*

magno evento, y sin embargo solo sería hasta el 1 de noviembre de 1950 que fue declarado por el Papa Pio XII el dogma de la Asunción de la Virgen María. Tristemente las iglesias protestantes renunciaron a la Tradición, privándose de esta inmensa fuente de riqueza.

Decía en la introducción de este capítulo que la Biblia recoge dos de las cuatro formas básicas que Dios ha escogido para comunicarse con nosotros: la Revelación Evangélica y la vida, obra y enseñanzas de Jesús de Nazaret. La primera acopia, entre otras, la voz de los profetas que hablaron en nombre de Dios usando su propio idioma y forma de expresarse para divulgar su Palabra.

Según el *Diccionario de la Real Academia Española*, la palabra «profecía» significa 'don sobrenatural que consiste en conocer por inspiración divina las cosas distantes o futuras'. Por otra parte, el significado de la palabra «predicción» es 'anunciar por revelación, ciencia o conjetura algo que ha de suceder'. Así que, al parecer, la diferencia entre las dos palabras es el carácter sobrenatural; es decir, que la profecía implica una revelación divina, a diferencia de la predicción. De otra parte, según este mismo diccionario, la palabra «profeta» significa 'persona que posee el don de profecía' y la palabra «adivino» significa 'persona que adivina o predice lo futuro'. Al igual que en el primer caso, la primera palabra implica una revelación divina, mientras que la segunda no.

En el transcurso de la historia, han existido profetas y adivinos que han sido muy conocidos por haber hecho, supuestamente, grandes predicciones. Se puede decir que estas predicciones han resultado ciertas o no, dependiendo de cómo se las interprete. Los autores de estas predicciones son acreditados o desacreditados dependiendo de si ellas se cumplen. El problema es que, en muchos casos, dichas profecías se han escrito en un lenguaje tan críptico, confuso, oscuro y ambivalente que podrían referirse a casi cualquier evento. Es decir que casi cualquier suceso se podría hacer coincidir con el supuesto hecho profetizado.

A comienzos del 2012 se empezaron a difundir por las redes sociales, y más tarde por otros medios de comunicación masiva, las denominadas «profecías mayas». En especial, había una que profetizaba el fin del mundo en el solsticio de diciembre de ese mismo año. Incluso se realizó una película llamada *2012*, del director Ronald Emmerich, que fue vista por más de 140 millones de

Señora de la Asunción de Panamá: primer nombre de la ciudad capital de Panamá fundada el 15 de Agosto de 1519.

norteamericanos. Esta película recreaba todos los eventos que ocurrirían según la profecía. Dichas predicciones provenían del *Chilam Balam de Chumayel*, una serie de libros escritos en la península de Yucatán, en lengua nativa, durante los siglos XVI y XVII. Estos libros relatan hechos y acontecimientos, tanto pasados como por ocurrir, de la civilización maya. Los libros fueron escritos en Chumayel[80], de ahí su nombre. En la traducción al español, realizada por el abogado Antonio Mediz Bolio en 1930, se puede leer la profecía que dio origen a la versión del 2012:

> En el trece Ahau al final del último katún, el itzá será arrollado y rodará Tanka, habrá un tiempo en el que estarán sumidos en la oscuridad y luego vendrán trayendo la señal futura los hombres del sol; despertará la tierra por el norte, y por el poniente, el itzá despertará.

Desconozco cómo se interpretó, partiendo de esas palabras, que el fin del mundo sería en la fecha que se especuló.

Michel de Notre-Dame, mejor conocido como Michel de Nostradamus, fue un médico francés que publicó en 1555 su más famosa obra, *Les Propheties* (en español, *Las profecías*). La obra es una colección de novecientas cuarenta y dos cuartetas poéticas que supuestamente predicen eventos futuros. Su técnica adivinatoria consistía en sentarse delante de un trípode frente al cual había un recipiente de cristal con agua. Él se sentaba allí hasta que llegara, en forma de llama luminosa, la inspiración profética. Pese a su escasa inteligibilidad, la obra alcanzó una popularidad instantánea que llegó hasta la Corte. Esto explica que Catalina de Médicis[81] haya invitado al astrólogo a París para cubrirlo de honores y distinciones, y alojarlo en su residencia. Su profecía de la muerte de Enrique II a causa de las heridas recibidas en un torneo causó una extraordinaria impresión. Eso lo convirtió en uno de los hombres más apreciados y solicitados de la Corte.

Debido a su éxito, muchas personas provenientes de lejanas regiones francesas buscaban a Nostradamus para que les dijera lo que les deparaba su vida

---

[80] Chumayel es una localidad del estado de Yucatán, México. Es la cabecera del municipio homónimo y está ubicada aproximadamente 70 kilómetros al sureste de la ciudad de Mérida, capital del estado, y 20 km al norte de la ciudad de Tekax.

[81] Catalina de Médici (Florencia, Italia, 13 de abril de 1519-Castillo de Blois, Francia, 5 de enero de 1589) fue una noble italiana, hija de Lorenzo II de Médici y Magdalena de la Tour de Auvernia. Como esposa de Enrique II de Francia, fue reina consorte de Francia desde 1547 hasta 1559. En dicho país es más conocida por la francofonización de su nombre, Catherine de Médicis.

futura, según sus horóscopos. Por el creciente número de clientes, Nostradamus decidió iniciar un proyecto: escribir un libro de mil redondillas (conocidas como «centurias»). Estas redondillas eran versos proféticos con los que extendía la información de sus anteriores almanaques (primeras publicaciones). Sin embargo, con la intención de evitar una polémica que condujera a posibles enfrentamientos con la Inquisición, inventó un método para oscurecer sus profecías. Nostradamus utilizó entonces juegos de palabras y mezcló idiomas como provenzal, griego, latín, italiano, hebreo y árabe.

Precisamente por la forma tan críptica de escribir, sus supuestas profecías han sido tan acertadas, según sus seguidores. Claro está, ellos las han interpretado después de ocurridos los eventos, no antes que estos sucedan.

Después que se diera a conocer la noticia de la muerte de la princesa Diana de Gales, el 31 de agosto de 1997, como consecuencia de un accidente automovilístico en el que también falleció su pareja (Dodi Al-Fayed) y el conductor del automóvil, los seguidores de Nostradamus sacaron a relucir la cuarteta XXVIII de sus profecías. Esta dice:

> El penúltimo con el apellido del profeta
> Tomará a Diana por su día y descanso:
> Lejos vagará por frenética testa,
> Y librando un gran pueblo de impuestos.

Según sus intérpretes, también profetizó los ataques terroristas del 11 de septiembre del 2001:

> Cinco y cuarenta grados cielos arderá,
> Fuego acercándose a gran ciudad nueva,
> Al instante gran llama esparcida saltará,
> Cuando se quiera de Normandos hacer prueba.

De las bombas nucleares lanzadas por los Estados Unidos sobre Hiroshima y Nagasaki en agosto de 1945, sus intérpretes citaron:

> Cerca de las puertas y dentro de dos ciudades
> Habrá dos azotes como nunca vio nada igual,
> Hambre, dentro la peste, por el hierro fuera arrojados,
> Pedir socorro al gran Dios inmortal.

Nuevamente, desconozco cómo se interpretan esas palabras para que se ajusten a los acontecimientos que, supuestamente, estaban profetizados.

Juzgue usted mismo. Lea nuevamente esas supuestas profecías y piense por un momento si esas palabras encajan en lo que se podría llamar realmente una profecía. Veamos, en contraste, una profecía bíblica, esta vez de la boca de Jesús:

> Jesús salió del templo, y ya se iba, cuando sus discípulos se acercaron y comenzaron a atraer su atención a los edificios del templo. Jesús les dijo:
> — ¿Ven ustedes todo esto? Pues les aseguro que aquí no va a quedar ni una piedra sobre otra. Todo será destruido. (Mateo 24,1-2)

Esta profecía se cumplió en el año 70, durante lo que se denominó la primera guerra judeo-romana, cuando el Ejército romano, dirigido por el futuro emperador Tito[82] y con Tiberio Julio Alejandro como segundo al mando, sitió y conquistó la ciudad de Jerusalén. El famoso historiador de la época, Josefo Flavio, fue testigo del asedio y escribió:

> Ahora, como el ejército no tenía más personas para matar ni nada que saquear, y su furia carecía de cualquier aliciente (ya que, si hubieran tenido algo que hacer, no habrían tenido ningún miramiento con nada), César dio órdenes de que demolieran toda la ciudad y el templo, y dejar en pie las torres de Fasael, Hípico y Mariamme, ya que eran las más altas, y la parte de la muralla que rodeaba la ciudad en el lado oeste. Este muro se salvó con el fin de garantizar un campamento para la guarnición que quedara allí, y las torres se conservarían para mostrar a la posteridad qué tipo de ciudad y qué bien fortificada era aquella a la que los romanos habían sometido con su valor. Los encargados de la demolición allanaron el resto del recinto de la ciudad de tal forma que los que llegaran a este sitio no creerían que hubiera sido alguna vez habitado. Este fue el final de Jerusalén, una ciudad de gran magnificencia y fama entre toda la humanidad, provocado por la locura de los sediciosos.

Ain-Karim, una pequeña ciudad situada siete kilómetros al oeste de Jerusalén, en la región de Judea, fue el escenario de una profecía en los albores mismos de la era cristiana. Allí vivía Isabel con su esposo Zacarías, cuando María, en estado de embarazo, esperando el nacimiento de Jesús, fue a visitarla. Luego del saludo inicial, la Virgen realizó un cántico de alabanza a Dios, que se conoce

---

[82] Tito Flavio Sabino Vespasiano, comúnmente conocido con el nombre de Tito (30 de diciembre de 39-13 de septiembre de 81), fue emperador del Imperio romano desde el año 79 hasta su muerte, en el año 81. Fue el segundo emperador de la dinastía Flavia, dinastía romana que gobernó el Imperio entre los años 69 y 96. Dicha estirpe comprende los reinados de su padre, Vespasiano (69-79), el suyo propio (79-81) y el de su hermano, Domiciano (81-96).

como el *Magníficat*. En el momento culminante, ella profetizó: «Todas las generaciones me llamarán bienaventurada» (Lucas 1,48).

¿Cabría imaginar profecía más inverosímil que esta? Una muchacha de escasos quince años, desprovista de bienes y de fortuna, sin ninguna posición social privilegiada, desconocida entre sus compatriotas y habitante de una aldea sin mayor importancia, proclamaba con confianza que todas las generaciones la llamarían bienaventurada. Ya han pasado más de veinte siglos y podemos ver que la profecía se ha cumplido, sin lugar a equívocos.

Sabemos que la Biblia es una colección de libros escritos durante un largo periodo de mil setecientos años, por una gran cantidad de autores que la gran mayoría no se conocieron entre ellos, ni vivieron en la misma región ni época, sin embargo, no hay contradicciones en las Sagradas Escrituras. Si esto no lo sorprende, permítame darle un ejemplo mucho más contemporáneo para demostrarle lo imposible que esto resulta.

En los últimos cien años, hemos pasado de combatir las enfermedades causadas por la desnutrición a combatir las causadas por la obesidad. El desarrollo industrial ha afectado todas las áreas de producción del hombre, incluyendo la producción de alimentos. La industria alimentaria se ha visto forzada a cambiar sus esquemas de producción por unos más eficientes para satisfacer el crecimiento de la demanda. Hace nueve mil años, los granjeros criaban una variedad de gallinas conocida como la *Gallus Bankiva*, que ponía un huevo al mes. Ahora, los granjeros crían variedades como la *New Hampshire* y la *Leghom*, que ponen hasta trescientos huevos al año. El voraz afán de producir a gran escala y a bajo costo llevó a los supermercados a surtir sus anaqueles de alimentos procesados, con alto contenido calórico, lo que en pocas generaciones disparó el aumento de peso.

La gente empezó a lucir obesa y las dietas aparecieron. Esta nueva industria floreció rápidamente y ofreció toda clase de alternativas y métodos para perder peso. Hay dietas agresivas, que prometen una pérdida de hasta el diez por ciento del peso en dos semanas, y también las que no exigen ningún tipo de actividad para lograr la meta propuesta. Unas basan su éxito en el aumento del consumo de grasas saludables, mientras que otras reducen las grasas casi que por completo. Algunas dietas ordenan suspender las verduras durante las primeras fases del método, mientras que otras las recomiendan desde el primer día. Unas suspenden los lácteos por completo, mientras que otras los permiten. Las hay de las que prohíben el consumo de frutas durante la primera fase, y otras las suspenden durante toda la dieta. Las hay de las que prohíben el alcohol, y otras que lo permiten con moderación. Incluso, no falta la voz que advierte que una determinada dieta puede poner en riesgo la vida de quien la siga.

Hace cien años no existía una sola publicación impresa sobre el tema. Hoy existen secciones completas en las librerías dedicadas a las dietas. La mayoría de ellas son escritas por médicos, nutricionistas, endocrinólogos y otros científicos. Frente a tal oferta de literatura, es casi imposible conseguir dos libros que no se contradigan entre sí.

Invito al amable lector a que, usando todo el poder de la búsqueda en Internet, seleccione cualquier biblioteca del mundo y reúna setenta y tres libros que hayan sido escritos durante un periodo de mil setecientos años, de por lo menos cincuenta autores que hayan vivido en continentes diferentes, que contengan como mínimo dos mil quinientas profecías, de las cuales el noventa y cinco por ciento ya se hayan cumplido, y cuya temática gire en torno a tres temas diferentes sin que exista una sola contradicción entre ellos.

> La Santa Biblia, cuya temática completa gira en torno a tres temas (la salvación, la Iglesia y el Reino de los Cielos), consta de setenta y tres libros escritos en un periodo de mil setecientos años, por al menos cincuenta autores que vivieron en tres continentes diferentes. Contiene más de dos mil quinientas profecías, de las cuales más de dos mil trescientas ochenta se han cumplido (y se puede corroborar su cumplimiento), y no presenta ninguna contradicción entre sus tres temas principales. La coherencia y la consistencia se dan desde la primera hasta la última palabra. La única manera de lograr esto es que los libros tengan un solo autor: el Espíritu Santo que le reveló a personas especiales lo que Dios quiso decirnos. La revelación, tanto la oral como la escrita, es su forma especial de comunicarse con nosotros.

Primera tesis: soporte histórico de la Biblia

Cuando doy conferencias sobre temas bíblicos, no faltan las preguntas de personas que buscan satisfacer la curiosidad, que quieren saber sobre el paradero de los «originales» de las Sagradas Escrituras.

El pergamino de la *Declaración de Independencia de los Estados Unidos*, firmado por el presidente del Congreso John Hancock, se conserva en la actualidad en el edificio de los Archivos Nacionales[83], más exactamente en la Rotonda de las Cartas de la Libertad. Junto a la firma de Hancock, aparecen las firmas de quienes serían los futuros presidentes, Thomas Jefferson y John Adams, y las de otras personas, como Benjamín Franklin, que pasaron a la historia por los eventos que precedieron y sucedieron a dicha declaración. A pesar del tiempo transcurrido desde el momento en que estas personas firmaron con tinta, el 4 de julio de 1776, hasta la fecha, todavía se pueden apreciar muy tenuemente las firmas, que se han desvanecido debido a las rudimentarias técnicas de conservación[84].

Este es un ejemplo de un documento antiguo que podemos llamar «original». ¿Por qué podemos referirnos a él como «original»? Porque la cadena de custodia del pergamino ha estado bien salvaguardada y documentada. Existe un registro minucioso y detallado del lugar donde se redactó el documento, de quién lo ha tenido, dónde se ha guardado, qué restauraciones se le han hecho, etc. Ese rigor nos permite hablar del «original» de un documento de esta importancia.

En el caso de los manuscritos de la Biblia, si bien es cierto que también revisten gran importancia, no contamos con esa cadena de custodia que nos permita afirmar que, por ejemplo, cierto documento es el original del Génesis, escrito del puño y letra de Moisés. En primer lugar, los materiales más comunes que emplearon los autores (el pergamino y la vitela) tienen una vida útil muy corta (debido a que son sumamente vulnerables a la luz, la humedad y el uso

---

[83] Los Archivos Nacionales y Administración de Documentos (National Archives and Records Administration, también conocida por su acrónimo, NARA, en inglés) es una agencia independiente, adscrita al gobierno federal de Estados Unidos, que protege y documenta los registros gubernamentales e históricos.

[84] Desde hace un siglo, dichas técnicas de conservación se han mejorado substancialmente, lo que ha alargado de forma notable la vida de estos documentos.

permanente) si no son conservados debidamente[85]. En segundo lugar, no tenemos una copia notariada de la caligrafía de Moisés para poder cotejar esta con el supuesto manuscrito, del cual queremos comprobar su originalidad. Estos «problemas» no son exclusivos de los manuscritos bíblicos. Cualquier documento literario de la Antigüedad sufre esos mismos inconvenientes. ¿Cómo saber que un determinado papiro de la Ilíada de Homero[86] es original o no? Suponiendo que existiese un manuscrito de la obra, y que se hubiera determinado por los medios comúnmente aceptados que data de la fecha en la que Homero debió haber escrito su obra, todavía faltaría comprobar que la caligrafía del manuscrito proviene del puño y letra de Homero.

¿Se invalida entonces la Biblia porque no tenemos sus manuscritos originales? De ninguna manera. Si ese fuera el caso, entonces no solo se invalidaría la Biblia, sino todo el soporte documental del pensamiento y conocimiento de la humanidad, que reúne más de cinco mil años de historia escrita. Chauncey Sanders es el autor del libro *Introducción a la investigación en la historia de la literatura inglesa*, considerado la guía de la investigación documental actual. En él, Sanders explica los tres principios básicos de la historiografía[87] y, en especial, de la paleografía[88]:

- *La prueba bibliográfica.* Consiste en establecer la exactitud de las copias de un determinado documento de la Antigüedad. Para esto, el documento se compara incluso con traducciones en otros idiomas. (Aunque Dios inspiró a los escritores del Nuevo y del Antiguo Testamento, no guio milagrosamente las manos de los miles de copistas para eximir las copias de errores). Cuanto mayor es el número de copias, mejor, porque se tiene así más material para comparar entre sí. Con esto se puede determinar qué documento fue fuente de qué otro. Cuanto más cercano se encuentre un documento de la fecha en la que se cree que se escribió el pergamino por vez primera, mucho mejor (por estar más cerca de la fuente original).

---

[85] Las técnicas para conservarlos se desarrollaron apenas hace un siglo.

[86] Homero fue un poeta de la antigua Grecia que nació y vivió en el siglo VIII a. C. Fue el autor de dos de las principales obras de la antigüedad: los poemas épicos *La Ilíada* y *La Odisea*.

[87] Ciencia que estudia la historia.

[88] Ciencia que se encarga de descifrar las escrituras antiguas y estudiar su evolución, así como de datar, localizar y clasificar los diferentes testimonios gráficos que son su objeto de estudio.

- *La prueba de la evidencia interna.* Consiste en determinar las causas de las discrepancias entre las diferentes copias. Es decir, determinar si las discrepancias se deben a errores gramaticales inadvertidos o intencionales, o si se trata de evoluciones del lenguaje.
- *La prueba de la evidencia externa.* Consiste en analizar otros documentos, de diferentes procedencias, o hallazgos arqueológicos que den prueba de los hechos narrados en el pergamino que se está analizando.

Voy a aplicar estos tres criterios, primero al Nuevo Testamento y luego al Antiguo, para demostrar que la Biblia contiene las palabras que escribieron los profetas por primera vez, sin importar que hayan transcurrido miles de años desde su escritura hasta el presente. Solo cabría hacer dos salvedades: en primer lugar, la Biblia ha sido traducida al español y, en segundo lugar, está escrita en un lenguaje actual. Como ejemplo, si compara la obra maestra del español Miguel de Cervantes Saavedra[89], *El ingenioso hidalgo don Quijote de la Mancha*, publicada por primera vez en 1605, con una versión actual, se dará cuenta de la evolución del lenguaje en el tiempo:

Español original	Español actual
En un lugar de la Mancha, de cuyo nombre no quiero acordarme, no ha mucho tiempo que vivía un hidalgo de los de lanza en astillero, adarga antigua, rocín flaco y galgo corredor. Una olla de algo más vaca que carnero, salpicón las más noches, duelos y quebrantos los sábados, lentejas los viernes, algún palomino de añadidura los domingos, consumían las tres partes de su hacienda. El resto della concluían sayo de velarte, calzas de velludo para las fiestas, con sus pantuflos de lo mesmo, y los días de entresemana se honraba con su vellorí de lo más fino.	En un lugar de la Mancha, de cuyo nombre no quiero acordarme, vivía no hace mucho un hidalgo de los de lanza ya olvidada, escudo antiguo, rocín flaco y galgo corredor. Consumían tres partes de su hacienda una olla con algo más de vaca que carnero, ropa vieja casi todas las noches, huevos con torreznos los sábados, lentejas los viernes y algún palomino de añadidura los domingos. El resto de ella lo concluían un sayo de velarte negro y, para las fiestas, calzas de terciopelo con sus pantuflos a juego, y se honraba entre semana con un traje pardo de lo más fino.

---

[89] Miguel de Cervantes Saavedra (Alcalá de Henares, 29 de septiembre de 1547-Madrid, 22 de abril de 1616) fue un novelista, poeta, dramaturgo y soldado español. Es considerado como la máxima figura de la literatura española.

La prueba bibliográfica del Nuevo Testamento. Francis Edward Peters, profesor emérito de Historia de la Universidad de New York (NYU), afirma en su libro *La cosecha del helenismo: una historia del Cercano Oriente desde Alejandro Magno hasta el triunfo del cristianismo*:

> Solo sobre la base de la tradición de manuscritos, las obras que forman el Nuevo Testamento cristiano fueron los libros de la antigüedad más frecuentemente copiados y con circulación más amplia.

Es decir que la autenticidad del Nuevo Testamento reposa en la gran cantidad de manuscritos que se copiaron y que sirven ahora como testigos inalterables de las fuentes originales. Solo contando las reproducciones en griego, el Nuevo Testamento cuenta con un respaldo de poco más de 5686 manuscritos, parciales o completos, que fueron copiados manualmente desde finales del siglo I hasta el siglo XV, momento de la invención de la imprenta.

A partir del siglo III d. C., se empezaron a hacer traducciones de las Sagradas Escrituras a otras lenguas como el cóptico, el siriaco y el latín. Este último fue el que tuvo mayor relevancia, pues fue el idioma predominante en el Occidente de aquel tiempo.

La traducción al latín que se conoce como la *Vulgata Latina* o simplemente la *Vulgata*[90], hecha por san Jerónimo[91] en el 382 d. C., fue la versión que se utilizó para traducir la Biblia a la gran mayoría de idiomas[92]. En la actualidad, existen más de 10 000 reproducciones de la *Vulgata* en su idioma original. En otras lenguas, existen por lo menos otras 9300 reproducciones de la obra. Es decir que, sumando todos estos manuscritos, hay más de 20 000 copias, parciales o completas, del Nuevo Testamento que sobreviven. Podemos comparar este número con el de otros códices de la Antigüedad, como *La Ilíada* de Homero, la obra clásica más popular y conocida de su época. De ese libro contamos en el presente con tan solo 643 pergaminos. El fragmento más antiguo

---

[90] La *Vulgata* es una traducción de la Biblia hebrea y griega al latín.

[91] Eusebio Hierónimo (Estridón, Dalmacia, hacia 340-Belén, 30 de septiembre de 420), conocido comúnmente como san Jerónimo, pero también como Jerónimo de Estridón o, simplemente, Jerónimo. Hizo la traducción de la Biblia al latín por encargo del papa Dámaso I (quien reunió los primeros libros de la Biblia en el Concilio de Roma en el año 382 d. C.). Es considerado Padre de la Iglesia, uno de los cuatro grandes Padres Latinos.

[92] Para la primera traducción al español se utilizó otra versión latina: *Veteris et Novi Testamenti nova translatio*, realizada por Sanctes Pagnino por encargo del papa León X y publicada en 1527.

de esta obra es de alrededor del 150 d. C., y consta de 16 páginas manuscritas en griego. El fragmento está actualmente en exhibición en la Biblioteca Británica. Por su parte, el pergamino de *La Ilíada* más antiguo, que está completo, es del siglo XIII d. C.

Otra de las versiones de la Biblia que tuvo mucha popularidad fue la que se tradujo al siriaco, y que se conoce como la *Peshitta*. Esta fue una traducción directa del hebreo, realizada hacia el siglo II d. C. De ella existen más de 350 manuscritos que datan del siglo V d. C., y de siglos posteriores.

El siguiente cuadro muestra en mayor detalle la suerte que han corrido varias obras de la Antigüedad, incluyendo los manuscritos del Antiguo y Nuevo Testamento (las fechas y edades son aproximados):

Autor: Libro	Año de redacción	Copia más antigua	Diferencia en años	Número de copias
Homero: *La Ilíada*	800 a. C.	400 a. C.	400	643
Julio Cesar: *Comentario a las guerras gálicas*	100 a. C.	900 d. C.	1000	10
Tácito: *Anales*	100 d. C.	1100 d. C.	1000	20
Plinio el Joven: *Historia natural*	100 d. C.	850 d. C.	750	7
Platón: *Diálogos*	400 a. C.	900 d. C.	1300	7
Tucídides: *Historia de la guerra del Peloponeso*	460 a. C.	900 d. C.	1300	8
Antiguo Testamento	1445-135 a. C.	625 a. C. (fragmento)	820-0	5 686 (2 600 000 páginas en total) en idioma original
		135 a. C. (casi todo el AT)		
Nuevo Testamento	50-100 d. C.	114 d. C. (fragmento)	39	45 000 en otros idiomas
		200 d. C. (libros)	100	
		250 d. C. (casi todo NT)	150	
		325 d. C. (todo el NT)	225	

Claramente, no todos los pergaminos son igualmente importantes. No sería correcto poner al mismo nivel un fragmento y un texto completo. Para determinar la edad de un documento de la Antigüedad se tienen en cuenta diversos factores, entre otros el color de la tinta y del pergamino, la textura del pergamino, la ornamentación, el tamaño y la forma de las letras, los materiales usados, la puntuación y las divisiones presentes dentro del texto. Veamos algunos de los pergaminos de mayor relevancia, ya sea por su antigüedad o por su grado de conservación física y qué tan completo estaba cuando se encontró.

- *Papiro Biblioteca Rylands.* También llamado «El fragmento de san Juan», es el trozo de manuscrito escrito en papiro más antiguo del Nuevo Testamento encontrado hasta el momento. Está expuesto en la biblioteca John Rylands, Mánchester, en el Reino Unido. Contiene un texto del Evangelio de Juan escrito hacia el 125 d. C. Se acepta generalmente que es el extracto más antiguo de un Evangelio canónico. Así pues, cronológicamente, es el primer documento cristiano que se refiere a la figura de Jesús de Nazaret. La parte delantera del pergamino (anverso) contiene los versículos 31 al 33 del capítulo 18 en griego, y la parte trasera (reverso), los versículos 37 y 38.

- *Códice Sinaítico.* Fue encontrado en 1844 en el monasterio de Santa Catalina, al pie del monte Sinaí, por Constantin Von Tischendorf. Este es un manuscrito en griego que data del 350 d. C., y que contiene gran parte del Antiguo Testamento (copia de la Septuaginta) y casi la totalidad del Nuevo. Actualmente, está en posesión de la Biblioteca Británica en Londres, entidad que compró el códice al Gobierno ruso por 100 000 libras esterlinas. Puede verse en línea en www.codexsinaiticus.org.

- *Códice Vaticano.* Actualmente, está en poder de la Biblioteca Vaticana. Ya estaba registrado en ella en 1475, cuando se realizó el primer gran inventario de obras. Este es un manuscrito en griego del siglo IV d. C., que contiene casi la totalidad del Antiguo Testamento (copia de la Septuaginta) y del Nuevo.

- *Códice Alejandrino.* Entregado al Rey Carlos I de Inglaterra en 1627 por el patriarca de Constantinopla, el códice se encuentra actualmente en la Biblioteca Británica en Londres. Es el más completo de estos tres famosos manuscritos. Contiene una copia casi completa del Antiguo Testamento (copia de la Septuaginta) en griego y la totalidad del Nuevo. Data del siglo V d. C.

La prueba de la evidencia externa del Nuevo Testamento. Se conoce al obispo Eusebio de Cesarea como el padre de la historia de la Iglesia porque entre sus escritos se encuentran los primeros relatos del cristianismo primitivo. En su obra *Historia eclesiástica*, redactada probablemente a comienzos del 300 d. C., Cesarea cita unas cartas del obispo Papías de Hierápolis, Padre Apostólico, fechadas en el 130 d. C.:

> El anciano [el apóstol Juan] decía también lo siguiente: Marcos, que fue el intérprete de Pedro, puso puntualmente por escrito, aunque no con orden, cuantas cosas recordó referentes a los dichos y hechos del Señor. Porque ni había oído al Señor ni le había seguido, sino que más tarde, como dije, siguió a Pedro, quien daba sus instrucciones según sus necesidades, pero no como quien compone una ordenación de las sentencias del Señor. De suerte que en nada faltó Marcos, poniendo por escrito algunas de aquellas cosas, tal como las recordaba. Porque en una sola cosa puso cuidado: en no omitir nada de lo que había oído y en no mentir absolutamente en ellas. (Libro III:XXXIX,15)

Ireneo de Lyon, conocido como san Irineo, escribió:

> Porque, así como existen cuatro rincones del mundo en que vivimos, y cuatro vientos universales [...] el arquitecto de todas las cosas [...] nos ha dado el evangelio en una forma cuádruple, pero unida por un Espíritu. Mateo público su Evangelio entre los hebreos [es decir, los judíos] en su propio idioma, cuando Pedro y Pablo estaban predicando el evangelio en Roma y fundando la Iglesia allí. Después de la partida de ellos (es decir, de su muerte, ubicada por una fuerte tradición en la época de la persecución de Nerón, en el 64 d. C.), Marcos, el discípulo e intérprete de ellos, nos puso por escrito la sustancia de la predicación de Pedro. Lucas, el seguidor de Pablo, escribiendo en un libro el evangelio que predicaba su maestro. Luego Juan, el discípulo del Señor, quien también se inclinó cerca de su pecho, produjo también un evangelio mientras estaba viviendo en Éfeso, en Asia. Contra las Herejías.

Otras fuentes externas a las que podemos acudir son los historiadores de la época de Jesús.

Cornelio Tácito nació en la Galicia Narbonense, que para ese entonces era dominada por el Imperio romano, en una fecha cercana al 55 d. C. Tácito llegó a ocupar el puesto de cónsul y gobernador del Imperio romano y es considerado uno de los más importantes historiadores de su época. Escribió varias obras históricas, biográficas y etnográficas. Entre ellas se destacan los *Anales* y las *Historias*. Dice en esta última:

En consecuencia, para deshacerse de los rumores, Nerón culpó e infligió las torturas más exquisitas a una clase odiada por sus abominaciones, quienes eran llamados cristianos por el populacho. Cristo, de quien el nombre tuvo su origen, sufrió la pena máxima durante el reinado de Tiberio a manos de uno de nuestros procuradores, Poncio Pilato, y la superstición muy maliciosa, de este modo sofocada por el momento, de nuevo estalló no solamente en Judea, la primera fuente del mal, sino incluso en Roma, donde todas las cosas espantosas y vergonzosas de todas partes del mundo confluyen y se popularizan. (Libro 15:44).

La «superstición muy maliciosa» es una posible referencia a la resurrección de Jesús.

Cayo Suetonio Tranquilo, más conocido como Suetonio, fue un historiador y biógrafo romano de los reinados de los emperadores Trajano y Adriano. Formó parte del círculo de amigos de Plinio el Joven y, al final, del círculo del mismo emperador Adriano, hasta que cayó en desgracia por una serie de discusiones. Su obra más importante es *Vitae Caesarum*, en la que narra las vidas de los gobernantes de Roma desde Julio César hasta Domiciano. En el libro dedicado al emperador Claudio, Suetonio ratifica lo que narra el libro de los Hechos de los Apóstoles (12,2): «Mientras los judíos tenían disturbios constantes a instigación de Cresto, él [Claudio] los expulsó de Roma». En referencia a las consecuencias del gran incendio de Roma, dice en el libro dedicado al emperador Nerón: «Se impuso el castigo sobre los cristianos, un grupo de gente adicta a una superstición nueva y engañosa». Nuevamente, «superstición nueva y engañosa» es una posible referencia a la resurrección de Jesús.

Josefo Ben Matityahu, mejor conocido como Josefo Tito Flavio, nació en Jerusalén en el 37 d. C. Procedía de una familia real judía perteneciente a la tribu de los asmoneos. Este prolífico escritor es el autor de *Antigüedades de los judíos*, obra redactada en griego hacia los años 93 y 94 d. C. En ella, Josefo pretendía narrar toda la historia del pueblo judío, desde su origen en el Paraíso hasta la revuelta anti-romana que se inició en el año 66 d. C., en veinte libros. De las muchas referencias a acontecimientos narrados en el Nuevo Testamento, hay tres que vale la pena resaltar. La primera es la mención de Santiago, el hijo de Alfeo[93] (no debe confundirse con Santiago, el hijo de Zebedeo, hermano de Juan), también llamado Jacobo el Justo. Santiago es el autor de la epístola que lleva su

---

[93] Primer obispo de Jerusalén, apedreado en el 62 d. C.

nombre (Epístola de Santiago, libro canónico del Nuevo Testamento). Dice Josefo:

> Siendo Ananías de este carácter, aprovechándose de la oportunidad, pues Festo había fallecido y Albino todavía estaba en camino, reunió al Sanedrín. Llamó a juicio al hermano de Jesús, quien era llamado Cristo, cuyo nombre era Santiago, y con él hizo comparecer a varios otros. Los acusó de ser infractores a la ley y los condenó a ser apedreados. (Libro 20:9)

La segunda mención es la de Juan el Bautista:

> Algunos judíos creyeron que el ejército de Herodes había perecido por la ira de Dios, sufriendo el condigno castigo por haber muerto a Juan, llamado el Bautista. Herodes lo hizo matar, a pesar de ser un hombre justo que predicaba la práctica de la virtud, incitando a vivir con justicia mutua y con piedad hacia Dios, para así poder recibir el bautismo. [...] Hombres de todos lados se habían reunido con él, pues se entusiasmaban al oírlo hablar. Sin embargo, Herodes, temeroso de que su gran autoridad indujera a los súbditos a rebelarse, pues el pueblo parecía estar dispuesto a seguir sus consejos, consideró más seguro, antes que surgiera alguna novedad, quitarlo de en medio, de lo contrario quizá tendría que arrepentirse más tarde, si se produjera alguna conjuración. Es así como por estas sospechas de Herodes fue encarcelado y enviado a la fortaleza de Maqueronte, de la que hemos hablado antes, y allí fue muerto. (Libro 18:5)

Y la última mención es la del mismo Jesús:

> Ahora, había alrededor de este tiempo un hombre sabio, Jesús, si es que es lícito llamarlo un hombre, pues era un hacedor de maravillas, un maestro tal que los hombres recibían con agrado la verdad que les enseñaba. Atrajo a sí a muchos de los judíos y de los gentiles. Él era el Cristo, y cuando Pilatos, a sugerencia de los principales entre nosotros, le condenó a ser crucificado, aquellos que le amaban desde un principio no le olvidaron, pues se volvió a aparecer vivo ante ellos al tercer día; exactamente como los profetas lo habían anticipado y cumpliendo otras diez mil cosas maravillosas respecto de su persona que también habían sido preanunciadas. Y la tribu de cristianos, llamados de este modo por causa de él, no ha sido extinguida hasta el presente. (Libro 18:3)

De acuerdo con la revista *International Geology Review*, volumen 54, edición 15, del 2012[94], el geólogo Jefferson Williams, del Supersonic Geophysical, y sus colegas Markus Schwab y Achim Brauer, del Centro de Investigación Alemán de Geociencias, estudiaron el subsuelo de la playa de Ein Gedi, en la orilla oeste del mar Muerto. Allí encontraron sedimentos deformes que revelaban que, en el pasado, al menos dos grandes terremotos habían afectado las distintas capas del lugar: un movimiento telúrico, ocurrido el 31 a. C., y otro que tuvo lugar en algún momento entre el 26 y el 36 d. C. Este segundo movimiento telúrico sería el terremoto que reporta el Evangelio de san Mateo en su capítulo 27.

La prueba bibliográfica del Antiguo Testamento. El número de manuscritos que existen del Antiguo Testamento es solo una fracción si se lo compara con el número de manuscritos del Nuevo. Pero, en relación con cualquier otro documento de la Antigüedad, los manuscritos del Antiguo Testamento son extremadamente abundantes. Hay básicamente dos razones detrás de la relativa escasez de pergaminos del Antiguo Testamento. La primera es que los materiales en que se escribieron no podían soportar el peso de dos o tres mil años de existencia. La segunda, que los escribas destruían los manuscritos que servían como documento fuente cuando el motivo de la copia era reemplazar el original (que por razones de edad se encontraba bastante deteriorado). No tenemos ningún Antiguo Testamento completo escrito en el idioma original (aunque sí lo tenemos en otros idiomas). Solo conservamos miles de fragmentos, pero ninguno completo, a diferencia del Nuevo Testamento.

La ausencia de manuscritos en el idioma original y cercanos a la fecha de origen no impide que determinemos si los fragmentos que poseemos contienen las palabras originales que plasmaron los autores. La primera columna sobre la que se apoya la prueba bibliográfica es el celo y el respeto tan profundos que sentían las personas en la Antigüedad por los libros sagrados. El Talmud[95] es la compilación de toda la tradición oral judía, desde la época de Moisés hasta el momento en que empezó su redacción, en el siglo II de nuestra era. En él encontramos las instrucciones detalladas que debían seguir los escribas cuando

---

[94] Ver https://www.tandfonline.com/doi/full/10.1080/00206814.2011.639996

[95] Existen dos versiones conocidas del Talmud: el Talmud de Jerusalén (*Talmud Yerushalmi*), que se redactó en la provincia romana llamada Filistea, y el Talmud de Babilonia (*Talmud Babli*), que fue redactado en la región de Babilonia, en Mesopotamia. Ambas versiones fueron redactadas a lo largo de muchos siglos por generaciones de eruditos provenientes de muchas academias rabínicas establecidas desde la Antigüedad.

emprendían la tarea de hacer una copia de los libros sagrados. El siguiente aparte nos muestra la reverencia hacia sus textos:

> Un rollo de la sinagoga debe estar escrito sobre las pieles de animales limpios, preparadas para el uso particular de la sinagoga por un judío. Estas deben estar unidas mediante tiras sacadas de animales limpios. Cada piel debe contener un cierto número de columnas, igual a través de todo el códice. La longitud de cada columna no debe ser menor de 48 ni mayor de 60 líneas; y el ancho debe consistir de treinta letras. La copia entera debe ser rayada con anticipación; y si se escriben tres palabras sin una línea, no tiene valor. La tinta debe ser negra, ni roja, verde, ni de ningún otro color, y debe ser preparada de acuerdo con una receta definida. Una copia auténtica debe ser el modelo, de la cual el transcriptor no debiera desviarse en lo más mínimo. Ninguna palabra o letra, ni aún una jota, debe escribirse de memoria, sin que el escriba haya mirado al códice que está frente a él [...] Entre cada consonante debe intervenir el espacio de un pelo o de un hilo [...] Entre cada nueva *parashah*, o sección, debe haber el espacio de nueve consonantes; entre cada libro, tres líneas. El quinto libro de Moisés debe terminar exactamente con una línea; aun cuando no rige la misma exigencia para el resto. Además de esto, el copista debe sentarse con vestimenta judía completa, lavar su cuerpo entero, no comenzar a escribir el nombre de Dios con una pluma que acaba de untarse en tinta y si un rey le dirigiera la palabra mientras está escribiendo ese nombre, no debe prestarle atención.

Estas eran las normas que se debían seguir para copiar cada una de las 304 805 letras del Pentateuco (los primeros cinco libros del Antiguo Testamento escrito por Moisés).

De la gran cantidad de manuscritos del Antiguo Testamento, podemos destacar algunos por su grado de conservación y qué tan completos fueron encontrados:

- *Rollos del mar Muerto*. Antes que se encontraran estos pergaminos, la copia completa más vieja del Antiguo Testamento en hebreo que poseíamos era del 930 d. C. (Códice Aleppo). Por su parte, la copia completa más antigua en griego era del 350 d. C. (Códice Sinaítico). De fechas anteriores a estas, solo poseíamos fragmentos en hebreo y otros idiomas. ¿Cómo saber qué tan fidedignas eran estas copias en hebreo y griego con respecto a sus originales? Los Rollos del mar Muerto (también conocidos como Rollos de Qumrán) ayudaron a contestar esta pregunta. Los rollos fueron encontrados entre 1947 y 2017, en diferentes cuevas de la ciudad de Qumrán, localizada en el valle del desierto de Judea, sobre la costa occidental del mar Muerto. Los rollos son una colección de cerca de 40 000 fragmentos, que se suman a algunas docenas de rollos completos[96]. De los libros incompletos, se han podido reconstruir cerca de 500, muchos de los cuales no son bíblicos. De los completos, uno es el libro del profeta Isaías (también conocido como 1QIsa), que data del 125 a. C. Cuando se comparó su contenido con el del 930 d. C., se encontraron tan solo pequeñas diferencias. Por ejemplo, de las ciento sesenta y seis palabras del capítulo 53, solamente se encontraron discrepancias en diecisiete letras. Diez discrepancias tienen que ver con problemas ortográficos (que no alteran el significado de las palabras), cuatro son cuestiones de estilo y las otras tres corresponden a la palabra «luz», que fue agregada al versículo 11 y no altera significativamente su idea. Esa palabra aparece, sin embargo, en algunos manuscritos griegos fechados cien años antes que este rollo[97]. El hecho de que el texto sufriera tan pocas variaciones en un periodo de mil años apoya enormemente la fidelidad de las copias de los manuscritos del Antiguo Testamento desde sus orígenes.

- *Códice Aleppo.* Es el manuscrito más antiguo del Tanaj (Antiguo Testamento o Biblia hebrea). Está escrito en hebreo y data del 930 d. C. Es considerado como el manuscrito de máxima autoridad masoreta. Los masoretas fueron judíos que trabajaron como sucesores de los escribas entre los siglos VII y X de nuestra era en las ciudades de Tiberíades y Jerusalén. Su responsabilidad era hacer copias fidedignas de las Sagradas Escrituras. El término hebreo *masoret* significa 'tradición'. Desafortunadamente, el manuscrito de Aleppo ya no está completo. Grandes secciones de él fueron destruidas en los disturbios del 2 de diciembre de 1947, cuando turbas árabes destruyeron todas las sinagogas de Aleppo (incluyendo la sinagoga Mustaribah, de 1500 años de antigüedad, que custodiaba este códice).

- *Códice de Leningrado.* Este códice está en la misma categoría que el anterior. Es ahora el manuscrito más completo de la Biblia hebrea. Fue escrito en El Cairo cerca de 1010 d. C. Actualmente, está en exhibición

---

[96] Puede ver de manera digital y con una extraordinaria resolución estos rollos en http://dss.collections.imj.org.il/

[97] Ver *The Dead Sea Scrolls of St. Mark's Monastery*, de Millar Burrows.

en la Biblioteca Nacional de San Petersburgo, Rusia. Este códice, así como el anterior, fue escrito con vocales (mientras que en la época de los profetas se escribía solo las consonantes), ya que entre los siglos IV y V entró en desuso el hebreo antiguo. Los masoretas, para evitar una mala lectura de las escrituras, agregaron las vocales. Eso sí, a cada vocal le adicionaron un punto encima, en señal de que esa letra había sido añadida y no formaba parte de la copia original.

Cuando Nabucodonosor II invadió el Reino de Judá en el 587 a. C., destruyó el templo que había construido el rey Salomón y se llevó cautivas a todas las familias (tribus) de los líderes políticos, religiosos y culturales. Las tuvo en el exilio por cerca de cincuenta años. Finalmente, las familias fueron liberadas gracias al edicto del rey persa Ciro, en el 538 a. C. Este destierro de la sociedad culta de Judea tuvo como consecuencia que el pueblo se dispersara hacia otras tierras de habla griega y aramea. El griego fue finalmente el lenguaje que predominó y se popularizó con el tiempo. Esto obligó a que se hiciera una traducción de las Sagradas Escrituras a este idioma. Dicha labor se logró gracias a Demetrio de Falero, bibliotecario del faraón Ptolomeo II Filadelfo. El faraón quería anexar la traducción a la gigante biblioteca de Alejandría y atender así las necesidades de una numerosa población judía[98] que solo hablaba griego. Él le encargó esta labor a Demetrio de Falero quien a su vez se la encargó a Aristeas, un judío alejandrino que se desplazó hasta Jerusalén para escoger setenta y dos ancianos que hicieran la traducción en Alejandría. Demetrio escogió a seis traductores por cada una de las doce tribus de Israel. De allí el número total de traductores. Después de setenta y dos días de ardua labor, los ancianos terminaron el trabajo encargado y leyeron la traducción a los judíos congregados en la ciudad, quienes la aprobaron como exacta. Con el tiempo, esta se llegó a conocer como *Según los setenta*, LXX o *Septuaginta*.

Las más de 250 citas del Antiguo Testamento que encontramos en el Nuevo, incluyendo las dichas por Jesús, provienen de esta versión. La mayoría de las copias del Antiguo Testamento que poseemos en la actualidad (incluidos los códices Alejandrino, Sinaítico y Vaticano) son copias provenientes de esta traducción. Cuando se analiza cómo los escribas copiaron tan meticulosamente el texto hebreo y se considera el gran número de manuscritos que existen y el

---

[98] Conocidos como judíos helenísticos.

intervalo de tiempo entre el texto original y las copias más antiguas, el Antiguo Testamento pasa sin problemas la prueba bibliográfica.

La prueba de la evidencia externa del Antiguo Testamento. La arqueología es una ciencia que ha hecho un aporte invaluable a la hora de brindar evidencias externas que demuestran la veracidad de las narraciones bíblicas. Las más recientes excavaciones en el extremo sur del mar Muerto, cerca del llamado valle de Sidim, han revelado el lugar donde existieron las ciudades de Sodoma y Gomorra. La zona coincide justamente con el sitio mencionado en las Escrituras. La evidencia apunta a que una actividad sísmica fuerte destruyó estas ciudades y varios estratos de tierra fueron afectados y arrojados al aire. La brea bituminosa es abundante en esta zona, lo que hace pensar que la descripción bíblica del fuego cayendo sobre la ciudad sería correcta (Génesis 19).

John Garstang fue uno de los arqueólogos más importantes que participó en el desentierro, desde 1930 hasta 1937, de las antiguas ruinas de Jericó. Garstang documentó todos sus descubrimientos en el libro *The Foundations of Bible History: Joshua, Judges*. En referencia a lo más sorprendente de sus hallazgos, dice:

> Sobre el hecho principal, entonces, no hay duda: los muros cayeron hacia afuera, y en una forma tan completa que los que atacaban podían trepar por las ruinas y entrar en la ciudad. ¿Por qué [es esto] tan inusual? Porque los muros de las ciudades normalmente no caen para afuera, sino para adentro. Pero en Josué 6,20 leemos: [...] ¡Y el muro se derrumbó! [... se vino abajo...] Entonces el pueblo subió a la ciudad, cada uno directamente delante de él; y la tomaron. Evidentemente, a los muros se les hizo caer hacia afuera.

La fortaleza de Gabaa, en la región montañosa de Judá, al sudeste de Hebrón, fue el lugar de nacimiento de Saúl, el primer rey de Israel. Con las excavaciones realizadas en esta área geográfica se ha determinado que las hondas[99] (caucheras o resorteras) eran unas de las armas más importantes de la región en su época.

---

[99] La honda es una de las armas más antiguas de la humanidad. Consiste básicamente en dos cuerdas o correas, a cuyos extremos se sujeta un receptáculo flexible desde el que se dispara un proyectil. Agarrado el artilugio por los dos extremos opuestos, se voltea, de manera que el proyectil adquiera velocidad, y después se suelta una de las cuerdas para liberarlo. El proyectil alcanza una gran distancia y poder de impacto. Los materiales empleados en la construcción de las hondas son muy diversos (tradicionalmente cuero, fibras textiles, tendones, crin, etc.). Los proyectiles pueden ser piedras naturales redondeadas o labradas con bastante precisión, arcilla cocida o secada al sol, plomo moldeado, etc.

Dicho descubrimiento no solo se relaciona con la victoria de David sobre Goliat, tal y como lo narra el Primer Libro de Samuel (17,49), sino también con la referencia de Jueces 20,16 («Entre todos estos hombres había setecientos zurdos que manejaban tan bien la honda que podían darle con la piedra a un cabello, sin fallar nunca»).

En medio de las actuales ciudades de Jerusalén y Tel Aviv, se encuentra Tell Gézer, que en las épocas de Salomón[100] se llamaba simplemente Guézer. En las excavaciones realizadas allí en 1969, se encontró un estrato de ceniza que cubría la mayor parte del montículo sobre el que se asienta la ciudad. Al examinar los hallazgos, se descubrieron artefactos hebreos, egipcios y palestinos, lo que significa que las tres culturas estuvieron presentes al mismo tiempo, tal y como lo señala la Biblia en el Primer Libro de los Reyes (9,16):

> El faraón, rey de Egipto, había llegado y conquistado la ciudad de Guézer; después la quemó, y mató a todos los cananeos que vivían en la ciudad, y luego la entregó como dote a su hija, la esposa de Salomón.

En el 2015, durante la campaña arqueológica en la ciudad de Khirbet Queifaya, que comenzó en el 2012, se encontró una vasija de cerámica en la que había una rara inscripción que data de hace 3000 años. En ella se menciona a Eshba'al Ben Saul, quien gobernó en Israel en la primera mitad del siglo X a. C. La historia del que fuera el primer rey de Israel aparece en el Segundo Libro de Samuel, capítulos 3 y 4.

Siquem (actual Naplusa, en Cisjordania) fue una ciudad de Canaán, construida hace 4000 años. La urbe se convirtió en una zona israelita de la tribu de Manasés y en la primera capital del reino de Israel. Sus ruinas están situadas dos kilómetros al este de la actual Nablus. Estudios arqueológicos evidencian que la ciudad fue demolida y reconstruida hasta veintidós veces antes de su fundación definitiva, en el 200 a. C. Debido a su ubicación, Siquem fue un importante centro comercial en la región, en el que se comercializaban principalmente uvas, aceitunas y trigo. Dice el Génesis (12,6): «Y Abram atravesó el país hasta el lugar sagrado de Siquem, hasta la encina de Moré. Por entonces estaban los cananeos en el país». Igualmente, dice el Génesis (35,4): «Ellos entregaron a Jacob todos los dioses extraños que había en su poder, y los anillos de sus orejas, y Jacob los escondió debajo de la encina que hay al pie de Siquem». De acuerdo con el Nuevo

---

[100] Segundo hijo de la unión del rey David con Betsabé.

Testamento, Esteban, primer mártir cristiano, afirma en su discurso: «Jacob bajó a Egipto, donde murió él y también nuestros padres; y fueron trasladados a Siquem y depositados en el sepulcro que había comprado Abraham a precio de plata a los hijos de Jamor, padre de Siquem» (Hechos 7,15-16). La ciudad de Siquem se menciona cuarenta y ocho veces en la Biblia y se relaciona con la historia bíblica desde Abraham hasta Cristo. De acuerdo con el libro de Josué (24,32):

> Los huesos de José, que los hijos de Israel habían subido de Egipto, fueron sepultados en Siquem, en la parcela de campo que había comprado Jacob a los hijos de Jamor, padre de Siquem, por cien pesos, y que pasó a ser heredad de los hijos de José.[101]

El Obelisco negro de Salmanasar III es un monumento que data del 827 a. C., y fue erigido en la época del Imperio asirio. Fue hallado en 1846 por el arqueólogo Austen Henry Layard en Nimrud, antigua capital asiria, situada junto al río Tigris, a unos 30 km al sudeste de Mosul, en el actual Irak. En los relieves del obelisco se enumeran los logros del gobierno del rey Salmanasar III[102], quien rigió Asiria entre el 858 y el 824 a. C. Entre estos logros se cuentan los tributos que recibió de otros reinos sometidos por él (camellos, monos, elefantes, rinocerontes, metales, madera y marfil). En uno de sus relieves se ve la imagen más antigua de un israelita: el rey Jehú. En el Segundo Libro de los Reyes (9,1-3), se lee:

> El profeta Eliseo llamó a uno del grupo de los profetas, y le dijo: —Prepárate para salir. Toma este recipiente con aceite y ve a Ramot de Galaad; cuando llegues allá, ve en busca de Jehú, hijo de Josafat y nieto de Nimsí. Entra en donde él se encuentre, apártalo de sus compañeros y llévalo a otra habitación; toma entonces el recipiente con aceite y derrámalo sobre su cabeza, diciendo: «Así dice el Señor: Yo te consagro como rey de Israel»—.

En otras excavaciones, se ha encontrado en diferentes lugares un sinfín de objetos de distintas épocas. En estos objetos se hace referencia a una gran cantidad de personajes, lugares y acontecimientos que se mencionan en el

---

[101] Su tumba puede ser visitada en la actualidad.

[102] Hijo y sucesor de Asurnasirpal II.

Antiguo Testamento[103], tales como el profeta Balaam (Números 22); el patriarca Heber (Génesis 11,15-17); la ciudad de Gat, lugar de nacimiento de Goliat (2 Reyes 2; 12,18); el soldado filisteo Goliat (1 Samuel 17,4-23; 21,9); el profeta Hananías (Jeremías 28); el hijo del cronista Safán, Guemarías (Jeremías 36,10); el capitán del ejército en Jaazaniah (2 Reyes 25); las últimas dos ciudades que conquistó el rey Nabucodonosor, Laquis y Azecá (Jeremías 34,7); la ciudad de Nínive (Jonás 1,1); el último rey de Babilonia, Baltasar (Daniel 5), etc.

La prueba de la evidencia interna del Antiguo y del Nuevo Testamento. Ciertamente, existen discrepancias entre los manuscritos. No olvidemos que estos eran hechos a mano. Por lo tanto, se cometían errores en el copiado que se propagaban a su vez en las reproducciones subsiguientes y se mezclaban así con el texto puro. Actualmente, es muy común encontrar fallos en los textos impresos, que son corregidos en ediciones posteriores. Por esta razón, se desarrolló una ciencia sumamente avanzada conocida como «crítica textual». Esta ciencia procura, por medio de la comparación y el estudio de la evidencia disponible, recuperar las palabras exactas de la composición original del autor. Según el número y grado de los errores, se le da un mayor o menor valor literario al manuscrito.

Los errores sin intención son tal vez los más recurrentes, como cuando los copistas confundían una palabra con otra que tenía un sonido muy parecido (como pasa con «afecto» y «efecto»). En griego (el idioma en el que se escribió el Nuevo Testamento), al igual que en español, hay palabras que se pronuncian igual, pero se escriben diferente. Por ejemplo, *echoomen* ('tengamos') se pronuncia igual que *echomen* ('tenemos'). Las omisiones, aunque poco comunes, generalmente se daban cuando el copista se saltaba un(os) renglón(es) debido a que la misma palabra aparecía en lugares similares con referencia a la margen. En cuanto a las adiciones, eran por lo general repeticiones del texto que se estaba copiando.

Otro tipo de errores que se repetían en los diferentes manuscritos y que hacían más difícil la comprensión del texto se debía a la costumbre que tenían algunos copistas de adicionar notas al margen. Como reproducían esas notas, con el tiempo, estas terminaban formando parte del texto. Con esto, podemos decir que, aunque los fallos sin intención eran muy frecuentes entre las distintas

---

[103] Ver *La arqueología del antiguo Israel*, de Amnon Ben-Tor.

copias, estos no representan mayor dificultad, ya que ahora contamos con una abundante cantidad de reproducciones que nos permite identificarlos y aislarlos sin tener que cuestionar el contenido del texto.

Los errores que se pueden catalogar como intencionales representan una mayor dificultad para los críticos textuales, pues se debe valorar y determinar la intención que tenía el escriba al alterar el texto que estaba escribiendo. En la mayoría de los casos relacionados con errores intencionales, la intención del copista era simplemente «corregir» lo que él pensaba que era un error en el texto fuente; es decir, consideraba que su deber era hacer la corrección. Tal es el caso de Juan 7,39: en los tres códices mencionados anteriormente (Alejandrino, Vaticano y Sinaítico) se lee «pues todavía no era el Espíritu». El escriba podía pensar que dicha frase daba lugar a la interpretación de que el Espíritu no existía en ese momento, por lo que agregaba la palabra «dado» para que se leyera «pues todavía no había sido dado el Espíritu». Otros escribas fueron un poco más lejos con su aclaración y agregaron la palabra «Santo» para que se leyera «Espíritu Santo».

En resumen, a pesar del tiempo transcurrido entre los escritos originales de la Biblia y los miles de copias que existen, el mensaje no se ha adulterado, contrario a lo que muchos piensan. Podemos comprobar que el Antiguo Testamento que tenemos hoy es el mismo que ha existido desde, al menos, el siglo VII a. C., y que el Nuevo Testamento es igual al que existía en el año 80 d. C. No existe algún manuscrito de la antigüedad que tenga mejor respaldo documental que nuestra Biblia.

SEGUNDA TESIS: EN EL PRINCIPIO, DIOS CREÓ EL CIELO Y LA TIERRA

El Apolo 8 fue la segunda misión tripulada del Programa Espacial Apolo del Gobierno de los Estados Unidos. Su despegue fue el 21 de diciembre de 1968. Esta era la primera vez que una nave espacial estadounidense tripulada salía de la órbita terrestre con el propósito de orbitar nuestro satélite natural y regresar a casa. El viaje de ida tomó tres días. La misión circunvaló la luna por veinte horas, durante las cuales los astronautas realizaron una transmisión televisada la Nochebuena de aquel año. En un momento dado, desde el pequeño módulo lunar transmitieron las siguientes palabras: «En el principio, Dios creó el cielo y la tierra...», y continuaron leyendo hasta el décimo versículo del libro más traducido, publicado y leído de toda la historia. Los astronautas decidieron celebrar uno de los mayores logros científicos de la humanidad para la fecha recordándonos el origen de esa enorme bola azul, con manchas blancas, verdes y cafés que flotaba frente a sus ojos y a la que el papa Francisco denomina «nuestra casa común».

En el colegio aprendimos que el espacio y el tiempo son dos magnitudes constantes, que no cambian de un lugar a otro. Un metro siempre va a medir un metro, acá o en los confines del universo, y un segundo tarda un segundo en cualquier instante y en cualquier lugar. Pero, en plena Primera Guerra Mundial, en 1915, Albert Einstein presentó su teoría general de la relatividad. La teoría explicaba que ni el tiempo ni el espacio (el autor se refiere a estas dos entidades como espacio-tiempo) eran constantes, como se asumía en ese momento, sino que se veían afectados por la velocidad y la gravedad. Es decir que, dependiendo de estos dos factores, un metro podía ya no medir un metro y un segundo podía ya no tardar un segundo. Esto quedó expresado en una fórmula que Einstein denominó ecuación de campo.

Dos años después de haber propuesto su fórmula, Einstein descubrió que había definido un espacio-tiempo que podía estirarse o contraerse como un caucho, pero que no permanecía estático. Esto indicaba, ni más ni menos, que el universo no era fijo, ni eterno, ni invariable, contradiciendo el consenso científico de aquella época. Así que, en 1917, Einstein retocó su «ecuación de campo» e introdujo una constante. Su nueva fórmula expresaba un universo estático (sin principio ni fin), lo que complació a toda la comunidad científica de la época. A esta variable, Einstein la llamó «constante cosmológica».

El 9 de mayo de 1931 apareció en la revista *Nature,* una de las publicaciones científicas más antiguas y respetadas del mundo, un artículo titulado «El comienzo del mundo desde el punto de vista de la teoría cuántica», firmado por el sacerdote católico y astrofísico Georges Lemaître[104]. En ese artículo, Lemaître contradecía la teoría de un universo estático y sin origen, como el que habían planteado Albert Einstein y otros científicos, y proponía un universo en

---

[104] Georges Lemaître (Bélgica, 1894) fue un sacerdote católico de la orden de los jesuitas. Fue un científico y religioso que, en declaraciones al *New York Times,* explicó esta aparente dualidad: «Yo me interesaba por la verdad desde el punto de vista de la salvación y desde el punto de vista de la certeza científica. Me parecía que los dos caminos conducen a la verdad, y decidí seguir ambos. Nada en mi vida profesional, ni en lo que he encontrado en la ciencia y en la religión, me ha inducido jamás a cambiar de opinión».

expansión. Según su artículo, si se devolviera el tiempo, tendríamos un universo más y más pequeño que se concentraría en lo que él llamó «una especie de átomo primitivo». Este «átomo» contendría, en forma de energía[105], toda la materia del universo actual. A partir de un momento dado, ese «átomo primitivo» se dividiría en partículas más y más pequeñas y daría origen al tiempo y al espacio. Esta postulación fue el comienzo de una serie de hipótesis que, con el paso de los años, desembocaron en la teoría conocida como Gran Explosión (*Big Bang*).

En 1922, Aleksandr Fridman[106] presentó un modelo matemático de un universo en expansión, basado en la teoría general de la relatividad. Considerando algunas observaciones propias, Edwin Hubble aseguró en 1929 que el universo se estaba expandiendo. Ante el peso de la evidencia que aportaron Friedman, Hubble, Lemaître y muchos otros científicos de la época, Albert Einstein tuvo que remover su «constante cosmológica», que explicaba un universo estático, y aceptar que había tenido un principio. Años más tarde, Einstein declaró que esa constante «había sido el mayor error de su carrera».

La tradición judeocristiana atribuye a Moisés la autoría de los primeros cinco libros de la Biblia (el Pentateuco), de los cuales el Génesis es el primero. Moisés nació en el siglo XIV a. C. Sus padres, Amram, de la tribu de Levi, y su esposa Jocabed (Éxodo 6,20), eran israelitas. Ellos, desobedeciendo la orden del faraón de matar a todo niño varón hebreo, metieron al pequeño Moisés en una cesta y lo arrojaron al río Nilo, donde la hija del faraón (la princesa Termutis[107]) acostumbraba a bañarse. Ella encontró la canasta y adoptó a aquel bebé de escasos tres meses de nacido. Moisés (que significa 'salvado de las aguas') fue criado como si fuese hijo de la princesa y hermano menor del futuro faraón de Egipto, por lo que tuvo la mejor educación disponible en aquellos tiempos.

¿Cómo pudo Moisés, con el conocimiento de hace 3500 años, haber escrito lo que escribió en los dos primeros capítulos del Génesis, en los que narró la forma en que ocurrió la creación de todo el mundo material? ¿Cómo pudo saber que el universo tuvo un comienzo? ¿Cómo pudo haber tenido la osadía de decir que todo comenzó de la nada? ¿Cómo pudo haber hablado de una fuente de luz

---

[105] La famosa formula de Einstein, «e=mc²», demuestra la relación que existe entre masa y energía.

[106] Aleksandr Aleksándrovich Friedman (San Petersburgo, 16 de junio de 1888-Leningrado, 16 de septiembre de 1925) fue un matemático y meteorólogo ruso, especializado en cosmología relativista.

[107] Según lo dicho en *Antigüedades judías*, libro II, capítulo 9, párrafo 5, de Josefo Flavio.

en el primer día (en la teoría de la Gran Explosión, se describe que la explosión generó una inmensa cantidad de luz[108]) diferente a la de los astros luminosos que se crearon en el cuarto día, las únicas fuentes de luz en el firmamento que Moisés conoció? ¿Cómo pudo saber que toda la materia orgánica de los seres vivientes provenía de la tierra, en total concordancia con la ley de la conservación de la energía[109]? ¿Cómo pudo saber que la vida se originó en los mares y no en la tierra, que es lo que hubiera supuesto cualquier observador de la naturaleza? ¿Cómo pudo saber que solo la vida puede producir vida, como lo afirma la ley biológica de la biogénesis?

Gracias a la teoría general de la relatividad y al desarrollo de la mecánica cuántica (por las que se ha galardonado a diversos científicos con el premio Nobel), quedó establecido que todo el universo está regido únicamente por cinco elementos: espacio, tiempo, materia, energía y movimiento. ¿Cómo pudo Moisés «coincidir» en el primer versículo del Génesis con estos cinco elementos: «En el principio [tiempo], Dios creó [energía] el cielo [espacio] y la tierra [materia] [...] y el espíritu de Dios se movía [movimiento] sobre el agua»?

Es necesario aclarar que «creador» es aquel que es capaz de sacar algo de la nada. El hombre ha logrado transformar un árbol en un mueble, una piedra en una escultura, etc. Nuestro planeta no salió de la nada, como tampoco el sol ni el universo. La Gran Explosión fue el estallido de una energía primaria que tenía que existir. ¿Quién la creó? Solo un Creador era capaz de hacerlo.

Otras religiones también tienen en sus libros sagrados narrativas sobre el origen del universo. Pero, a diferencia de nuestra Biblia, que habla de una creación a partir de la nada, ellas hablan de una creación a partir de elementos conocidos por el hombre. Veamos algunos ejemplos de las religiones que considero más importantes debido a la inmensa cantidad de seguidores que tienen.

El Corán es el libro sagrado del islam que, según los musulmanes, es la Palabra de Dios revelada a Mahoma por medio del arcángel Gabriel. Las manifestaciones comenzaron el 22 de diciembre del 609 d. C., cuando el profeta tenía cuarenta años, y se prolongaron por veintitrés años más, hasta su

---

[108] En 1978, se otorga el premio Nobel de Física a Penzias y Wilson por el descubrimiento de la radiación de fondo de microondas.

[109] Descubierta a mediados del siglo XIX gracias a los trabajos de Mayer, Joule, Helmholtz y otros.

fallecimiento. Mahoma transmitía a sus seguidores lo que el ángel le decía. Después de la muerte del profeta, en 632 d. C., sus discípulos comenzaron a reunir estas revelaciones dando así origen al Corán. Durante el califato de Utman ibn Affan, estas tomaron la forma que hoy conocemos: 114 capítulos (azoras), cada uno dividido en versículos (aleyas). En el Corán, los temas no están agrupados ni organizados secuencialmente, sino que las azoras están ordenadas por su extensión. Cada una trata una gran cantidad de asuntos, así que la narración de la Creación no se encuentra en una sola de ellas, sino que se menciona en varias:

> Diles: ¿Cómo es que no creéis en Quien creó la Tierra en dos días y Le atribuís copartícipes? Este es el Señor del Universo. Dispuso en ella [la Tierra] firmes montañas y la bendijo [con abundantes cultivos y ríos] y determinó el sustento para sus habitantes en cuatro días; [esto en respuesta clara] para quienes pregunten [acerca de la Creación]. Luego estableció crear el cielo, el cual era humo [en un principio], y le dijo al cielo y a la Tierra: «¿Me obedeceréis de buen grado, o por la fuerza?». Respondieron: «Te obedecemos con sumisión». Creó siete cielos en dos días, y decretó para cada cielo sus órdenes, y embelleció el cielo de este mundo con estrellas luminosas que son una protección [para que los demonios no asciendan y escuchen las órdenes divinas]. Éste es el decreto del Poderoso, Omnisciente. (Sura 41,9-12)

> Allah creó [al hombre y a] todos los animales a partir de un líquido. Algunos de ellos se arrastran sobre sus vientres, otros caminan sobre dos patas, y otros sobre cuatro. Allah crea lo que quiere; ciertamente Él tiene poder sobre todas las cosas. (Sura 24,45)

Como se puede observar, todo comenzó con un humo, elemento conocido por el hombre, y la creación de la vida se dio a partir de un líquido.

Las cuatro Vedas son los libros sagrados más importantes del hinduismo:

- *RigVeda. Rig* significa 'ritual', y este compendio trata principalmente de rezos, oraciones y mantras destinados a los dioses y semidioses que encarnan las fuerzas universales.
- *YajurVeda. Yajur* quiere decir 'ceremonia', y en este caso se trata de una recopilación de rituales religiosos.
- *SamaVeda. Sama* viene de 'cantar', en sánscrito, y este texto también recopila (como en el caso del RigVeda) himnos, además de las instrucciones para cantarlos adecuadamente.

- *AtharvaVeda. Atharva* significa 'sacerdote', y en este libro se compilan los diferentes tipos de ritual de adoración y las formas correctas de realizar las invocaciones.

Estos libros fueron transmitidos oralmente durante generaciones y escritos entre los siglos XIV y V a. C. por diez castas de poetas religiosos. Al igual que en el Corán, los temas de las Vedas no están en ninguna secuencia en particular. Cada Veda consiste en una colección de himnos a los distintos dioses védicos que se suceden sin un orden definido. Se presentan numerosas repeticiones y contradicciones entre los libros. Respecto a la Creación, los Vedas tienen una versión según la deidad que se adore. Presento acá un resumen, ya que cada una de las versiones es sumamente extensa[110]:

- *Brahama el creador.* Brahama surgió de la flor de loto. Se dice que al principio él era el universo y creó a los dioses, instalándolos en los diferentes mundos: Agni en el nuestro, Vayu en la atmósfera y Surya en el cielo. En los mundos más altos colocó a los dioses que son aún más elevados. Brahma partió hacia la esfera más alta, llamada Satyaloka, el más excelente y lejano de todos los mundos.

- *Vishnu el creador.* Luego de haber pasado por el fuego destructor y el diluvio responsable de la regeneración, se puede ver a Vishnu recostado sobre una serpiente de mil cabezas, bajo la forma del llamado Narayana, junto a su esposa, la diosa Lakshmi. Del ombligo de Vishnu sale una flor de loto de la cual emerge Brahma, quien da comienzo a la creación del Universo.

- *Shiva el creador.* Shiva, el supremo creador del cosmos, posee una jarra especial, la cual ha sido elaborada con barro y contiene el néctar de la inmortalidad[111]. Él la hizo con el propósito de introducir las vedas, es decir, el conocimiento y las semillas de la creación de todas las criaturas que habitan el mundo. Una vez hecha esta jarra, Brahma la adornaría y la colocaría en las aguas que cubrirían el planeta después del diluvio

---

[110] Puede ver los libros que cito en la página web https://www.sacred-texts.com/hin/index.htm (RigVeda, libro X, himnos 72, 81, 90, 121, 129, 181, 182 y 190).

[111] En sánscrito, *Amrita* ('sin muerte') es el nombre que recibe el néctar de la inmortalidad. Amrita está relacionada con la palabra «atlántica», que tiene los significados de «la que trasciende a través de lo inexplicable» o «aquella que tiene o sabe de la energía femenina».

regenerador (cada eón[112], Vishnu, en su apariencia de destructor, incendia todo lo existente y da paso a un diluvio regenerador que lo cubre todo y lo prepara para el próximo renacer). Después de vagar, Shiva se aparece en su aspecto de cazador y le dispara una flecha a la jarra, liberando de este modo todas las semillas de la creación y creando todo de nuevo.

La historia que se narra en el RigVeda con respecto a la creación del hombre[113] es que los dioses sacrificaron al hombre primordial, llamado Manú, y de ahí salieron todas las criaturas. De la boca surgió la casta divina, que son los Brahmanes; de los brazos, el príncipe guerrero; de las piernas, el mortal común, y de sus pies, el siervo. Se dice, a su vez, que la luna proviene de la mente de Manú, el sol es un ojo y el viento es el aliento del hombre primordial.

Como se puede observar, además de tener diferentes versiones, en todas ellas la Creación se da a partir de elementos conocidos por el hombre, como la flor de loto y la vasija de barro.

El Tripitaka, o el Tipitaka, corresponde a las escrituras budistas que fueron redactadas alrededor del siglo I a. C., casi 500 años después de la muerte de Buda[114], durante el reinado del rey Walagambahu de Sri Lanka. El Tripitaka se compone de tres categorías principales de textos que constituyen colectivamente el canon budista: el Sutta Piṭaka, el Vinaya Piṭaka y el Abhidhamma Piṭaka. En ninguno de ellos se menciona el acto de la creación del universo o de nosotros, ya que todo lo que existe se mueve en un eterno ciclo de nacer, vivir y morir. Esto incluye la materia, que ha existido en este ciclo desde siempre. Buda se refirió al origen del universo y la vida con estas palabras:

> Estos cuatro impensables, ¡oh monjes!, no deberían ser pensados; pensando en estos, uno experimentaría aflicción y locura. ¿Cuáles son

---

[112] Para la geología, se trata de un periodo equivalente a mil millones de años.

[113] Ver https://universohindu.com

[114] Siddharta Gautama, más conocido como Buda Gautama, o simplemente *el Buda*, fue un monje, mendicante, filósofo y sabio, sobre cuyas enseñanzas se fundó el budismo. Nació en la desaparecida República Sakia, en las estribaciones del Himalaya. Enseñó principalmente en el noroeste de la India. Para evitar ciertas interpretaciones erróneas muy comunes, debe enfatizarse que Buda Gautama no es un dios ni el único, ni primer buda. En la cosmología budista, se hace esta distinción al afirmar que únicamente los humanos (pero no se limita a esta humanidad en particular) pueden lograr el estado de buda, pues en estos reside el mayor potencial para la iluminación.

estos cuatro? (1) La esfera [del conocimiento] de los Buddhas, ¡oh monjes!, es un impensable que no debería ser pensado; pensando en esto, uno experimentaría aflicción y locura. (2) La esfera de las absorciones meditativas, ¡oh monjes!, es un impensable que no debería ser pensado; pensando en esto, uno experimentaría aflicción y locura. (3) El resultado de las acciones (kamma), ¡oh monjes!, es un impensable que no debería ser pensado; pensando en esto, uno experimentaría aflicción y locura. (4) *Pensar acerca del [origen] del mundo, ¡oh monjes!, es un impensable que no debería ser pensado*; pensando en esto, uno experimentaría aflicción y locura. Estos cuatro impensables, ¡oh monjes!, no deberían ser pensados; pensando en estos, uno experimentaría aflicción y locura. (Acinteyya Sutta 392, *Sexto Concilio Budista*; el *énfasis* es mío)

Ahora veamos lo que nos revela nuestra Biblia. A pesar de estar llena de metáforas y simbologías, y haber sido escrita en el lenguaje usado hace 3500 años, no deja de sorprender por su elegancia, consistencia, claridad y precisión. ¿Qué dice la Biblia, y qué dice la ciencia, con respecto a la creación de nuestro universo material? Veamos:

La ciencia nos dice que el universo tuvo un comienzo, y a este evento lo ha denominado *Big Bang* o Gran Explosión. La Biblia nos dice que todo tuvo un principio: «En el principio, Dios creó el cielo y la tierra» (Génesis 1,1).

La ciencia nos dice que esa explosión generó una enorme cantidad de luz que sigue llenando todo el universo en forma de radiación electromagnética[115]. La Biblia nos dice que, inmediatamente después de la Creación, Dios creó la luz: «Entonces Dios dijo: "¡Que haya luz!" Y hubo luz» (Génesis 1,3).

La ciencia nos dice que los cuerpos celestes se empezaron a formar cuando, después de 380 000 años de la explosión y gracias al enfriamiento del universo, se crearon los primeros átomos de hidrogeno y helio, los cuales se aglomeraron y constituyeron gigantescas «nubes» sin ninguna estructura. Luego, nos dice la ciencia, la fuerza de gravedad comenzó a unir los átomos existentes en esas nubes y creó una gran cantidad de objetos celestes. La Biblia nos dice que surgieron los planetas: «A la parte seca Dios la llamó "tierra"» (Génesis 1,10).

---

[115] Detectada por primera vez en 1965 por los físicos estadounidenses Arno Penzias y Robert Woodrow Wilson en los laboratorios Bell de Crawford Hill, cerca de Holmdel Township (Nueva Jersey). Este descubrimiento los hizo merecedores del premio Nobel de Física en 1978.

La ciencia nos dice que las estrellas se formaron cuando algunas de esas gigantescas «nubes» adquirieron unos tamaños millones de veces mayores al de los planetas. Esto causó una enorme presión en el centro de sus masas, tan enorme que sus átomos se empezaron a fusionar y desprendieron una cantidad enorme de luz y de calor. La Biblia nos dice que se crearon las estrellas: «Entonces Dios dijo: "Que haya luces en la bóveda celeste, que alumbren la tierra y separen el día de la noche, y que sirvan también para señalar los días, los años y las fechas especiales"» (Génesis 1,14-15).

La ciencia nos dice que cuando la tierra comenzó a enfriarse, hace más o menos 4000 millones de años, después de una larga actividad volcánica, surgió la atmosfera. Esta permitió la retención de gases que, al enfriarse, se convirtieron en nubes de vapor de agua. Estas nubes arrojaron enormes cantidades de agua por millones de años, lo que formó los mares. La Biblia nos dice que surgieron las lluvias y los mares: «[...] aún no había plantas ni había brotado la hierba, porque Dios el Señor todavía no había hecho llover sobre la tierra» (Génesis 2,5).

La ciencia nos dice que la primera forma de vida que comenzó a poblar la tierra fue la de los organismos unicelulares. Estos se agruparon y crearon algas (vegetales), las cuales fueron las primeras colonizadoras de la superficie de la tierra. La Biblia relata que nació el reino vegetal: «[...] dijo: "Que produzca la tierra toda clase de plantas: hierbas que den semilla y árboles que den fruto"» (Génesis 1,11).

La ciencia nos dice que aparecieron los animales, primero los marinos. Estos empezaron a salir del agua para poblar la tierra (ver la tesis de la Explosión Cámbrica, sobre la primera pregunta). La Biblia nos dice que apareció el reino animal: «Dios creó los grandes monstruos del mar, y todos los animales que el agua produce y que viven en ella [...]. Entonces Dios dijo: "Que produzca la tierra toda clase de animales: domésticos y salvajes, y los que se arrastran por el suelo"» (Génesis 1,21.24).

La ciencia nos dice que apareció el animal más complejo de todos, el hombre, y que su material orgánico proviene de la tierra misma, como sucede con el resto de los seres vivientes. La Biblia dice que Dios nos dejó para el final de su Creación y nos creó a su imagen y semejanza, a partir de la tierra. Nos dio algo que la ciencia no puede mencionar, pero que nos da el carácter humano: un alma. «Entonces Dios el Señor formó al hombre de la tierra misma, y sopló en su nariz y le dio vida. Así el hombre se convirtió en un ser viviente» (Génesis 2,7).

He presentado la versión de la Creación según las cuatro religiones más importantes y reconocidas del mundo (islamismo, hinduismo, budismo y cristianismo); casi tres cuartas partes de la población mundial pertenece a una de ellas. Es innegable que hay una clara diferencia entre lo que dicen y lo que sabemos actualmente desde el punto de vista científico. La Biblia exhibe una versión tan elegante, precisa, acertada y hasta arriesgada con los detalles que, por más creatividad que hubiera tenido Moisés, es impensable que dicha narración haya sido fruto de su imaginación, que la fuente haya sido humana. ¿Coincidencia? ¿Suerte?

TERCERA TESIS: HECHOS CIENTÍFICOS EN LA BIBLIA

El apóstol Pablo conoció a Timoteo, durante su segundo viaje misionero a la ciudad de Listra (actualmente en Turquía), y se convirtió en su acompañante y amigo inseparable. Más tarde, Pablo le escribió dos de sus epístolas. En la segunda le dice:

> Tú, sigue firme en todo aquello que aprendiste, de lo cual estás convencido. Ya sabes quiénes te lo enseñaron. Recuerda que desde niño conoces las Sagradas Escrituras, que pueden instruirte y llevarte a la salvación por medio de la fe en Cristo Jesús. Toda Escritura está inspirada por Dios y es útil para enseñar y reprender, para corregir y educar en una vida de rectitud, para que el hombre de Dios esté capacitado y completamente preparado para hacer toda clase de bien. (2 Timoteo 3,14-17)

Es claro entonces que el propósito de la Biblia no es revelarnos ningún conocimiento científico. Pero eso no impide que encontremos en ella ciertos hechos que la ciencia reveló siglos después que la Biblia lo hiciera.

Los escritores bíblicos emplearon su propia voz, estilo y lenguaje, en un contexto cultural especifico, se dirigieron a su región y momento, con una audiencia definida en mente. Emplearon una gran cantidad de técnicas literarias para transmitir su mensaje, entre ellas ciertas figuras retóricas. Veamos un ejemplo: imagínese en el asiento del copiloto de un carro, disfrutando de un hermoso paisaje en un día soleado. Es tan placentero el viaje que de vez en cuando usted se duerme por segundos. De repente, el conductor frena, luego acelera rápidamente y da bruscos giros de un lado para el otro. Toda su atención se concentra en lo que está pasando en ese instante. Lo mismo sucede con las figuras retóricas. Algunas veces leemos algo que sigue un mismo hilo de narración, su lectura nos transmite serenidad y comodidad. De pronto, algo ocurre y toda nuestra atención se despierta y se concentra en lo que acaba de acontecer. Para eso se usan las figuras retóricas, para darle vitalidad a la lectura y llamar nuestra atención sobre algo en particular. Existen más de doscientas, pero entre las más utilizadas en la Biblia están el símil[116], la metáfora[117], la alegoría[118], la paradoja[119], la ironía[120], la personificación[121], el antropomorfismo[122], la antropopatía[123], la hipérbole[124], la sinécdoque[125] y el eufemismo[126]. Esto nos exige tener más cuidado cuando la leemos, porque hay que saber distinguir si en un cierto pasaje el autor está empleando figuras retóricas o no. Si no estamos atentos a la distinción, la interpretaremos de forma literal.

En el siglo II d. C., Claudio Ptolomeo[127] presentó su tratado astronómico conocido como Almagesto. En este, retomando el modelo del universo que Platón y Aristóteles habían detallado, describió un sistema geocéntrico. La Tierra permanecía inmóvil y ocupaba el centro de todo. El sol, la luna, los planetas y las

---

[116] Consiste en comparar un término real con otro imaginario que se le asemeje en alguna cualidad. Ejemplos: Salmo 1,3; 1 de Pedro 2,25.

[117] Consiste en identificar un término real con otro imaginario cuando existe entre ambos una relación de semejanza. Ejemplos: Isaías 40,6; 1 de Pedro 1,24; Salmo 23,1; Mateo 5,13; Mateo 26,26.

[118] Consiste en una sucesión de metáforas que juntas evocan una idea compleja. Ejemplos: Gálatas 4; Salmo 80; Isaías 5; Mateo 12,43-45.

[119] Consiste en unir dos ideas opuestas que resultan contradictorias, pero que pueden encerrar una verdad oculta. Ejemplos: Mateo 16,25; 1 Timoteo 5,6.

[120] Consiste en dar a entender lo contrario de lo que se dice. Ejemplos: Job 12,2; 1 Reyes 18,27; Lucas 13,33.

[121] Consiste en atribuir cualidades o acciones propias de seres humanos a animales, objetos o ideas abstractas. Ejemplos: Mateo 6,24; Jueces 5,20.

[122] Consiste en atribuir la forma o cualidades humanas a Dios. Ejemplos: Éxodo 33,11; Job 34,21; Santiago 5,4; Isaías 30,27.

[123] Consiste en atribuir sentimientos humanos a Dios. Ejemplos: Génesis 6,6; Éxodo 20,5.

[124] Consiste en aumentar o disminuir de manera exagerada un aspecto o característica de una cosa. Ejemplos: Éxodo 8,17; Deuteronomio 1,28; Jueces 20,16.

[125] Consiste en designar la parte por el todo o viceversa. Ejemplos: Mateo 6,11; Proverbios 22,9.

[126] Consiste en sustituir una palabra o expresión desagradable por otra de connotaciones menos negativas. Ejemplos: Juan 3,16; Apocalipsis 22,18.

[127] Claudio Ptolomeo (Ptolemaida Hermia, 100 d. C.-Canopo, 170 d. C.; fechas estimadas) fue un astrónomo, astrólogo, químico, geógrafo y matemático griego.

estrellas giraban a su alrededor. Las autoridades religiosas de su época conectaron el planteamiento de este matemático con lo que dice el Salmo 93 (1-2):

> ¡El Señor es Rey! ¡El Señor se ha vestido de esplendor y se ha rodeado de poder! Él afirmó el mundo, para que no se mueva. Desde entonces, Señor, tu trono está firme. ¡Tú siempre has existido!

Debido a una interpretación literal, esta idea se transmitió en las enseñanzas de la Iglesia hasta 1532, año en el que Nicolás Copérnico exhibió su modelo heliocéntrico. Según este modelo, era el sol el que permanecía estático y la Tierra la que se movía. La Biblia no se corrigió, sino la equivocada interpretación que se había hecho de este pasaje bíblico, el cual claramente usaba una figura retórica: la metáfora. El salmista estaba hablando del poder del Creador, que construyó un mundo firmemente establecido, el cual no se movería a menos que Él lo hiciera. No estaba hablando del movimiento físico de la Tierra. Teniendo esto en mente, y evitando interpretaciones literales cuando no corresponden, veamos ahora algunos ejemplos de los hechos científicos incluidos en las Sagradas Escrituras que llaman mucho la atención.

Si, imitando a los habitantes del Israel en la época del rey David[128], usted mira hacia el firmamento en una noche estrellada sin usar ningún aparato óptico, ¿sería capaz de decir que cada estrella es única y diferente a todas las demás? ¿Qué le haría pensar que cada punto de luz, de los miles y miles que se pueden apreciar, es completamente diferente a los demás? Es cierto que algunos aparentan ser más grandes que otros, pero ¿puede decir que todos y cada uno de ellos son diferentes? El rey David supo que cada estrella del firmamento era única, diferente a todas las demás. «Él determina el número de las estrellas, y a cada una le pone nombre» (Salmos 147,4). Por esto Pablo dice: «El brillo del sol es diferente del brillo de la luna y del brillo de las estrellas; y aun entre las estrellas, el brillo de una es diferente del de otra» (1 Corintios 15,41).

Esta afirmación se comprobó en 1814, cuando el astrónomo, óptico y físico alemán Joseph von Fraunhofer[129] inventó el espectroscopio. Con dicho aparato

---

[128] Vivió entre los años 1040 y 966 a. C.

[129] Joseph von Fraunhofer (Straubing, 6 de marzo de 1787-Múnich, 7 de junio de 1826) fue un astrónomo, óptico y físico alemán. Fue uno de los fundadores de la espectrometría como disciplina científica.

se pudo determinar, por primera vez, que cada estrella producía una «firma» espectral única y diferente a todas las demás, una especie de huella digital estelar.

Siguiendo con el tema de las estrellas, ¿usted se atrevería a decir que el número de ellas es infinito? Por más que sus ojos vean una gran cantidad, seguramente se aventuraría a dar un estimado. Tal vez diga que hay mil, o diez mil, o cien mil o incluso que hay un millón, pero ¿diría que son infinitas? El profeta Jeremías lo dijo poco más de dos mil quinientos años atrás:

> El Señor se dirigió a Jeremías, y le dijo: «Yo, el Señor, digo: [...] Y a los descendientes de mi siervo David, y a mis ministros, los descendientes de Leví, los haré tan numerosos como las estrellas del cielo y los granos de arena del mar, que nadie puede contar». (Jeremías 33,19-22)

Hasta el 20 de diciembre de 1923, se pensaba que nuestra vía láctea era todo el universo y que cada punto luminoso en el cielo era una estrella. En esa fecha, el astrónomo Edwin Powell Hubble observó desde el observatorio del monte Wilson, en el estado de California, que uno de los puntos que se pensaba que era una estrella, en realidad era otra galaxia con millones y millones de estrellas. Observó otro punto y comprobó lo mismo, y luego lo hizo con otro, y otro más. Súbitamente, y en el transcurso de los siguientes años de vida, la observación de Hubble expandió el tamaño del universo. Hoy sabemos que el universo tiene un número infinito de estrellas.

Según el hinduismo, nuestro planeta es una enorme culebra que se muerde la cola, en clara alusión a que todo es un ciclo en la naturaleza. Esa serpiente está suspendida en el vacío y encierra en su interior un mar —de leche, en algunas versiones de sus libros—, llamado el Mar de la Tranquilidad, en el que nada una tortuga que encarna el poder creador. Sobre ella hay tres elefantes y cada uno de ellos porta un mundo. El mundo inferior corresponde a los demonios y el infierno; el superior es el de los dioses y la felicidad, y el intermedio es el de los hombres y representa nuestro planeta.

Los antiguos griegos pensaban que la Tierra era un enorme cuerpo apoyado sobre columnas que reposaban en los hombros del titán Atlas. Según las creencias griegas, Atlas había liderado una rebelión de los titanes contra los dioses olímpicos que dio lugar a la guerra conocida como Titanomaquia. Después de su derrota, Atlas fue castigado por Zeus, quien lo condenó a soportar el peso de la Tierra sobre sus espaldas por toda la eternidad.

Para los cheyenes, uno de los principales pueblos indígenas de América del Norte, el gran espíritu Maheo ordenó a la tortuga que cargara al mundo sobre su caparazón, debido a su fortaleza y longevidad[130].

Según el libro de Job, escrito probablemente entre los siglos X y VIII a. C., la Tierra no descansa sobre ningún animal, sino que flota libremente en el espacio:

> Dios extendió el cielo sobre el vacío y colgó la tierra sobre la nada. Él encierra el agua en las nubes sin que las nubes revienten con el peso; oscurece la cara de la luna cubriéndola con una nube; ha puesto el horizonte del mar como límite entre la luz y las tinieblas. (Job 26,7-10)

Cuando habla de la Creación, el profeta Isaías hace una clara referencia a la redondez del planeta: «Él es el que está sentado sobre la redondez de la Tierra» (Isaías 40,22). El evangelista Lucas lo repite, cuando describe la segunda venida de Jesús como un evento único e instantáneo. Allí afirma que al mismo tiempo es de noche y de día en algún lugar de nuestro planeta:

> Les digo que, en aquella noche, de dos que estén en una misma cama, uno será llevado y el otro será dejado. De dos mujeres que estén moliendo juntas, una será llevada y la otra será dejada. Estarán dos hombres en el campo: uno será llevado y el otro será dejado. (Lucas 17,34-36)

Esto fue demostrado científicamente quince siglos después, cuando famosos navegantes como Cristóbal Colón, Vasco da Gama, Pedro Álvarez Cabral, Juan de la Cosa, Bartolomé Díaz, Diego García de Moguer, Fernando de Magallanes, Andrés de Urdaneta, Diego de Almagro, Francisco Pizarro, Francisco de Orellana y Hernán Cortés, entre otros, circunnavegaron la Tierra y la cartografiaron. De esta forma demostraron su redondez y verificaron que se encontraba suspendida en el espacio.

En el capítulo primero expliqué en qué consistía la segunda ley de la termodinámica, o ley de la entropía. Esta dice básicamente que toda la materia tiende a desgastarse con el tiempo. Esto quiere decir que en millones y millones de años toda la materia habrá desaparecido. Dicha ley se expresó por primera vez en 1824, cuando el ingeniero francés Nicolás Sadi Carnot publicó su obra, *Reflexiones sobre la potencia motriz del fuego y sobre las máquinas adecuadas*

---

[130] La historia se encuentra en *Leyendas de los indios de Norteamérica*, de Francisco Caudet Yarza.

para desarrollar esta potencia. Este planteamiento maduró paulatinamente hasta que Albert Einstein presentó sus trabajos sobre la relatividad especial, a inicios del siglo pasado.

El profeta Isaías y el rey David advirtieron claramente que la Tierra sufría un desgaste, algo que nos tomó más de veinte siglos entender:

> Alzad a los cielos vuestros ojos, y mirad abajo a la tierra; porque los cielos serán deshechos como humo, y la tierra se envejecerá como ropa de vestir, y de la misma manera perecerán sus moradores; pero mi salvación será para siempre, mi justicia no perecerá. (Isaías 51,4)

> Desde el principio tú fundaste la tierra, y los cielos son obra de tus manos. Ellos perecerán, más tú permanecerás; y todos ellos como una vestidura se envejecerán; como un vestido los mudarás, y serán mudados. (Salmos 102,25-26)

En la década de 1930, el físico, matemático y astrónomo inglés James Jeans presentó la teoría del estado estacionario. En ella detalló una supuesta creación permanente de materia para resolver ciertos problemas cosmológicos que no se podían solucionar de otra manera. Esta teoría contravenía abiertamente la primera ley de la termodinámica, que sostiene que ni la materia ni la energía se crean. En el presente, esta teoría se toma como inválida por violar dicha ley; es decir, no existe una creación de materia en curso, tal y como lo establece la Biblia: «El cielo y la tierra, y todo lo que hay en ellos, quedaron terminados» (Génesis 2,1).

CUARTA TESIS: LAS PROFECÍAS QUE SE CUMPLIERON EN JESÚS

En el 2000, un amigo[131] me dijo que iba a hacer una predicción para el futuro, y que yo la podría comprobar. Asumí que era un juego y con extremo pesimismo le pedí que la escribiera. Me entregó un sobre cerrado, con una frase en el frente que decía: «Abrir el 1 de enero del 2020». Siempre tuve muy presente esa fecha, así que llegada la hora abrí presuroso el sobre y leí su contenido. Decía: «En esta fecha, 1 de enero del 2020, en el hospital Monte Sinaí de la ciudad de Nueva York va a nacer un niño». Me pareció que esa profecía no tenía ningún mérito, porque

---

[131] Este es un personaje ficticio del que me sirvo para explicar mi punto.

en realidad cualquiera hubiera podido hacerla y ella se habría cumplido. Llamé al hospital y pude comprobar que efectivamente ese día había nacido un varón.

¿Merece mi amigo llamarse «profeta» por haber predicho, veinte años atrás, un hecho que efectivamente se dio? Ciertamente que no. Como dije, cualquiera hubiera podido hacer esa profecía. Pero supongamos que, en vez de haber escrito lo que escribió, mi amigo hubiera dicho: «En esta fecha, 1 de enero del 2020, en el hospital Monte Sinaí de la ciudad de Nueva York va a nacer un niño, y su madre se llama Rosalba». ¿Qué habría pasado si el hospital me hubiera confirmado que efectivamente una de las madres que había dado a luz a un niño se llamaba Rosalba? Habría tenido una buena impresión de mi amigo, pero, dadas las probabilidades de que algunas mujeres con ese nombre hubieran dado a luz en ese lugar, no lo habría reconocido como un profeta. Ahora supongamos que hubiera escrito: «En esta fecha, 1 de enero del 2020, en el hospital Monte Sinaí de la ciudad de Nueva York va a nacer un niño. Su madre se llama Rosalba Pérez y su padre, Carlos Martínez. Ella es ecuatoriana y él es venezolano. Es el primer hijo de esta pareja. Ella tiene veinticuatro años y él, treinta. El niño será bautizado Felipe». ¿Qué habría pasado si el hospital me hubiera confirmado que efectivamente ese día nació un niño al que le pusieron por nombre Felipe, que su madre ecuatoriana se llamaba Rosalba Pérez y su padre venezolano, Carlos Martínez, que era el primer hijo de la pareja y que efectivamente tenían las edades que decía la carta? Habría dos posibilidades para explicar esto. La primera: aceptar que efectivamente mi amigo podía ver el futuro. La segunda: que se aventuró a decir nombres, fechas, lugares y adivinó. ¡Adivinó! Pero ¿qué tan probable es que él hubiera inventado todos esos datos y hubiera adivinado?

En el Apéndice B hago una pequeña introducción al fascinante mundo de las probabilidades. Pero no hace falta ser un gran matemático para entender lo extremadamente difícil que es adivinar todos esos datos. Mucha gente está familiarizada con las loterías. Supongamos que yo hago una rifa y únicamente imprimo nueve boletas. ¿Cree usted que es fácil o difícil ganarse esa rifa? Sería fácil, ¿cierto? Ahora supongamos que, en vez de imprimir nueve, imprimo noventa y nueve. ¿Seguiría pensando que es fácil ganarse la rifa? Si, en vez de noventa y nueve, fueran novecientas noventa y nueve mil novecientas noventa y nueve boletas, sería bastante difícil ganársela ¿verdad?

De todas las ciudades del mundo, mi amigo escogió una; de todas las posibles fechas, él se aventuró a elegir una; de todos los nombres de mujeres y hombres, él se arriesgó a escoger uno para cada uno de los padres; hizo lo mismo con su nacionalidad, y de todas las posibles edades, él dijo unas. Matemáticamente, es casi imposible adivinar todos esos datos. Así que, de haber acertado, solo restaría pensar que efectivamente mi amigo era un profeta, que fue capaz de ver el futuro con veinte años de anticipación y poner por escrito ese acontecimiento particular.

Esto fue lo que ocurrió con Jesús de Nazaret. Durante cientos de años, muchos profetas suministraron información que apuntaba a un solo hombre: el Mesías. Personas que nunca se conocieron entre ellas, que no vivieron en los mismos continentes, que ni siquiera hablaban el mismo idioma; todas ellas aportaron la información del lugar de nacimiento, del momento en que ocurriría, de sus padres, de varios eventos que viviría, de sus amigos y enemigos, de lo que haría, de sus milagros, de cómo ocurriría su muerte, de la traición de Judas, del abandono de sus apóstoles, de su resurrección y de muchos otros detalles de su vida. ¿Coincidencia? ¿Suerte? ¿O esto comprueba la verdadera autoría de la Biblia?

En justicia, se hace necesario ampliar a su verdadera dimensión la labor de los profetas, ya que muchas personas solo los identifican por su labor de hablar sobre eventos que ocurrirían en el futuro. Si bien es cierto que algunos lo hicieron, esta no era su única tarea, es más, no era la más importante. Su principal rol era espiritual, buscando inspirar a la gente a que confiara plenamente en Dios y que se mantuviera fiel a Él. Jugaron un papel muy importante en cada etapa del desarrollo del pueblo de Israel, ya fuese comunicando la Palabra de Dios, o advirtiendo lo que pasaría si adoraban a otros dioses. Su labor iba muy de la mano según el momento histórico por el que estuviera pasando el pueblo de Israel, siempre exhortando a mantenerse fiel a las promesas que le hicieron al Altísimo, a pesar de las circunstancias que estuvieran atravesando. Siendo el politeísmo y sus perdiciones, la práctica más común de los pueblos que rodeaban al pueblo elegido por Dios, los profetas se mantenían muy atareados advirtiéndoles los peligros que conlleva sucumbir a las tentaciones propias a las costumbres paganas.

En su rechazo a todo lo que se opusiera al proyecto divino, como la injusticia social, el incumplimiento de la ley, los comportamientos inmorales, la idolatría, etc., cazaron peleas con los altos gobernantes y dirigentes religiosos, quienes en el afán de satisfacer sus pasiones, relajaban o ignoraban las palabras que Dios les había dirigido desde cuando llamó a Abraham a ser el padre de una gran nación. Algunos de los profetas tenían sus propias «profesiones» como Jeremías y Ezequiel que eran sacerdotes, Moisés y Amos eran pastores, Débora era Juez,

Esdras era maestro, Daniel era consejero real, Nehemías era copero del rey y Job ganadero. Todos tuvieron que cumplir con las obligaciones que requería su oficio mientras «anunciaban» los planes de Dios y «denunciaban» sus desvíos.

Ser profeta en los tiempos del Antiguo Testamento era un asunto demasiado peligroso. El pueblo judío era consciente de la sentencia de muerte para todo profeta falso, pues así lo había advertido Dios. Los que profetizaban estaban advertidos:

> Les levantaré un profeta como tú, de entre sus hermanos. Yo pondré mis palabras en su boca, y él les hablará todo lo que yo le mande. Y al hombre que no escuche mis palabras que él hablará en mi nombre, yo le pediré cuentas. Pero el profeta que se atreva a hablar en mi nombre una palabra que yo no le haya mandado hablar, o que hable en nombre de otros dioses, ese profeta morirá.
> Puedes decir en tu corazón: «¿Cómo discerniremos la palabra que el Señor no ha hablado?». Cuando un profeta hable en el nombre del Señor y no se cumpla ni acontezca lo que dijo, esa es la palabra que el Señor no ha hablado. Con soberbia la habló aquel profeta; no tengas temor de él.
> (Deuteronomio 18,15-22)

Al comienzo de este capítulo suministré suficientes pruebas de que la Biblia actual puede ser cotejada con papiros, o fragmentos de ellos, tan antiguos como del siglo VIII a. C. Así que, por lo menos, tenemos la certeza de que el Antiguo Testamento de nuestra Biblia es el mismo que existía ochocientos años antes del nacimiento de Jesús. ¿Por qué es importante esta aclaración? Porque voy a citar muchas de las profecías del Antiguo Testamento y describiré su cumplimiento. En el proceso, quiero evitar que por su mente pase la posibilidad de que se trata de un fraude[132], que lo que el profeta dijo fue escrito después de los acontecimientos para darle así a lo escrito el título de profecía y ratificar que Jesús era el Mesías. Ese no es el caso. Los escritos proféticos datan de cientos de años antes del nacimiento de Jesús, y usted mismo lo puede comprobar visitando los sitios de Internet que mencioné cuando traté el tema del soporte histórico de la Biblia.

---

[132] La idea del fraude es sostenida por Pepe Rodríguez, autor del libro *Mentiras fundamentales de la Iglesia Católica*. Omitiendo todas las pruebas, Rodríguez data erróneamente los manuscritos. Afirma que ellos fueron escritos cientos de años después de cuando fueron escritos en realidad. La evidencia aquí presentada, y muchísima otra, desmienten esta idea.

No hay ninguna indicación bíblica de que los apóstoles de Jesús fueran expertos conocedores de todas las escrituras (lo que nosotros llamamos Antiguo Testamento). Sin embargo, conocían sus primeros cinco libros (el Pentateuco o la Torá). Ellos se referían a estos como la Ley. De los doce apóstoles, solo dos escribieron evangelios: Juan y Mateo. Otros tres redactaron cartas: Pedro, Santiago y, nuevamente, Juan. En todos estos escritos se encargaron de reseñar la importancia de la Ley.

El día de la resurrección del Señor, dos de los discípulos tuvieron un encuentro con el resucitado. Al final del encuentro, ellos se preguntaron: «¿No es verdad que el corazón nos ardía en el pecho cuando nos venía hablando por el camino y nos explicaba las Escrituras?» (Lucas 24,32). ¿Qué fue lo que Jesús les explicó para que, a ellos, al entender, les ardiera el corazón? ¿Qué fue eso tan maravilloso que les contó? Jesús tuvo que explicarles muchas de las profecías (¿tal vez todas?) que habían sido escritas antes de su nacimiento y que hablaban de Él, del Mesías. Por esta razón, cuando los evangelistas escribieron los Evangelios, se encargaron de transmitirnos ese conocimiento que Jesús mismo les compartió. De este modo, quien no fuera versado en la interpretación de las Escrituras podría confirmar que Jesús sí era el Mesías que los profetas habían anunciado.

A continuación, voy a citar algunos pasajes bíblicos para sustentar el cumplimiento de las profecías. En la gran mayoría de ellos usted encontrará frases como «esto sucedió para que se cumpliera la Escritura que dice [...]», «pero esto sucedió para cumplir la palabra que está escrita en la Ley [...]», «entonces se cumplió lo que fue dicho por el profeta [...], cuando dijo: [...]», «todo esto ha ocurrido para que se cumplan las Escrituras de los profetas», «porque está escrito [...]», etc. Los evangelistas usaron estas frases para ayudarnos a comprender lo que significaba el cumplimiento de los eventos preanunciados por los profetas.

Profecía uno: el Mesías sería el hijo de Dios. Con esta profecía, el judaísmo sería la única religión que proclamaría a Dios hecho hombre.

Profecía	Cumplimiento
Yo declararé el decreto. El Señor me ha dicho: «Tú eres mi hijo; yo te engendré hoy. Pídeme, y te daré por heredad las naciones, y por posesión	Y cuando Jesús fue bautizado, enseguida subió del agua, y he aquí que los cielos le fueron abiertos, y vio al Espíritu de Dios que

tuya los confines de la Tierra. Tú los quebrantarás con vara de hierro; como a vasija de alfarero los desmenuzarás» (Salmos 2,7-9).

Sucederá que cuando se cumplan tus días para que vayas a estar con tus padres, yo levantaré después de ti a un descendiente tuyo, que será uno de tus hijos, y afirmaré su reino. Él me edificará una casa, y yo estableceré su trono para siempre. Yo seré para él, padre; y él será para mí, hijo. Y no quitaré de él mi misericordia, como la quité de aquel que te antecedió. Lo estableceré en mi casa y en mi reino para siempre, y su trono será estable para siempre (1 Crónicas 17,11-14).

descendía como paloma y venía sobre él. Y he aquí, una voz de los cielos decía: «Este es mi Hijo amado, en quien tengo complacencia» (Mateo 3,17).

Profecía dos: nacería de una mujer; es decir que no iba simplemente a aparecer «por ahí», sin saberse nada de su procedencia. Sería tan humano en la carne como cualquiera de nosotros. La mujer de la profecía sería María y su descendiente, Jesús.

Profecía	Cumplimiento
Entonces Dios el Señor dijo a la serpiente: —Por esto que has hecho, maldita serás entre todos los demás animales. De hoy en adelante caminarás arrastrándote y comerás tierra. Haré que tú y la mujer sean enemigas, lo mismo que tu descendencia y su descendencia. Su descendencia te aplastará la cabeza,	El origen de Jesucristo fue este: María, su madre, estaba comprometida para casarse con José; pero antes que vivieran juntos, se encontró encinta por el poder del Espíritu Santo (Mateo 1,18).

y tú le morderás el talón (Génesis 3,14-15).	

Profecía tres: nacería de una virgen; es decir que su embarazo no sería fruto de una relación con un hombre, ya que ella concebiría sin perder su virginidad. En mi primer libro, *Lo que quiso saber de nuestra Iglesia católica y no se atrevió a preguntar*, desarrollé todo un capítulo sobre este misterio.

Profecía	Cumplimiento
Por tanto, el Señor mismo os dará señal: he aquí que la virgen concebirá, y dará a luz un hijo, y llamará su nombre Emanuel (Isaías 7,14).	El nacimiento de Jesucristo fue así: estando desposada María su madre con José, antes que se juntasen, se halló que había concebido del Espíritu Santo (Mateo 1,18).

Profecía cuatro: sería un descendiente de Abraham.

Profecía	Cumplimiento
Un día el Señor le dijo a Abram: «Deja tu tierra, tus parientes y la casa de tu padre, para ir a la tierra que yo te voy a mostrar. Con tus descendientes voy a formar una gran nación; voy a bendecirte y hacerte famoso, y serás una bendición para otros. Bendeciré a los que te bendigan y maldeciré a los que te maldigan; por medio de ti bendeciré a todas las familias del mundo» (Génesis 12,1-3).	Esta es una lista de los antepasados de Jesucristo, que fue descendiente de David y de Abraham (Mateo 1,1).

Profecía cinco: de los hijos de Abraham se destacaron dos: Ismael e Isaac. Este último tuvo dos hijos mellizos: Esaú y Jacob. Jacob fue el padre de doce hijos; de allí provienen las doce tribus de Israel (Dios cambió el nombre de Jacob por Israel —Génesis 32,28—). El Mesías sería descendiente del cuarto de esos doce hijos, Judá.

Profecía	Cumplimiento
Nadie le quitará el poder a Judá ni el cetro que tiene en las manos, hasta que venga el dueño del cetro, a quien los pueblos obedecerán (Génesis 49,10).	Esta es una lista de los antepasados de Jesucristo, que fue descendiente de David y de Abraham: Abraham fue padre de Isaac, este lo fue de Jacob y este de Judá y sus hermanos. Judá fue padre de Fares y de Zérah, y su madre fue Tamar (Mateo 1,1-3).

Profecía seis: sería descendiente de Jesé, el padre del rey David.

Profecía	Cumplimiento
De ese tronco que es Jesé, sale un retoño; un retoño brota de sus raíces. El espíritu del Señor estará continuamente sobre él, y le dará sabiduría, inteligencia, prudencia, fuerza, conocimiento y temor del Señor (Isaías 11,1-2).	Esta es una lista de los antepasados de Jesucristo, que fue descendiente de David y de Abraham: [...] Obed fue padre de Jesé, y Jesé fue padre del rey David (Mateo 1,1-6).

Profecía siete: sería descendiente del rey David. Estaba profetizado que el Mesías sería descendiente de David, el menor de los ocho hijos de Jesé.

Profecía	Cumplimiento
El Señor afirma: «Vendrá un día en que haré que David tenga un descendiente legítimo, un rey que reine con sabiduría y que actúe con justicia y rectitud en el país» (Jeremías 23,5).	Esta es una lista de los antepasados de Jesucristo, que fue descendiente de David y de Abraham (Mateo 1,1).

Profecía ocho: nacería en la ciudad de Belén.

Profecía	Cumplimiento
Pero tú, oh Belén Efrata, aunque eres pequeña entre las familias de Judá, de ti me saldrá el que será el gobernante de Israel, cuyo origen es antiguo desde los días de la eternidad (Miqueas 5,2).	Jesús nació en Belén de Judea, en días del rey Herodes (Mateo 2,1).

Profecía nueve: reyes de tierras lejanas viajarían a llevarle regalos al Mesías.

Profecía	Cumplimiento
Los reyes de Tarsis y de las costas del mar le traerán presentes; los reyes de Saba y de Seba le presentarán tributo (Salmo 72,10). Una multitud de camellos te cubrirá, dromedarios de Madián y de Efa; todos ellos vendrán de Seba. Traerán oro e incienso, y proclamarán las alabanzas del Señor (Isaías 60,6).	Jesús nació en Belén de Judea, en días del rey Herodes. Y he aquí unos magos vinieron del oriente a Jerusalén [...] Y he aquí que la estrella que habían visto en el Oriente iba delante de ellos, hasta que llegó y se detuvo sobre donde estaba el niño [...] Entonces abrieron sus tesoros y le ofrecieron presentes de oro, incienso y mirra (Mateo 2,1-11).

Profecía diez: se daría una matanza de niños menores de dos años, cuando fuertes rumores sobre el nacimiento de quién sería rey de Israel, el Mesías, llegaran a oídos del rey Herodes.

Profecía	Cumplimiento
Así ha dicho el Señor: «Voz fue oída en Ramá; lamento y llanto amargo. Raquel lloraba por sus hijos, y no quería ser consolada por sus hijos, porque perecieron» (Jeremías 31,15).	Entonces Herodes, al verse burlado por los magos, se enojó sobremanera y mandó matar a todos los niños varones en Belén y en todos sus alrededores, de dos años para abajo, conforme al tiempo que había averiguado de los magos (Mateo 2,16).

Profecía once: sería llamado el Señor.

Profecía	Cumplimiento
El Señor dijo a mi señor: «Siéntate a mi diestra hasta que	Pero el ángel les dijo: —No teman, porque he aquí les doy buenas noticias de gran gozo que

ponga a tus enemigos como estrado de tus pies» (Salmo 110,1).	serán para todo el pueblo: que hoy, en la ciudad de David, les ha nacido un Salvador, que es Cristo el Señor (Lucas 2,10).

Profecía doce: sería llamado Emanuel, que quiere decir «Dios con nosotros»; es decir que sería de carne y hueso como nosotros.

Profecía	Cumplimiento
Por tanto, el mismo Señor les dará la señal: he aquí que la virgen concebirá y dará a luz un hijo, y llamará su nombre Emanuel (Isaías 7,14).	El temor se apoderó de todos, y glorificaban a Dios diciendo: —¡Un gran profeta se ha levantado entre nosotros! ¡Dios ha visitado a su pueblo! (Lucas 7,16).

Profecía trece: sería reconocido como profeta.

Profecía	Cumplimiento
[...] el Señor me dijo: «Está bien lo que han dicho. Les levantaré un profeta como tú, de entre sus hermanos. Yo pondré mis palabras en su boca, y él les hablará todo lo que yo le mande» (Deuteronomio 18,17-18).	Cuando él entró en Jerusalén, toda la ciudad se conmovió diciendo: —¿Quién es este? Y las multitudes decían: —Este es Jesús el profeta, de Nazaret de Galilea (Mateo 21,10-11).

Profecía catorce: sería reconocido como sumo sacerdote.

Profecía	Cumplimiento
El Señor juró y no se retractará: «Tú eres sacerdote para siempre, según el orden de Melquisedec» (Salmo 110,4).	Por tanto, hermanos santos, participantes del llamamiento celestial, consideren a Jesús, el apóstol y sumo sacerdote de nuestra confesión (Hebreos 3,1).

Profecía quince: sería reconocido como rey.

Profecía	Cumplimiento
¡Yo he instalado a mi rey en Sion, mi monte santo! (Salmo 2,6).	Pusieron sobre su cabeza su acusación escrita: «Este es Jesús, el rey de los judíos» (Mateo 27,37).

Profecía dieciséis: un mensajero se encargaría de anunciar la llegada del Mesías. Este sería Juan el Bautista.

Profecía	Cumplimiento
He aquí yo envío mi mensajero, el cual preparará el camino delante de mí. Y luego, repentinamente, vendrá a su templo el Señor a quien buscan, el ángel del pacto a quien ustedes desean. ¡He aquí que viene!, ha dicho el Señor de los Ejércitos (Malaquías 3,1). Una voz proclama: «¡En el desierto preparen el camino del Señor; enderecen calzada en la soledad para nuestro Dios!» (Isaías 40,4).	En aquellos días apareció Juan el Bautista predicando en el desierto de Judea y diciendo: «¡Arrepiéntanse, porque el Reino de los Cielos se ha acercado!» (Mateo 3,1).

Profecía diecisiete: su ministerio comenzaría en la región de Galilea.

Profecía	Cumplimiento
Sin embargo, no tendrá oscuridad la que estaba en angustia. En tiempos anteriores él humilló la tierra de Zabulón y la tierra de Neftalí; pero en tiempos posteriores traerá gloria a Galilea de los gentiles,	Y cuando Jesús oyó que Juan había sido encarcelado, regresó a Galilea. Y, habiendo dejado Nazaret, fue y habitó en Capernaúm, ciudad junto al mar en la región de Zabulón y Neftalí [...] Desde entonces Jesús

	comenzó a predicar y a decir: «¡Arrepiéntanse, porque el Reino de los Cielos se ha acercado!» (Mateo 4,12-17).
camino del mar y el otro lado del Jordán (Isaías 9,1).	

Profecía dieciocho: haría muchos milagros, sanaría un sinnúmero de enfermedades.

Profecía	Cumplimiento
Entonces serán abiertos los ojos de los ciegos, y los oídos de los sordos se destaparán. Entonces el cojo saltará como un venado, y cantará la lengua del mudo (Isaías 35,5-6).	Jesús recorría todas las ciudades y las aldeas, enseñando en sus sinagogas, predicando el evangelio del reino y sanando toda enfermedad y toda dolencia (Mateo 9,35).

Profecía diecinueve: su prédica sería a modo de parábolas.

Profecía	Cumplimiento
Abriré mi boca en parábolas; evocaré las cosas escondidas del pasado, las cuales hemos oído y entendido, porque nos las contaron nuestros padres (Salmo 78,2-3).	Todo esto habló Jesús en parábolas a las multitudes y sin parábolas no les hablaba (Mateo 13,34).

Profecía veinte: entraría a Jerusalén montado en un asno y sería proclamado rey.

Profecía	Cumplimiento
¡Alégrate mucho, oh hija de Sion! ¡Da voces de júbilo, oh hija de Jerusalén! He aquí tu Rey, viene a ti, justo y victorioso, humilde y montado	Trajeron el borriquillo a Jesús y, echando sobre él sus mantos, hicieron que Jesús montara encima. Y mientras él avanzaba, tendían sus mantos

sobre un asno, sobre un borriquillo, hijo de asna (Zacarías 9,9).	por el camino. Cuando ya llegaba él cerca de la bajada del monte de los Olivos, toda la multitud de los discípulos, gozándose, comenzó a alabar a Dios a gran voz por todas las maravillas que habían visto (Lucas 19,35-37).

Profecía veintiuno: no se quedaría muerto, sino que resucitaría. En mi primer libro, *Lo que quiso saber de nuestra Iglesia católica y no se atrevió a preguntar*, desarrollé todo un capítulo sobre este misterio. Más adelante, todo el tercer capítulo de la presente obra girará en torno a este tema tan crucial, pilar de nuestra religión.

Profecía	Cumplimiento
Pues no dejarás mi alma en el Seol ni permitirás que tu santo vea corrupción (Salmo 16,10).	Y respondiendo, el ángel dijo a las mujeres: —No teman, porque sé que buscan a Jesús, quien fue crucificado. No está aquí, porque ha resucitado, así como dijo. Vengan, vean el lugar donde estaba puesto (Mateo 28,5-6).

Profecía veintidós: uno de sus más cercanos amigos, el apóstol Judas, sería quien lo traicionaría.

Profecía	Cumplimiento
Aun mi amigo íntimo, en quien yo confiaba y quien comía de mi pan, ha levantado contra mí el talón (Salmo 41,9). Le preguntarán: «¿Qué heridas son estas en tus manos?». Y él	Mientras él aún hablaba, vino Judas, que era uno de los doce, y con él mucha gente con espadas y palos de parte de los principales sacerdotes y de los ancianos del pueblo. El que le

responderá: «Con ellas fui herido en la casa de mis amigos» (Zacarías 13,6).	entregaba les había dado señal diciendo: «Al que yo bese, ese es. Préndanle». De inmediato se acercó a Jesús y dijo: —¡Te saludo, Rabí! Y lo besó (Mateo 26,47-49).

Profecía veintitrés: el traidor recibiría a cambio treinta monedas de plata.

Profecía	Cumplimiento
En aquel día fue anulado; y los que comerciaban con ovejas y que me observaban, reconocieron que era Palabra del Señor. Y les dije: «Si les parece bien, denme mi salario; y si no, déjenlo». Y pesaron por salario mío treinta piezas de plata (Zacarías 11,11-12).	[...] y les dijo: —¿Qué me quieren dar? Y yo se los entregaré. Ellos le asignaron treinta piezas de plata; y desde entonces él buscaba la oportunidad para entregarlo (Mateo 26,15-16).

Profecía veinticuatro: esa paga terminaría arrojada en el templo.

Profecía	Cumplimiento
Entonces el Señor me dijo: «Échalo al tesoro. ¡Magnífico precio con que me han apreciado!». Yo tomé las treinta piezas de plata y las eché en el tesoro, en la casa del Señor (Zacarías 11,13).	Entonces él, arrojando las piezas de plata dentro del santuario, se apartó, se fue y se ahorcó (Mateo 27,5).

Profecía veinticinco: sus discípulos lo abandonarían durante su falso juicio, sentencia y ejecución.

Profecía	Cumplimiento

Heriré al pastor y se dispersarán las ovejas (Zacarías 13,7). En aquel día sucederá que todos los profetas se avergonzarán de su visión cuando profeticen. Nunca más se vestirán con manto de pelo para engañar. Y dirá uno de ellos: «Yo no soy profeta; soy labrador de la tierra, pues la tierra es mi ocupación desde mi juventud». Le preguntarán: «¿Qué heridas son estas en tus manos?». Y él responderá: «Con ellas fui herido en la casa de mis amigos» (Zacarías 13,4-6).	Entonces todos los suyos lo abandonaron y huyeron (Marcos 14,50).

Profecía veintiséis: sería acusado por falsos testigos en el aparente juicio.

Profecía	Cumplimiento
Se han levantado testigos falsos, y me interrogan de lo que no sé (Salmo 35,11).	Los principales sacerdotes, los ancianos y todo el Sanedrín buscaban falso testimonio contra Jesús, para que le entregaran a muerte (Mateo 26,59).

Profecía veintisiete: durante el falso juicio, no se defendería, sino que permanecería en silencio.

Profecía	Cumplimiento
Él fue oprimido y afligido, pero no abrió su boca. Como un cordero, fue llevado al matadero; y como una oveja que enmudece delante de sus esquiladores, tampoco él abrió su boca (Isaías 53,7).	Él no le respondió ni una palabra, de manera que el procurador se maravillaba mucho (Mateo 27,14).

Profecía veintiocho: sería escupido, fuertemente torturado y molido a golpes.

Profecía	Cumplimiento
Entregué mis espaldas a los que me golpeaban, y mis mejillas a los que me arrancaban la barba. No escondí mi cara de las afrentas ni de los escupitajos (Isaías 50,6). Pero él fue herido por nuestras transgresiones, molido por nuestros pecados. El castigo que nos trajo paz fue sobre él, y por sus heridas fuimos nosotros sanados (Isaías 53,5). Mis rodillas están debilitadas a causa del ayuno, y mi carne está desfallecida por falta de alimento (Salmo 109,24).	Entonces le escupieron en la cara y le dieron puñetazos, y otros le dieron bofetadas (Mateo 26,67). Y escupiendo en él, tomaron la caña y le golpeaban la cabeza (Mateo 27,30). Entonces les soltó a Barrabás y, después de haber azotado a Jesús, lo entregó para que fuera crucificado (Mateo 27,26).

Profecía veintinueve: muchos se burlarían de Él durante su pasión.

Profecía	Cumplimiento
Todos los que me ven se burlan de mí. Estiran los labios y mueven la cabeza diciendo: «En el Señor confió; que él lo rescate. Que lo libre, ya que de él se agradó» (Salmo 22,7-8).	Habiendo entretejido una corona de espinas, se la pusieron sobre su cabeza, y en su mano derecha pusieron una caña. Se arrodillaron delante de él y se burlaron de él, diciendo: —¡Viva, rey de los judíos! (Mateo 27,29). Los que pasaban lo insultaban, meneando sus cabezas y diciendo: —Tú que derribas el templo y en tres días lo edificas, ¡sálvate a ti mismo, si

	eres Hijo de Dios, y desciende de la cruz! (Mateo 27,39-40).

Profecía treinta: sería crucificado, por lo que sus pies y manos serían atravesados.

Profecía	Cumplimiento
Los perros me han rodeado; me ha cercado una pandilla de malhechores, y horadaron mis manos y mis pies (Salmo 22,16).	Entonces los otros discípulos le decían: —¡Hemos visto al Señor! —. Pero él les dijo: —Si yo no veo en sus manos la marca de los clavos, y si no meto mi dedo en la marca de los clavos, y si no meto mi mano en su costado, no creeré jamás— (Juan 20,25).

Profecía treinta y uno: sería crucificado acompañado de ladrones.

Profecía	Cumplimiento
Porque derramó su vida hasta la muerte y fue contado entre los transgresores (Isaías 53,12).	Entonces crucificaron con él a dos ladrones, uno a la derecha y otro a la izquierda (Mateo 27,38).

Profecía treinta y dos: intercedería por sus transgresores durante su pasión.

Profecía	Cumplimiento
Porque derramó su vida hasta la muerte y fue contado entre los transgresores, habiendo él llevado el pecado de muchos e intercedido por los transgresores (Isaías 53,12).	Y Jesús decía: —Padre, perdónalos, porque no saben lo que hacen (Lucas 23,34).

Profecía treinta y tres: sería rechazado por su propio pueblo.

Profecía	Cumplimiento
Fue despreciado y desechado por los hombres, varón de dolores y experimentado en el sufrimiento. Y como escondimos de él el rostro, lo menospreciamos y no lo estimamos (Isaías 53,3).	Pues ni aún sus hermanos creían en él (Juan 7,5).

Profecía treinta y cuatro: sería aborrecido sin ninguna razón.

Profecía	Cumplimiento
Los que me aborrecen sin causa se han aumentado; son más que los cabellos de mi cabeza (Salmo 69,4).	Si el mundo los aborrece, sepan que a mí me ha aborrecido antes que a ustedes [...] El que me aborrece, también aborrece a mi Padre. Si yo no hubiera hecho entre ellos obras como ningún otro ha hecho, no tendrían pecado. Y ahora las han visto, y también han aborrecido tanto a mí como a mi Padre (Juan 15,18-24).

Profecía treinta y cinco: sus amigos y conocidos se apartarían de Él y tomarían distancia.

Profecía	Cumplimiento
Mis amigos y compañeros se han apartado de mi plaga; mis parientes se han mantenido alejados (Salmo 38,11).	Pero todos sus conocidos, y las mujeres que lo habían seguido desde Galilea, se quedaron lejos mirando estas cosas (Lucas 23,49).

Profecía treinta y seis: le quitarían su vestido y se lo jugarían a suertes.

Profecía	Cumplimiento
Reparten entre sí mis vestidos, y sobre mi ropa echan suertes (Salmo 22,18).	Cuando los soldados crucificaron a Jesús tomaron los vestidos de él e hicieron cuatro partes, una para cada soldado. Además, tomaron la túnica, pero la túnica no tenía costura; era tejida entera de arriba abajo. Por esto se dijeron uno al otro: —No la partamos; más bien echemos suertes sobre ella para ver de quién será (Juan 19,23-24).

Profecía treinta y siete: durante su martirio sentiría mucha sed y en vez de darle agua le darían hiel con vinagre.

Profecía	Cumplimiento
Además, me dieron hiel en lugar de alimento, y para mi sed me dieron de beber vinagre (Salmo 69,21).	Después de esto, sabiendo Jesús que ya todo se había consumado, para que se cumpliera la Escritura dijo: —Tengo sed—. Había allí una vasija llena de vinagre. Entonces pusieron en un hisopo una esponja empapada en vinagre y se la acercaron a la boca (Juan 19,28-29).

Profecía treinta y ocho: una vez muerto, no le quebrarían los huesos (como se acostumbraba a hacer para garantizar la muerte en caso de que la víctima hubiera soportado el largo periodo de la crucifixión).

Profecía	Cumplimiento
Él guardará todos sus huesos; ni uno de ellos será quebrantado (Salmo 34,20).	Pero cuando llegaron a Jesús, como lo vieron ya muerto, no le quebraron las piernas (Juan 19,33).

Profecía treinta y nueve: le atravesarían el costado.

Profecía	Cumplimiento
Mirarán al que traspasaron y harán duelo por él con duelo como por hijo único, afligiéndose por él como quien se aflige por un primogénito. (Zacarías 12,10).	Pero uno de los soldados le abrió el costado con una lanza y salió al instante sangre y agua (Juan 19,34).

Profecía cuarenta: una gran oscuridad cubriría la tierra durante el martirio de Jesús.

Profecía	Cumplimiento
Sucederá en aquel día, dice el Señor Dios, que haré que el sol se oculte al mediodía, y en pleno día haré que la tierra sea cubierta de tinieblas (Amos 8,9).	Desde el mediodía descendió oscuridad sobre toda la tierra hasta las tres de la tarde (Mateo 27,45).

Profecía cuarenta y uno: sería sepultado en una tumba de una persona adinerada.

Profecía	Cumplimiento
Se dispuso con los impíos su sepultura, y con los ricos estuvo en su muerte (Isaías 53,9).	Al atardecer, vino un hombre rico de Arimatea llamado José, quien también había sido discípulo de Jesús [...] José tomó el cuerpo, lo envolvió en una sábana limpia y lo puso en su sepulcro nuevo que había labrado en la peña (Mateo 27,57-60).

He mencionado el cumplimiento de tan solo cuarenta y una profecías (entre más de trescientas) de ocho profetas diferentes: Moisés, Isaías, Zacarías, el rey David, el rey Salomón, Jeremías, Amos y Miqueas. Estos profetas vivieron entre los siglos XIV a. C. y V a. C., hablaron en idiomas distintos, vivieron en territorios geográficos diferentes y cada uno dio detalles de la venida del Mesías. ¿Coincidencia? ¿Suerte? ¿O esto comprueba la verdadera autoría de la Biblia?

QUINTA TESIS: PROBABILIDAD QUE SE CUMPLIERAN LAS PROFECÍAS

En el Apéndice B doy una simple explicación de la forma en que se calcula una probabilidad y hablo un poco de ellas. Por ahora, basta con decir que, si la probabilidad de que una cosa pase es de uno entre M (o sea, «1/m»), y la de que otro evento independiente del primero ocurra es de uno entre N (o sea, «1/n»), entonces la probabilidad de que ocurran las dos a la vez es de uno entre M multiplicado por N —es decir, «1/(m x n)»—. Permítame ilustrar esto. Si uno de cada diez hombres mide más de 6 pies de altura, y uno de cada cien hombres pesa más de 300 libras, entonces uno de cada mil (diez multiplicado por cien) mide más de 6 pies y pesa más de 300 libras. Esta aseveración se puede demostrar haciendo el siguiente ejercicio. Imagine que cogemos al azar mil hombres y los ordenamos por estatura. Dado que uno de cada diez sobrepasa los 6 pies de altura, veremos que los primeros cien miden más de 6 pies. Los otros 900 estarán por debajo de esta altura. Por consiguiente, no pueden tener las dos características que buscamos (que excedan 6 pies de altura y que pesen más de 300 libras). Ahora, como dijimos que uno de cada cien pesa más de 300 libras, observaremos a los cien hombres que escogimos por medir más de 6 pies: solo uno de ellos tendrá el peso buscado. Es decir que, de los mil que seleccionamos al azar, solo uno medirá más de 6 pies y pesará más de 300 libras, como lo habíamos determinado con la fórmula.

InterVarsity Christian Fellowship[133] es una organización que por más de 75 años ha formado grupos de jóvenes universitarios en cientos de universidades de todo el mundo que tienen cursos de estudio bíblico. En la década de 1960, la organización patrocinó un ejercicio que duró cinco años en Pasadena City College, en el estado de California, Estados Unidos. En el ejercicio, se les pedía a los estudiantes que determinaran, de la forma más conservadora posible, la probabilidad de que se cumplieran en forma independiente una serie de profecías que hablaban de la llegada del Mesías (profecías como las presentadas en el argumento anterior)[134]. Por ejemplo, ¿cuál es la probabilidad de que un hombre cualquiera entre a la ciudad de Jerusalén, pretendiendo tener autoridad, y lo haga montado sobre un asno? Semestre tras semestre, los jóvenes universitarios (más de seiscientos en total) discutieron entre ellos sus estimaciones, documentaron algunas de ellas y presentaron sus cálculos.

¿Cuántas personas que pretendieran tener cierta autoridad podrían haber entrado a Jerusalén montando un asno? ¿Qué tan comunes eran estos animales en ese entonces? Si solo las personas con dinero tenían asnos, ¿cuántos podrían tener uno? Una persona sin dinero que, pretendiendo cierta autoridad, requiriera un asno, tendría que ser amiga de alguien adinerado que simpatizara con ella para que le prestara el animal. ¿Cuántas podrían ser estas? Mediante preguntas de este estilo, los estudiantes fueron alcanzando consensos sobre las probabilidades de que este evento fuera realizado por una persona cualquiera.

Las estimaciones que voy a utilizar son las que resultaron de dicho estudio. Usted puede estar de acuerdo con ellas o no; puede modificarlas a su criterio si así lo estima conveniente (si no está totalmente convencido por las estimaciones del estudio). El resultado al que pretendo llegar no se verá seriamente impactado

---

[133] Ver www.intervarsity.org

[134] Puede consultarse el libro *Science Speaks, an Evaluation of Certain Christian Evidences* de Peter W. Stoner (magíster en Ciencias y director del departamento de Matemáticas y Astronomía de Pasadena City College hasta 1953).

por esos cambios. Para sustentar mi punto, voy a detallar el ejercicio con tan solo ocho de las cuarenta y una profecías que presenté en el argumento anterior.

Profecía uno: el Mesías nacería en la ciudad de Belén, sería hijo de una virgen y descendiente del Rey David (profecías dos, seis y siete del argumento anterior). Los Evangelios de Mateo y Lucas nos presentan las genealogías de los padres de Jesús. Mateo (1,1-17) presenta la genealogía de su padre y Lucas (3,23-38), la de su madre. La profecía solo indicaba que Jesús sería descendiente del rey David, así que debemos tener en cuenta el número de generaciones (25) entre los dos. Si en cada una de ellas había un promedio de ocho descendientes, y teniendo en cuenta que la proporción de hombres y mujeres era más o menos mitad y mitad, entonces desde el Rey David hasta la época en que nació Jesús hubo un número astronómico de potenciales padres. ¿Cómo se hace el cálculo? Tomemos los cuatro hombres de cada generación y los multiplicamos por las veinticinco generaciones. Es decir, 4 x 4 x 4 x 4 x 4 x ... x 4, 25 veces. Eso es lo mismo que 4^{25} = 1 125 899 906 842 624 (potenciales padres). Como el Mesías habría de ser el primer hijo de la pareja[135], entonces el número se reduciría a 281 474 976 710 656.

Él debería nacer en Belén, que en esa época era una villa de unos trescientos habitantes[136], mientras que la población mundial era de unos trescientos millones[137]. Es decir que una persona de cada cien millones habitaba en Belén. Dado que los posibles padres eran 281 474 976 710 656, podemos estimar que la probabilidad de que hubiera un descendiente del rey David, primogénito y nacido en Belén era de 1 en 281 474 (2.8×10^5).

Profecía dos: un mensajero se encargaría de anunciar la llegada del Mesías. Este sería Juan el Bautista (profecía dieciséis del argumento anterior). De esos varones nacidos en Belén, descendientes del rey David y primogénitos, ¿uno de cada cuántos podría haber sido precedido por un profeta que anunciara su llegada? Los estudiantes consideraron que este mensajero debía ser una persona sumamente especial, que tuviera todas las características de los profetas

---

[135] Quiero simplemente notar que sería el primer hijo, sin entrar en el tema del dogma de la virginidad perpetua de María.

[136] Ver http://belenesdelmundo.com/wordpress/

[137] Ver https://magnet.xataka.com/un-mundo-fascinante/asi-ha-crecido-la-poblacion-humana-desde-el-ano-1-d-c-hasta-la-actualidad

de la Antigüedad. Hicieron un estimado conservador de 1 en 1 000 (10^3) personas.

Profecía tres: entraría a Jerusalén montado en un asno y sería proclamado como rey (profecía veinte del argumento anterior). De esos varones nacidos en Belén, descendientes del rey David, primogénitos y cuya llegada hubiera sido anunciada por un mensajero, ¿uno de cada cuántos podría haber entrado a la ciudad montando un asno y ser proclamado rey? Es cierto que una persona podría conseguir un animal de estos y entrar a la ciudad por cualquiera de sus puertas para «forzar» el cumplimiento de esta profecía. Pero no estaría bajo su control que la multitud lo proclamara rey. Los estudiantes hicieron un estimado de 1 en 10 000 (10^4).

Profecía cuatro: uno de sus más cercanos amigos, el apóstol Judas, sería el que lo traicionaría (profecía veintidós del argumento anterior), lo que le acarrearía las heridas en las manos que fueron profetizadas. Esta profecía no parece tener una relación directa con las consideradas anteriormente. Entonces, la pregunta es: ¿un hombre de cada cuántos podría haber sido traicionado por un amigo muy cercano, de modo que esa traición le representara graves heridas en sus manos? Los estudiantes no pensaron que fuera muy frecuente que un amigo cercano traicionara a su gran compañero; mucho menos frecuente habría sido que eso le representara ese tipo de heridas. Ofrecieron entonces un estimado de 1 en 1 000 (10^3).

Profecía cinco: el traidor recibiría a cambio treinta monedas de plata (profecía veintitrés del argumento anterior). La pregunta en este caso es muy simple y directa: de las personas que hubieran sido traicionadas, ¿cuántas de ellas podrían haberlo sido por exactamente treinta monedas de plata? Los estudiantes estimaron que este evento habría sido muy raro, por lo que estimaron una probabilidad de 1 en 10 000 (10^4).

Profecía seis: esa paga sería arrojada en el templo y se depositaría en su tesoro (profecía veinticuatro del argumento anterior). Esta profecía es muy específica, ya que no está hablando de devolver el valor de la traición, sino de que el dinero sería arrojado en el templo e iría a dar al tesoro de este. Recordemos que Judas trató de devolver las monedas (Mateo 27,3) y, como no se las recibieron, él las tiró en el templo y se fue. Luego, los jefes de los sacerdotes tomaron ese dinero y lo usaron para comprar el campo del alfarero, que habría de ser usado como cementerio para enterrar a los extranjeros que murieran en Jerusalén. Se les pidió a los estudiantes que estimaran de cuántos hombres uno podría haber recibido treinta monedas de plata por traicionar a un amigo cercano para luego tratar de devolver ese dinero (sin que este fuera recibido), arrojarlo al piso del templo, y que este fuera usado para comprar un cementerio. Los estudiantes dudaron que ese evento pudiera haber sucedido incluso más de una vez. Su estimado, bastante conservador, fue de 1 en 100 000 (10^5).

Profecía siete: durante el falso juicio, Jesús no se defendería, sino que permanecería en silencio (profecía veintisiete del argumento anterior). ¿Uno de cuántos hombres, que hubiera cumplido las anteriores profecías, se habría encontrado en un juicio que le podría costar la vida y, a pesar de ser inocente, no se habría defendido? El estimado fue de 1 en 10 000 (10^4).

Profecía ocho: sería crucificado (profecía treinta del argumento anterior). ¿Cuántos hombres, desde el rey David, autor de esta profecía, han muerto crucificados? Aunque ese método de castigo fue abolido hace muchos siglos, los estudiantes ofrecieron un estimado de 1 en 10 000 (10^4).

Incluso si usted está en desacuerdo con algunos de los estimados que hicieron los seiscientos estudiantes, el cálculo total de la probabilidad de cumplimiento de estas ocho profecías no cambiaría notablemente. Como expliqué al comienzo de esta tesis, para calcular la probabilidad que se den a la vez dos o más eventos independientes, se multiplican sus probabilidades individuales, así que multipliquemos las ocho probabilidades que propusieron los estudiantes: $2,8 \times 10^5 \times 10^3 \times 10^4 \times 10^3 \times 10^4 \times 10^5 \times 10^4 \times 10^4 = 2,8 \times 10^{32}$. Esto quiere decir que una de cada 10^{32} personas podría haber cumplido esas ocho profecías. Recuerde que hay más de trescientas y que solo enumeré cuarenta y una en la tesis anterior. Este número sería muchísimo más grande si continuara el ejercicio y agregara cada una de las otras treinta y tres restantes.

Para que se haga una idea de la minúscula probabilidad de la que estamos hablando, 1 entre 10^{32} equivale a 1 en 100 000 000 000 000 000 000 000 000 000 000. Igualmente, para poner este número en perspectiva, imagine que tenemos ese mismo número (10^{32}) de monedas de un dólar. Ahora, imagine que marcamos una sola de ellas. Vamos a tratar de cubrir la superficie de nuestro planeta con esas monedas. Nos van a alcanzar para cubrir la totalidad de la superficie y podremos agregar más capas, que alcanzarán un grosor de treinta y seis metros. ¿Qué tan probable sería que una persona con los ojos vendados caminara por donde quisiera, se detuviera en algún lugar, excavara monedas y tomara una al azar, y que esa resultara ser la moneda marcada? Sería igual de probable a que varios profetas hubieran escrito esas ocho profecías y que un solo hombre, de todos los que han existido desde el momento en que las escribieron hasta el comienzo de nuestra era, las hubiera cumplido.

Ya demostré que las profecías fueron escritas cientos de años antes del nacimiento de Jesús. En el cálculo de las estimaciones, tuve en cuenta que algunas de ellas hubieran podido estar bajo el control de la persona que pretendía ser el Mesías, como la profecía de la entrada a Jerusalén en un asno. Pero la inmensa mayoría no estaba bajo su control. Me explico: si alguien se hubiera querido hacer pasar por el Mesías, le habría resultado relativamente fácil conseguir un asno y entrar montado sobre él a la ciudad santa, pero ¿cómo hubiera conseguido nacer en Belén, ser descendiente del Rey David, ser traicionado por un amigo y haber muerto clavado en una cruz? ¿Cómo podemos explicar entonces que una sola persona haya cumplido todas las profecías? Solamente se me ocurren dos posibilidades. La primera, que fuera una gran coincidencia. Es decir que los profetas escribieron todas esas predicciones sin ningún fundamento, pretendiendo adivinar todos esos sucesos. La segunda, que una mente superior les hubiera comunicado todos esos eventos futuros para señalar al Mesías.

El profesor Peter W. Stoner, director del Departamento de Matemáticas y Astronomía de Pasadena City College hasta 1953, adicionó ocho profecías a las ocho que expliqué anteriormente e hizo el cálculo de las probabilidades[138]. La probabilidad de que una sola persona cumpliera las dieciséis profecías pasó a ser de 1 entre 10^{53} (mientras que con ocho profecías era de 1 entre 10^{32}). Al hacer el cálculo con cuarenta y ocho, Stoner determinó que la probabilidad era de 1 entre 10^{181}. Cuando ejemplifiqué el cálculo hecho con ocho profecías, dije que se podría cubrir todo el planeta con capas de monedas de un dólar hasta alcanzar un grosor de treinta y seis metros. Si hubiera ejemplificado el cálculo de las cuarenta y ocho, el espesor de las capas de monedas llegaría más allá del sol.

Con una probabilidad tan ínfima, ¿es posible que los profetas se hubieran inventado esas profecías y todas se hubieran cumplido en Jesús? Si, como yo, no cree que esto sea posible, solo queda la segunda explicación: Dios comunicó esos

---

[138] El cálculo se encuentra en su libro *Science Speaks, an Evaluation of Certain Christian Evidences*.

eventos a sus profetas. Esto prueba la verdadera autoría de la Biblia. ¿Coincidencia? ¿Suerte?

SEXTA TESIS: EL PROFETA DANIEL

El Antiguo Testamento está dividido en Pentateuco, libros sapienciales, libros históricos y libros proféticos —este último incluye a profetas mayores y menores—. Los términos *mayores* y *menores* no denotan la importancia de los profetas, sino la extensión de sus escritos. Entre el grupo de libros de profetas mayores se encuentra el Libro del profeta Daniel.

Después que Nabucodonosor II, rey de Babilonia, invadió Jerusalén, en el 587 a. C., y tomó cautiva a toda la nobleza, ordenó a Aspenaz, jefe de los eunucos, que escogiera algunos jóvenes israelitas sin defectos físicos, bien parecidos, expertos en sabiduría, cultos e inteligentes para que le sirvieran en la Corte. Los escogidos serían alimentados con la comida de la mesa del rey, y educados en literatura y el idioma de los caldeos durante tres años. Luego de ese tiempo, entrarían a formar parte de la corte real. Uno de los seleccionados fue Daniel, quien por fidelidad a sus creencias y costumbres no podía comer lo que Aspenaz le ofrecía. Daniel pidió que le dejara alimentarse solo con legumbres y agua por diez días. Una vez finalizado este tiempo, Aspenaz podría juzgar si su estado físico se había desmejorado o si, por el contrario, era mejor que el del resto de los jóvenes alimentados con la comida real. Cuando terminó la prueba de los diez días, su estado físico era superior al del resto de los israelitas cautivos. Esto le otorgó al joven Daniel el respeto y la admiración de sus tutores, quienes se dedicaron de manera especial a educarlo. Dicen las Escrituras que el rey vio en él diez veces más sabiduría e inteligencia que en todos los magos y adivinos de su reino. Dentro de las muchas virtudes de este joven profeta, la de la interpretación de visiones y sueños le aseguró un lugar muy importante en la historia; no solamente en la historia bíblica, sino también en la de su pueblo y en la de los caldeos.

En los capítulos 10 y 11, Daniel tiene una visión en la que un ángel le revela lo que sucederá desde el reinado de Ciro II el Grande (559 al 530 a. C.) hasta Antíoco IV Epífanes (175 al 163 a. C.), reyes de Persia y Siria, respectivamente. La revelación tiene lugar «durante el tercer año del reinado de Ciro de Persia» (Daniel 10,1), es decir, en el año 536 a. C.[139] El ángel le dice:

> Y ahora te voy a dar a conocer la verdad: «Todavía gobernarán en Persia tres reyes, después de los cuales ocupará el poder un cuarto rey que será más rico que los otros tres. Y cuando por medio de sus riquezas haya alcanzado gran poder, pondrá todo en movimiento contra el reino de Grecia» (Daniel 11,2)

Cuando la profecía le fue comunicada, Ciro II era el rey del imperio persa, mientras que Darío el Medo (Gubaru) reinaba en Babilonia bajo la autoridad del primero. Los tres reyes a los que hacía referencia el ángel eran Cambises II (530 al 522 a. C.), hijo de Ciro II; Gautama o Seudo-Esmerdis (522 a. C.), hermano de su predecesor, y Darío I el Grande (522 al 486 a. C.), quien tomó el poder tras asesinar al anterior. Estos tres monarcas gobernaron sucesivamente después de la muerte de Ciro II el Grande.

Darío I el Grande falleció en el año 486 a. C., a los 63 años, y fue sucedido por su hijo Jerjes I o el Grande (en la Biblia se le conoce como Asuero, uno de los personajes centrales del libro de Ester) que corresponde al cuarto rey que profetizó el ángel. En la primavera del año 480 a. C., Jerjes desencadenó la Segunda Guerra Médica contra la alianza griega entre Atenas y Esparta. Aunque al comienzo parecía que se trataba de una guerra rápida que se definiría a su favor, el ejército de Jerjes terminó replegado y buscó refugio en Asia. Según el historiador Heródoto[140], en su libro *Historia*[141], el ejército persa tenía más de un millón setecientos mil hombres. La cifra es bastante exagerada, pero nos habla de una tropa considerablemente numerosa, lo que explicaría la última frase del versículo 2: «pondrá todo en movimiento contra el reino de Grecia».

Continúa el ángel: «Pero después gobernará un rey muy guerrero, que extenderá su dominio sobre un gran imperio y hará lo que se le antoje» (Daniel 11,3). Claramente, se está haciendo referencia a Alejandro III de Macedonia, más conocido como Alejandro Magno, uno de los mayores conquistadores de la Historia. Fue rey de Macedonia desde el 336 a. C., cuando

---

[139] La misión de Daniel comenzó en el 606 a. C., y la visión ocurrió en el año 70 de su ministerio.

[140] Heródoto de Halicarnaso fue un historiador y geógrafo griego que vivió entre el 484 y el 425 a. C. Es tradicionalmente considerado como el padre de la Historia en el mundo occidental. Fue la primera persona que compuso un relato razonado y estructurado de las acciones humanas.

[141] Volumen VII, 60, 1.

tenía apenas 20 años. Cuando era joven, Alejandro estudió las lecciones militares que su padre, Filipo II, le enseñó. Pero también se cultivó en otros campos intelectuales de la mano de Aristóteles[142]. En el año 334 a. C., comenzó una campaña militar que duró poco más de diez años y lo convirtió en el gobernante de uno de los imperios más grandes del mundo antiguo. Su imperio abarcó, entre otros, los actuales países de Egipto, Israel, Líbano, Jordania, Siria, Iraq, Irán, Afganistán, Pakistán, Tayikistán, Turquía, Bulgaria, Grecia, Serbia y Croacia. Su conquista, además de militar, fue cultural. Cada vez que él finalizaba la ocupación y dominio de un nuevo territorio, su antiguo maestro, Aristóteles, se encargaba de imponer la cultura griega. A esto se le conoce como el movimiento de «helenización».

Prosigue el ángel:

> Sin embargo, una vez establecido, su imperio será deshecho y repartido en cuatro partes. El poder de este rey no pasará a sus descendientes, ni tampoco el imperio será tan poderoso como antes lo fue, ya que quedará dividido y otros gobernarán en su lugar (Daniel 11,4)

Las circunstancias de la muerte de Alejandro Magno, ocurrida en la ciudad de Babilonia, siguen siendo un misterio. Tenía 33 años cuando aconteció. Ya que no tenía un heredero, su recién conformado imperio fue repartido entre sus cuatro generales: Antígono I Monóftalmos se quedó con Siria; Lisímaco de Tracia, con los Balcanes; Ptolomeo I Sóter, con Egipto, y Seleuco I Nicátor, con Babilonia. De ellos cuatro, los dos últimos desempeñaron un rol importante en la historia del pueblo de Israel, pues durante cientos de años sus reinos mantuvieron innumerables guerras por el control total de la región. Los libros bíblicos de los Macabeos narran la vida de los judíos durante esas interminables guerras y su resistencia a la helenización.

Continúa el ángel:

> El rey del sur será muy poderoso, pero uno de sus generales llegará a ser más fuerte que él y extenderá su dominio sobre un gran imperio (Daniel 11,5)

---

[142] Aristóteles (Estagira, 384 a. C.-Calcis, 322 a. C.) fue un filósofo, polímata y científico nacido en la ciudad de Estagira, al norte de Antigua Grecia. Es considerado, junto a Platón, el padre de la filosofía occidental. Sus ideas han ejercido una enorme influencia sobre la historia intelectual de Occidente por más de dos milenios.

El rey al que hace referencia es Ptolomeo I Sóter, que gobernó Egipto hasta su muerte, en el año 285 a. C. El general mencionado es Seleuco I Nicátor, quien, después de largas batallas con sus antiguos compañeros de guerra, terminó anexando los territorios de Media y Siria a Babilonia, tal y como había sido profetizado.

Prosigue el ángel:

> Al cabo de algunos años, los dos harán una alianza: el rey del sur dará a su hija en matrimonio al rey del norte, con el fin de asegurar la paz entre las dos naciones. Pero el plan fracasará, pues tanto ella como su hijo, su marido y sus criados, serán asesinados (Daniel 11,6)

Tras su muerte, Ptolomeo I Sóter fue sucedido por su hijo Ptolomeo II Filadelfo. Este último gobernó hasta su muerte, en el 246 a. C. Bajo su mandato se ordenó la traducción de las Sagradas Escrituras al griego —lo que se conoce como la Septuaginta—. Seleuco I Nicátor falleció en el 281 a. C. y fue sucedido por su hijo Antíoco I Sóter, quien estuvo en el trono hasta el 261 a. C. Posteriormente, su hijo, Antíoco II Teos, estuvo en el trono hasta su muerte, acontecida en el 246 a. C. Tal y como lo describe la profecía, hubo una boda arreglada por conveniencia. En el 261 a. C., la hija de Ptolomeo II Filadelfo, llamada Berenice Sira, fue dada en matrimonio a Antíoco II Teos quien tuvo que divorciarse de su esposa, Laodice I, para acatar su parte del acuerdo de paz. Cuando el padre de Berenice murió, Antíoco la abandonó y regresó con su antigua pareja. En venganza, ella ordenó la muerte de Berenice y de Antíoco, con lo cual la profecía se cumplió literalmente.

Continúa el ángel:

> Sin embargo, un miembro de su familia atacará al ejército del norte y ocupará la fortaleza real, y sus tropas dominarán la situación. (Daniel 11,7)

El trono de Egipto fue ocupado desde el 246 hasta el 222 a. C. por Ptolomeo III Evergetes, hermano de Berenice. Siria era gobernada por Seleuco II Calinico, quien gobernó hasta su muerte en el 225 a. C. En cumplimiento a la promesa de vengar a su hermana, Ptolomeo III declaró la guerra a Siria, aunque no obtuvo la victoria deseada.

Prosigue el ángel:

Además, se llevará a Egipto a sus dioses, a sus imágenes hechas de metal fundido, junto con otros valiosos objetos de oro y plata. Después de algunos años sin guerra entre las dos naciones, el rey del norte tratará de invadir el sur, pero se verá obligado a retirarse (Daniel 11,8-9)

Durante la fracasada invasión a Siria, Ptolomeo III Evergetes logró conseguir un botín que consistía en 40 000 talentos de plata y 2500 imágenes de dioses, muchas de ellas pertenecientes a Egipto, que habían sido robadas tras la invasión de Cambises II (525 a. C.) a Persia. Fue esta hazaña, la devolución de las imágenes, la que le valió el apodo de *Evergetes*, que quiere decir «benefactor». El periodo de calma de la profecía concordó perfectamente con el tratado de paz que Ptolomeo y Seleuco firmaron en el 241 a. C. Posteriormente, el rey sirio rompió el acuerdo y trató infructuosamente de conquistar Egipto. Regresó a su reino con menos dinero en los bolsillos del que tenía cuando partió.

Continúa el ángel:

Pero los hijos del rey del norte se prepararán para la guerra y organizarán un gran ejército. Uno de ellos se lanzará con sus tropas a la conquista del sur, destruyéndolo todo como si fuera un río desbordado; después volverá a atacar, llegando hasta la fortaleza del rey del sur. La invasión del ejército del norte enojará tanto al rey del sur, que este saldrá a luchar contra el gran ejército enemigo y lo derrotará por completo (Daniel 11,10-11)

Los hijos de Seleuco II Calinico se apersonaron de los deseos de conquista de su padre. Cuando él murió, su hijo mayor, Seleuco III Sóter Cerauno, heredó el reino y gobernó entre el 225 y el 223 a. C. Tras su muerte, su hermano menor Antíoco III el Grande lo sucedió. Una de las primeras acciones bélicas de Antíoco III fue atacar a Ptolomeo IV Filopátor, rey de Egipto. El enfrentamiento se dio en la región del Líbano y fue un estruendoso fracaso para Antíoco. Más tarde logró anexar los territorios de Seleucia[143], Tiro y Tolomais. Una vez conquistadas estas ciudades, Palestina se convirtió en su objetivo. Palestina gozaba de la protección egipcia, de forma que el pueblo judío tuvo que soportar la embestida de dos poderosos ejércitos.

Prosigue el ángel:

---

[143] También conocida como Seleucia del Tigris. Fue una de las ciudades más grandes del mundo durante el período helenístico y romano. Se encontraba en Mesopotamia, en la orilla oeste del río Tigris, frente a la ciudad de Ctesifonte (en la actual gobernación de Babilonia, Irak).

El triunfo obtenido y el gran número de enemigos muertos lo llenará de orgullo, pero su poder no durará mucho tiempo. El rey del norte volverá a organizar un ejército, más grande que el anterior, y después de algunos años volverá a atacar al sur con un ejército numeroso y perfectamente armado (Daniel 11,12-13)

Las guerras entre estos poderosos ejércitos continuaron en lo que se conoce como la Cuarta Guerra Siria. El ejército de Antíoco se presentó a las puertas de Egipto con 62 000 soldados de a pie, 6 000 jinetes y 102 elefantes. La milicia egipcia estaba formada por una falange[144] de 20 000 nativos, mercenarios gálatas y tracios, y 73 elefantes africanos. El decisivo encuentro se produjo en Rafia (al sur de lo que actualmente se conoce como la Franja de Gaza). Allí, el ejército de Ptolomeo ganó la batalla. Tal y como lo describía la profecía, el derrotado Antíoco regresó a su reino catorce años después, cargado de riquezas producto de los saqueos.

Continúa el ángel:

Cuando esto suceda, muchos se rebelarán contra el rey del sur. Entre ellos habrá algunos hombres malvados de Israel, tal como fue mostrado en la visión, pero fracasarán. El rey del norte vendrá y construirá una rampa alrededor de una ciudad fortificada, y la conquistará. Ni los mejores soldados del sur podrán detener el avance de las tropas enemigas (Daniel 11,14-15)

Antíoco III parecía haber restaurado el Imperio seléucida en el este, lo que le valió el título de el Grande. Entre el 205 y el 204 a. C., Ptolomeo V, de 5 años, accedió al trono de Egipto y Antíoco III concluyó un pacto secreto con Filipo V de Macedonia para repartir las posesiones ptolemaicas. Según los términos de la alianza, Macedonia recibiría los territorios próximos al mar Egeo y Cirene; por su parte, Antíoco III anexionaría Chipre y Egipto. La expresión «algunos hombres malvados de Israel» hace referencia a la organización de un cierto grupo de judíos

---

[144] La falange fue una organización táctica para la guerra creada en la Antigua Grecia y luego imitada por varias civilizaciones mediterráneas. Por extensión, los autores antiguos suelen llamar «falange» a cualquier ejército que combate formando una única fila de combatientes muy próximos entre sí, al estilo de la falange clásica (compuesta por entre ocho y dieciséis guerreros).

que, cansado de estar en medio de la lucha entre estos dos poderes, se apartó de las tradiciones de sus padres y se unió al paganismo impuesto por Antíoco III[145].

Prosigue el ángel:

> El invasor hará lo que se le antoje con los vencidos, sin que nadie pueda hacerle frente, y se quedará en la Tierra de la Hermosura destruyendo todo lo que encuentre a su paso. Además, se preparará para apoderarse de todo el territorio del sur; para ello, hará una alianza con ese rey y le dará a su hija como esposa, con el fin de destruir su reino, pero sus planes fracasarán. Después atacará a las ciudades de las costas, y muchas de ellas caerán en su poder; pero un general pondrá fin a esta vergüenza, poniendo a su vez en vergüenza al rey del norte. Desde allí, el rey se retirará a las fortalezas de su país; pero tropezará con una dificultad que le costará la vida, y nunca más se volverá a saber de él (Daniel 11,16-19)

Antíoco III, apodado el Grande después de sus proezas, no solo se encargó de saquear todas las ciudades que había ganado en la pelea, sino que se apoderó de la «Tierra de la Hermosura», Palestina. Los habitantes de esta última celebraron el cambio de poder. Para tomar el control de Egipto, optó por dejar las armas a un lado, y pactó un convenio con Ptolomeo V Epífanes. Según el pacto, debía dar como esposa a su hija, Cleopatra I Sira, al joven faraón Ptolomeo V, quien para ese entonces tenía apenas 10 años. La boda se realizó cuando el rey cumplió los 14, en el 193 a. C. El pacto no le funcionó, entre otras, porque su hija se negó a colaborar con sus planes. Las islas del mar Egeo fueron su siguiente objetivo; allí obtuvo algunas victorias. El general que puso fin a la vergüenza, como lo señalaba la profecía, fue indudablemente el militar romano Publio Cornelio Escipión, el Africano, quien derrotó contundentemente a Antíoco III en la famosa batalla de Magnesia, en el 190 a. C. La derrota obligó a Antíoco a devolver una gran cantidad de territorio y a pagar un fuerte tributo al Gobierno romano. Después de firmar un armisticio en el que se comprometía a no atacar ninguna provincia romana ni de sus aliados, Antíoco III regresó a su tierra. Allí murió asesinado, cuando fue sorprendido robando los tesoros de un templo en el año 187 a. C.

Continúa el ángel:

---

[145] Palestina había permanecido bajo el control de los ptolomeos desde los tiempos de Alejandro Magno, época en la que empezaron a alejarse de todas sus tradiciones y observancia hacia la ley, tal y como lo narran los libros bíblicos de los Macabeos.

> Su lugar será ocupado por otro rey, que enviará un cobrador de tributos para enriquecer su reino; pero al cabo de pocos días lo matarán, aunque no en el campo de batalla (Daniel 11,20)

El sucesor de Antíoco III el Grande fue su hijo Seleuco IV Filopátor. Durante su reinado de doce años, Seleuco tuvo enormes dificultades financieras, ya que debió abonar lo más que pudo a las deudas que había adquirido su padre, especialmente con Roma, durante la campaña conquistadora. En 176 a. C., Seleuco IV envió a su administrador Heliodoro a Jerusalén para apropiarse de los tesoros del Templo (2 Macabeos 3). A su regreso, Heliodoro asesinó a Seleuco IV, tal y como estaba profetizado.

Prosigue el ángel:

> Después de él reinará un hombre despreciable, a quien no le correspondería ser rey, el cual ocultará sus malas intenciones y tomará el poder por medio de engaños (Daniel 11,21)

Después de la muerte de Seleuco IV, le hubiera correspondido tomar el trono a su hijo, Demetrio I Sóter. Pero este estaba retenido en Roma como prenda de garantía a causa de la deuda adquirida por su abuelo. Así que fue el hermano de Seleuco, Antíoco IV Epífanes, quien se sentó en la silla real. Los engaños a los que se refiere la profecía corresponden a todas las maniobras y manipulaciones de Antíoco IV ante Roma para ser intercambiado con su sobrino en calidad de garantía de la deuda.

Continúa el ángel:

> Destruirá por completo a las fuerzas que se le opongan, y además matará al jefe de la alianza. Engañará también a los que hayan hecho una alianza de amistad con él y, a pesar de disponer de poca gente, vencerá. Cuando nadie se lo espere, entrará en las tierras más ricas de la provincia y hará lo que no hizo ninguno de sus antepasados: repartirá entre sus soldados los bienes y riquezas obtenidas en la guerra. Planeará sus ataques contra las ciudades fortificadas, aunque solo por algún tiempo. Animado por su poder y su valor, atacará al rey del sur con el apoyo de un gran ejército. El rey del sur responderá con valor, y entrará en la guerra con un ejército grande y poderoso; pero será traicionado, y no podrá resistir los ataques del ejército enemigo. Los mismos que él invitaba a comer en su propia mesa, le prepararán la ruina, pues su ejército será derrotado y muchísimos de sus soldados morirán. Entonces los dos reyes, pensando solo en hacerse daño, se sentarán a comer en la misma mesa y se dirán

mentiras el uno al otro, pero ninguno de los dos logrará su propósito porque todavía no será el momento (Daniel 11,22-27)

Todas las guerras que habían luchado sus antepasados fueron nada en comparación con las que emprendió Antíoco IV, el «despiadado rey». Cuando se sentó en el trono, ofreció un pacto de amistad a su cuñado, el faraón egipcio, que duró muy poco ya que rápidamente atacó e invadió Egipto y conquistó casi todo el país (a excepción de su capital, Alejandría). Llegó a capturar al rey Ptolomeo VI Filométor, pero, para no alarmar a Roma, decidió regresarlo al trono, en respeto a los acuerdos que había hecho con su sobrino Ptolomeo VIII Evergetes («[...] entonces los dos reyes, pensando solo en hacerse daño, se sentarán a comer en la misma mesa y se dirán mentiras el uno al otro»). No obstante, Ptolomeo VI regresó a su imperio como una marioneta de su captor.

Prosigue el ángel:

El rey del norte regresará a su país con todas las riquezas capturadas en la guerra, y entonces se pondrá en contra de la santa alianza; llevará a cabo sus planes, y después volverá a su tierra (Daniel 11,28)

Los romanos, en cabeza del cónsul Cayo Popilio Lenas, obligaron a Antíoco a abandonar Egipto, regresando a su natal Siria cargado de tesoros de aquellas tierras y de las que tomó en su paso por Jerusalén.

Continúa el ángel:

Cuando llegue el momento señalado, lanzará de nuevo sus tropas contra el sur; pero en esta invasión no triunfará como la primera vez. Su ejército será atacado por tropas del oeste traídas en barcos, y dominado por el pánico emprenderá la retirada. Entonces el rey del norte descargará su odio sobre la santa alianza, valiéndose de los que renegaron de la alianza para servirle a él (Daniel 11,29-30)

Cuando Antíoco perdió a su marioneta (ya que los alejandrinos nombraron rey a Ptolomeo VIII Evergetes, hermano de Ptolomeo VI), decidió tratar de recuperar Egipto de nuevo y organizó un nuevo asalto en el año 168 a. C. Con este ataque logró conquistar brevemente a Chipre, pero los romanos intervinieron y lo hicieron retirarse de los territorios ocupados. Lleno de ira, en su camino de regreso, la emprendió contra los judíos en Tierra Santa. Su meta era destruir completamente las tradiciones judías, por lo que el 16 de diciembre del 167 a. C., el soberbio rey mandó a construir un altar a su dios Zeus en el mismo lugar donde se encontraba el altar de los holocaustos y ofreció un cerdo en sacrificio a su divinidad. El Primer Libro de los Macabeos narra lo que aconteció en aquellos días:

> El rey publicó entonces en todo su reino un decreto que ordenaba a todos formar un solo pueblo, abandonando cada uno sus costumbres propias. Todas las otras naciones obedecieron la orden del rey, y aun muchos israelitas aceptaron la religión del rey, ofrecieron sacrificios a los ídolos y profanaron el sábado. Por medio de mensajeros, el rey envió a Jerusalén y demás ciudades de Judea decretos que obligaban a seguir costumbres extrañas en el país y que prohibían ofrecer holocaustos, sacrificios y ofrendas en el santuario, que hacían profanar el sábado, las fiestas, el santuario y todo lo que era sagrado; que mandaban construir altares, templos y capillas para el culto idolátrico, así como sacrificar cerdos y otros animales impuros, dejar sin circuncidar a los niños y mancharse con toda clase de cosas impuras y profanas, olvidando la ley y cambiando todos los mandamientos. Aquel que no obedeciera las órdenes del rey sería condenado a muerte [...] El día quince del mes de Quisleu del año ciento cuarenta y cinco, el rey cometió un horrible sacrilegio, pues construyó un altar pagano encima del altar de los holocaustos. Igualmente, se construyeron altares en las demás ciudades de Judea. En las puertas de las casas y en las calles se ofrecía incienso. Destrozaron y quemaron los libros de la Ley que encontraron, y si a alguien se le encontraba un libro de la alianza de Dios, o alguno simpatizaba con la ley, se le condenaba a muerte, según el decreto del rey. Así, usando la fuerza, procedía esa gente mes tras mes contra los israelitas que encontraban en las diversas ciudades. (1 Macabeos 1,41-58)

Prosigue el ángel en su revelación de los acontecimientos futuros a Daniel:

> Sus soldados profanarán el templo y las fortificaciones, suspenderán el sacrificio diario y pondrán allí el horrible sacrilegio. El rey tratará de comprar con halagos a los que renieguen de la alianza, pero el pueblo que ama a su Dios se mantendrá firme y hará frente a la situación. Los sabios del pueblo instruirán a mucha gente, pero luego los matarán a ellos, y los quemarán, y les robarán todo lo que tengan, y los harán esclavos en tierras extranjeras. Esto durará algún tiempo (Daniel 11,31-33)

Acudiendo nuevamente al Primer Libro de los Macabeos, podemos ver el cabal cumplimiento de este episodio profético que dio origen a lo que se conoce como «la guerra de los macabeos». Un anciano sacerdote llamado Matatías, padre de cinco hijos, fue el primero en revelarse contra el nuevo edicto del rey. Más allá de llamar a la sublevación, su indignación lo llevó a asesinar al emisario del rey encargado de hacer cumplir la ley y a destruir el nuevo altar. Huyó junto a sus hijos a las montañas para organizar una guerrilla que lucharía contra el ejército de Antíoco. El anciano sacerdote murió unos meses después y su hijo Judas tomó el liderazgo de la resistencia. Finalmente, en diciembre del 164 a. C., la milicia macabea entró triunfante a Jerusalén (1 Macabeos 2-4).

Continúa el ángel:

> Cuando llegue el momento de las persecuciones, recibirán un poco de ayuda, aunque muchos se unirán a ellos solo por conveniencia propia. También serán perseguidos algunos de los que instruían al pueblo, para que, puestos a prueba, sean purificados y perfeccionados, hasta que llegue el momento final que ya ha sido señalado (Daniel 11,34-35)

Durante el periodo de resistencia, mucha gente se unió a la guerrilla, pero no por la convicción religiosa de preservar el judaísmo, sino por salvar sus vidas: «[...] solo por conveniencia propia». Esta prolongada guerra sirvió para depurar la nación. El profeta Zacarías también había profetizado este periodo:

> Morirán dos terceras partes de los que habitan en este país: solo quedará con vida la tercera parte. Y a esa parte que quede la haré pasar por el fuego; la purificaré como se purifica la plata, la afinaré como se afina el oro. Entonces ellos me invocarán, y yo les contestaré. Los llamaré «pueblo mío», y ellos responderán: «El Señor es nuestro Dios». Yo, el Señor, doy mi palabra (Zacarías 13,8-9)

Los versículos del 36 al 45 del Libro de Daniel siguen hablando de Antíoco IV Epífanes y de todo el mal que le causaría al pueblo judío. Algunos de los eventos de la profecía son difíciles de ubicar en la historia de este terrible personaje. Aunque la profecía no concuerda con el lugar de la muerte, que fue en Persia y no cerca de Jerusalén, sí coincide totalmente con la terrible muerte que sufrió. El Segundo Libro de los Macabeos la describe:

> En ese tiempo, el rey Antíoco se tuvo que retirar rápidamente de Persia. Había llegado a la ciudad de Persépolis, pensando en quedarse con lo que había en el templo y en la ciudad. Pero la gente de la ciudad tomó las armas y lo atacó. Antíoco y sus acompañantes sufrieron una humillante derrota, y tuvieron que escapar. Cuando estaba en la ciudad de Ecbatana, se enteró de lo que había sucedido a Nicanor y a los soldados de Timoteo. Fuera de sí por la rabia, decidió hacer pagar a los judíos la humillación que le habían causado los persas al ponerlo en fuga. Por este motivo ordenó al conductor del carro que avanzara sin descanso hasta terminar el viaje.

Pero el juicio de Dios lo seguía. En su arrogancia, Antíoco había dicho: «Cuando llegue a Jerusalén, convertiré la ciudad en cementerio de los judíos». Pero el Señor Dios de Israel, que todo lo ve, lo castigó con un mal incurable e invisible: apenas había dicho estas palabras, le vino un dolor de vientre que con nada se le pasaba, y un fuerte cólico le atacó los intestinos. Esto fue un justo castigo para quien, con tantas y tan refinadas torturas, había atormentado en el vientre a los demás. A pesar de todo, Antíoco no abandonó en absoluto su arrogancia; lleno de orgullo y respirando llamas de odio contra los judíos, ordenó acelerar el viaje. Pero cayó del carro, que corría estrepitosamente, y en su aparatosa caída se le dislocaron todos los miembros del cuerpo. Así, el que hasta hacía poco, en su arrogancia sobrehumana, se imaginaba poder dar órdenes a las olas del mar y, como Dios, pesar las más altas montañas, cayó derribado al suelo y tuvo que ser llevado en una camilla, haciendo ver claramente a todos el poder de Dios. Los ojos del impío hervían de gusanos, y aún con vida, en medio de horribles dolores, la carne se le caía a pedazos; el cuerpo empezó a pudrírsele, y era tal su mal olor, que el ejército no podía soportarlo. Tan inaguantable era la hediondez, que nadie podía transportar al que poco antes pensaba poder alcanzar los astros del cielo. Entonces, todo malherido, bajo el castigo divino que por momentos se hacía más doloroso, comenzó a moderar su enorme arrogancia y a entrar en razón. Y como ni él mismo podía soportar su propio mal olor, exclamó: «Es justo someterse a Dios y, siendo mortal, no pretender ser igual a él».

Entonces este criminal empezó a suplicar al Señor; pero Dios ya no tendría misericordia de él. Poco antes quería ir a toda prisa a la ciudad santa, para arrasarla y dejarla convertida en cementerio, y ahora prometía a Dios declararla libre; hacía poco juzgaba a los judíos indignos de sepultura, y buenos solo para servir de alimento a las aves de rapiña o para ser arrojados con sus hijos a las fieras, y ahora prometía darles los mismos derechos que a los ciudadanos de Atenas; antes había robado el santo templo, y ahora prometía adornarlo con las más bellas ofrendas, y devolver todos los utensilios sagrados y dar todavía muchos más, y atender con su propio dinero a los gastos de los sacrificios, y, finalmente, hacerse él mismo judío y recorrer todos los lugares habitados proclamando el poder de Dios.
[...]
Así pues, este asesino, que injuriaba a Dios, terminó su vida con una muerte horrible, lejos de su patria y entre montañas, en medio de atroces sufrimientos, como los que él había hecho sufrir a otros. Filipo, su amigo íntimo, transportó el cadáver; pero, como no se fiaba del hijo de Antíoco, se refugió en Egipto, junto al rey Tolomeo Filométor (2 Macabeos 9)

Todos los hechos históricos que he descrito en esta parte del capítulo pueden ser comprobados en cualquier fuente histórica. Así usted puede cerciorarse de que la profecía se cumplió de forma precisa y con un grado de detalle que es imposible de explicar sin acudir a la revelación divina. Profecías con este grado de exactitud y claridad abundan en el Antiguo Testamento, y con ellas se puede ratificar el título de «profeta» de los correspondientes autores. Las profecías sobre la venida del Mesías estaban revestidas de la misma autoridad otorgada a los profetas. ¿Coincidencia? ¿Suerte?

Conclusión

En los muchos años que llevo dictando conferencias sobre nuestra religión, con respecto a los temas bíblicos he encontrado el mayor número de mitos y leyendas. Una inmensa cantidad de creyentes desconoce el origen y la procedencia de la sagrada Biblia. Ignora que, de los libros de la Antigüedad, es el que tiene mejor soporte documental; supera en este ámbito, de lejos, a cualquier otra obra de su época. Con la información que he aportado en este capítulo, quien tenga una Biblia puede tener la confianza y tranquilidad de saber que esta obra tan especial contiene el mismo mensaje que escribieron sus autores desde un principio, sin adulteraciones ni manipulaciones. Los miles y miles de manuscritos de la Antigüedad que poseen los museos y las librerías de todo el mundo están disponibles al público para que usted pueda comparar todas las palabras con el respectivo papiro. Con esta comparación se puede demostrar la fidelidad del mensaje, a pesar del tiempo transcurrido.

Mostré igualmente la época de la que datan los manuscritos, según la mayoría de los técnicos en el asunto. Con estos datos podemos tener la certeza sobre el tiempo en que su autor vivió. Si el escritor profetizó un evento que habría de ocurrir en el futuro y este evento se cumplió, tenemos una prueba inequívoca de que es un verdadero profeta. La época en que fue escrita la profecía es muy importante, pues nos permite corroborar que ella es anterior a la época del hecho que habría de ocurrir. Todas las predicciones que he descrito en este capítulo hablan de sucesos que sucederían cientos de años después de haber sido anunciados, por lo que no es necesario conocer la fecha exacta en que se hizo la profecía; la época es suficiente. Se ha encontrado el libro del profeta Daniel en documentos que datan de su época, por lo que queda establecido que la predicción es anterior al evento.

Desde antes de que Moisés existiera, han existido personas que se han atrevido a hacer predicciones sobre sucesos futuros. Incluso en nuestros tiempos las sigue habiendo. Sin embargo, aventurarse a vaticinar lo que va a pasar no convierte a alguien automáticamente en un profeta. Como se puede apreciar con el desarrollo del capítulo, las profecías cumplen básicamente dos requisitos. El primero es que el vaticinio sea el resultado de una revelación, lo que prueba el grado de la relación del profeta con Dios. El segundo es que el vaticinio se haya cumplido. Toda la gente que conoció y que escuchó hablar en persona a los profetas bíblicos pudo corroborar lo primero, mas no lo segundo. En su momento, estos hombres dieron testimonio de ser escogidos por Dios mediante una serie de milagros[146], o derramando su propia sangre[147]. Mucho tiempo después, el pueblo elegido incorporó sus profecías a la lista de acontecimientos que esperaba pacientemente que sucediera. Cuando sucedían, se verificaba lo segundo.

Hoy somos testigos del cumplimiento de cientos de profecías. En retrospectiva, podemos ponerles fecha y hora a esos sucesos que fueron vaticinados incluso siglos antes que ocurrieran. La precisión de los detalles de las profecías que Daniel revela en el capítulo 11 es imposible de alcanzar mediante adivinanzas, o imaginando los hechos. Recordemos que sus profecías se refieren a los eventos más destacados de un periodo de 400 años de historia. Un periodo que comienza con el reinado de Ciro II el Grande (559 al 530 a. C.) en Persia y que va hasta Antíoco IV Epífanes (175 al 163 a. C.) en Siria. Matrimonios, conquistas, derrotas, sucesiones, herencias, desfalcos, destierros, héroes, villanos, triunfadores y vencidos, ¿es posible hacer una historia completa, con todos esos detalles, fruto de la invención humana, con cientos de años de anterioridad a la ocurrencia de los eventos? ¿No es esta una prueba irrefutable de la comunicación del dueño y Señor de la historia con nosotros? ¿Cabe pensar que Daniel no es un elegido de Dios? Se puede preguntar lo mismo sobre el resto de los profetas.

Como se presentó en el desarrollo de este capítulo, hubo profecías de todo tipo, de las que podríamos llamar «buenas» y «de las otras». Sin lugar a duda, las que profetizaban que Dios se haría hombre al nacer de una virgen, y que su vida entre nosotros revolucionaría el orden mundial fueron las más importantes por las repercusiones que tuvieron para toda la humanidad.

---

[146] Ver 1 Reyes 17,17-24; Éxodo 14,21-31; Números 20,7-11; Números 22,21-35; Josué 10,12-14; 1 Samuel 12,18; 2 Reyes 4,2-7; Daniel 6,16-23; Jonás 2,1-10, entre otros.

[147] El profeta Isaías fue asesinado por el rey Manasés. Los profetas Ezequiel y Jeremías fueron mártires según la tradición judía.

Dios le había hecho una promesa sumamente trascendental a Abram:

> Deja tu tierra, tus parientes y la casa de tu padre, para ir a la tierra que yo te voy a mostrar. Con tus descendientes voy a formar una gran nación; voy a bendecirte y hacerte famoso, y serás una bendición para otros. Bendeciré a los que te bendigan y maldeciré a los que te maldigan; por medio de ti bendeciré a todas las familias del mundo (Génesis 12,1-3)

Toda la descendencia de Abram, llamada «el pueblo elegido de Dios», tenía esa promesa grabada en su corazón y en su mente. Desde niños la aprendían y morían sin perder la esperanza de que pronto sería una realidad. ¡Ser el pueblo escogido por Dios! ¿Existiría una promesa mejor? ¿Qué cosa mala le podría ocurrir a una descendencia a la que Él había seleccionado, entre miles de otras, para bendecir a través de ella a todas las familias del mundo? En los acontecimientos posteriores a ese encuentro entre Abram y el Creador, se aclaró explícitamente que lo único que se pedía a cambio era fidelidad. A pesar de todos los milagros y demostraciones de poder del hacedor de la promesa, los judíos no pudieron cumplir su parte. Como resultado, vivieron de cautiverio en cautiverio; primero bajo el poder de los egipcios, luego, de los babilonios, griegos, medos, persas y romanos, entre otros. Tuvieron tiempos de gloria, en especial con el rey David, en los que pensaron que finalmente podían regocijarse y gozar del tan anhelado momento. Pero sus pasiones humanas los traicionaron y volvieron a darle la espalda al Señor. Así que, cuando los profetas empezaron a vaticinar que Dios enviaría a su hijo para restaurar el pueblo de Israel (Lucas 2,25), los corazones judíos se llenaron de esperanza. La llegada del Mesías se convirtió en su mayor anhelo. Finalmente vivirían en libertad y serían una nación más rica, poderosa e importante que cualquiera otra de aquel momento.

Los profetas no hablaron en forma criptica, ni vaga, ni genérica. Dieron detalles muy específicos que permitirían identificar sin equívoco a ese redentor, al Mesías. Hice una lista de cuarenta y una profecías, las más fáciles de identificar, pero el número total de profecías pasa de las trescientas. ¿Qué explicación podemos dar a su cumplimiento? ¿Cómo es posible que docenas de personas que vivieron en tiempos y lugares diferentes, que nunca se comunicaron, dieran esa enorme cantidad de detalles que identificaran al Mesías? Mostré que la probabilidad de que esas predicciones fueran cumplidas por una sola persona era de 1 en 10^{181}. Y... ¡ocurrió! Pensar que es una enorme coincidencia es exigirle a la suerte algo imposible de lograr. Este número debe ser una prueba contundente, sin lugar a duda; es una prueba de que los profetas hicieron esos anuncios porque Dios se los comunicó.

Las personas que en la actualidad ostentan el título de «videntes», porque supuestamente pueden ver el futuro, han hecho básicamente un análisis estadístico: recopilan la mayor cantidad de información posible sobre el tema y emiten la predicción. Estos «videntes» nos dicen quién va a ganar la copa del próximo mundial de fútbol, o quién será el ganador de las próximas elecciones presidenciales, o que ocurrirá un accidente aéreo en Europa, etc. Todas esas predicciones pueden explicarse satisfactoriamente mediante la teoría de las probabilidades, sumada a una buena cantidad de información. Si la persona no acierta, lo peor que le puede pasar es que pierda seguidores y eventualmente tenga que buscar otro oficio. Los profetas de la Antigüedad enfrentaban castigos mayores: el destierro, y hasta la muerte. Pretender una comunicación directa con el Creador era una falta gravísima. Uno de los regaños más severos que encontramos en el Antiguo Testamento es precisamente contra los falsos profetas:

Dios me dijo: «Hay profetas que anuncian a Israel mensajes que ellos mismos inventaron. Por eso, ve y diles de mi parte lo siguiente: "Pobres profetas, ¡qué tontos son ustedes! Yo no les he dado ningún mensaje. Ustedes inventan sus mensajes; son como los chacales cuando buscan alimento entre las ruinas. No han preparado a los israelitas para que puedan evitar el castigo que voy a darles. Todo lo que ustedes anuncian es mentira; es solo producto de su imaginación. Aseguran que hablan de mi parte, pero eso es mentira: yo nunca les he pedido que hablen por mí. ¿Y todavía esperan que se cumplan sus palabras? Yo soy el Dios de Israel, y les aseguro que me pondré en contra de ustedes, pues solo dicen mentiras y falsedades. Yo los castigaré por dar mensajes falsos. Borraré sus nombres de la lista de los israelitas, y no tendrán entre ellos arte ni parte. ¡Ni siquiera podrán volver a poner un pie en su tierra! Así reconocerán que yo soy el Dios de Israel. Todo esto les sucederá por haber engañado a mi pueblo; por haberle asegurado que todo estaba bien, cuando en realidad todo estaba mal. Sus mentiras son como una pared de piedras pegadas con yeso. ¡Y esa pared se vendrá abajo! Pues sepan, señores albañiles, que voy a lanzar una fuerte tempestad contra esa pared, y que la derribaré con lluvia, granizo y un viento muy fuerte. Entonces la gente dirá: ¡Y a quién se le ocurre confiar en mentiras! Yo soy el Dios de Israel, y estoy tan enojado que enviaré contra ustedes un viento huracanado, y abundante lluvia y granizo, y lo destruiré todo. Estoy tan enojado que derribaré esa pared de mentiras que ustedes construyeron. Entonces reconocerán que yo soy el Dios de Israel". Cuando esto suceda, ustedes quedarán aplastados bajo el peso de sus mentiras. Entonces yo les preguntaré: ¿Qué pasó con sus profecías? ¿Qué pasó con esos tontos profetas? ¿Dónde están esos profetas de Israel que le daban falsos mensajes a Jerusalén? ¿Dónde están los que le aseguraban que todo estaba bien, cuando en realidad todo estaba mal? Yo soy el Dios de Israel, y cumpliré mi palabra"» (Ezequiel 13,1-16)

El cumplimiento cabal de todas las profecías que daban diversos detalles de la vida del Mesías es un indicador incuestionable de que Dios ha mantenido con nosotros, sus hijos, una comunicación. Él nos ha hablado y quiso darnos con estas señales la tranquilidad de reconocer a sus escogidos como verdaderos: su mensaje es real. ¿Habría razón para pensar que una de estas personas hubiera dicho la verdad respecto a los eventos futuros de la llegada del Mesías, pero que mintiera en relación con todo lo demás? ¿No es esto una prueba contundente de que Dios se ha comunicado con nosotros a través de estas personas tan especiales? ¿Qué razón podría existir para asumir que nuestro Padre hubiera querido comunicarse solamente hasta la época en que vivieron los profetas y guardar silencio después? Como lo dije en la introducción de este capítulo, su Palabra, al igual que Él, son atemporales. Su Palabra tiene hoy la misma vigencia que la que tuvo cuando vivieron los profetas. Así que es correcto decir que nuestro Padre ha mantenido una comunicación con nosotros, sus hijos, no solo a través de la Creación y de nuestros sentimientos, sino que la ha mantenido, de manera más explícita, a través de la Biblia.

De los profetas escogidos por Dios, Moisés fue uno de los que disfrutó de una relación más estrecha con Él. En distintas ocasiones, tuvieron encuentros de varios días, como cuando Moisés escribió los diez mandamientos: «Y Moisés estuvo allí con el Señor cuarenta días y cuarenta noches» (Éxodo 34,28). Así que tuvieron la oportunidad de hablar de muchas cosas, entre otras, de la creación del universo. Moisés tuvo nuestra misma curiosidad: él también quiso saber cómo fue el comienzo, cuál fue el origen de todo. Quiero insistir en que, a pesar de que en la actualidad tenemos un desarrollo científico que ha logrado armar muchas partes del rompecabezas de la Creación (por lo que nos parece natural poseer ese conocimiento), hace cien años era una completa caja negra; y lo era mucho más hace tres mil setecientos años, cuando se escribió el Génesis. ¿Cómo explicar que este amigo de Dios haya podido describir todos y cada uno de los eventos de la Creación en total concordancia con lo que la ciencia ha determinado hoy? Descontando, por supuesto, que el lenguaje que empleó carece de tecnicismos (como resulta natural en un relato dirigido a cualquier persona en cualquier momento), que haya dicho que el universo tuvo un comienzo, que dijera que la vida emergió de la materia, que haya descrito la luz de la gran explosión y haber afirmado que la vida comenzó en el agua, etc. ¿no es prueba suficiente de su íntima relación con el Creador?

La información revelada en el Génesis es un marcador empírico de la comunicación del Creador con nosotros. Nuevamente, pretender que quien escribió la historia simplemente tuvo suerte al acertar en todos y cada uno de los grandes eventos que sucedieron, con un alto nivel de detalle, es exigir demasiado a la ley de las probabilidades.

Otras religiones, como las que presenté en la argumentación, escogieron caminos más poéticos porque sus autores quisieron dar una respuesta a ese gran cuestionamiento sobre el origen del universo desde el fondo de su imaginación. De tal forma que no brindaron detalles que tan siquiera se asemejaran a los de la narrativa científica moderna. Estos detalles sí los ofrece nuestra Biblia. Este hecho, que escapa a cualquier explicación racional, es una prueba más de que el verdadero autor del Génesis es el dueño de la Creación. Él era el único que poseía toda la información de los hechos que se narran. Claramente, tenemos el libro sagrado correcto. Digo esto para contestar las preguntas que se hacen muchos deístas: ¿Qué nos hace pensar que estamos con el dios verdadero? ¿Cómo estar tan seguros de que no estamos adorando al dios equivocado? ¿Por qué no puede ser el dios de los hinduistas el correcto? Si el de ellos fuera el verdadero, su narrativa de la Creación sería ajustada a la de la ciencia. Hoy sabemos que esas narraciones no concuerdan.

La Biblia nunca ha pretendido ser un libro que enseñe ciencia, geografía o astronomía. Pero tampoco se puede ignorar el hecho de que incluye información al respecto, información que sorprende y que era completamente desconocida en su época. Los autores de los libros de la Biblia hicieron referencia a una gran cantidad de hechos que desconocíamos hasta hace un par de siglos. ¿Pueden las referencias que enumeré en el desarrollo de este capítulo ser interpretadas como simple poesía? Admito que es ciertamente posible que los autores hayan hablado del infinito número de estrellas, o de la diferencia entre todas ellas, o de que la Tierra flota en el espacio, o de su redondez, o del ciclo del agua, o de la primera y la segunda ley de la termodinámica en forma poética porque estaban haciendo uso de algunas de las figuras retóricas mencionadas en la argumentación. Pero ¿por qué resultaron ser hechos ciertos, validados por la ciencia miles de años después? Y ¿por qué no se encuentra esta información, con la misma claridad, en los libros sagrados de otras religiones?

En toda la evidencia presentada en este capítulo subyace un factor común: por más imaginación que se emplee, la Biblia no pudo haber sido escrita usando solamente el intelecto humano. Docenas de autores que no se conocieron, que vivieron en lugares a miles de kilómetros los unos de los otros, en épocas tan distintas (desde el punto de vista cultural, social, político y religioso), que hablaban idiomas diferentes, de las más variadas procedencias y oficios (desde esclavos hasta reyes, pasando por asesinos y generales) escribieron setenta y tres libros consistentes, armoniosos y sin contradicciones. En el desarrollo de la pregunta de si Dios se comunica con nosotros, el lector debe sentir la enorme tranquilidad y confianza de saber que ciertamente Él transmitió su conocimiento y palabras a nosotros, sus hijos. Para ello, estableció un puente de comunicación seguro mientras esperamos nuestro encuentro con Él.

¿Se comunica Dios con nosotros? ¡No hay duda de ello!

¿PODEMOS CONFIAR EN ESA COMUNICACIÓN?

Al llegar al pueblo adonde se dirigían, Jesús hizo como que iba a seguir adelante. Pero ellos lo obligaron a quedarse, diciendo: —Quédate con nosotros, porque ya es tarde. Se está haciendo de noche. Jesús entró, pues, para quedarse con ellos. Cuando ya estaban sentados a la mesa, tomó en sus manos el pan, y habiendo dado gracias a Dios, lo partió y se lo dio. En ese momento se les abrieron los ojos y reconocieron a Jesús; pero él desapareció. Y se dijeron el uno al otro: —¿No es verdad que el corazón nos ardía en el pecho cuando nos venía hablando por el camino y nos explicaba las Escrituras? Sin esperar más, se pusieron en camino y volvieron a Jerusalén, donde encontraron reunidos a los once apóstoles y a sus compañeros, que les dijeron: —De veras ha resucitado el Señor, y se le ha aparecido a Simón. Entonces ellos dos les contaron lo que les había pasado en el camino, y cómo reconocieron a Jesús cuando partió el pan

LUCAS 24,28-35

A mediados de la década de 1970, Uri Geller, por entonces un célebre psíquico de origen israelí, visitó Colombia para hacer gala de sus poderes mentales en un programa de televisión. Recuerdo aún cuando toda mi familia se reunió alrededor del televisor para ver cómo doblaba una cuchara frotándola con sus dedos pulgar e índice. No podía haber engaño alguno, todo estaba ocurriendo en frente de nosotros. La cámara enfocó de cerca las manos de este poderoso mentalista y vi con mis propios ojos cómo el metal parecía fundirse. El momento cumbre llegó cuando aseguró que podía arreglar los relojes dañados de los televidentes usando solo el poder de su mente. Mi hermano corrió rápidamente a buscar uno y siguió paso a paso las instrucciones que el mentalista iba dando. Las manecillas no se movieron. El consenso fue que seguramente nos faltó acercarlo más al televisor, con lo que habríamos captado con mayor fuerza la energía reparadora que Uri Geller estaba enviando. Al día siguiente, muchos compañeros del colegio aseguraron que sus viejos relojes descompuestos habían vuelto a la vida.

Durante algunos años seguí pensando que ese tipo de poderes realmente existían. ¡Cómo no creerlo si los había presenciado en vivo y en directo! El encanto desapareció cuando, a finales de la década de 1970, el ilusionista y escapista James Randi[148], famoso por su programa de televisión, *Wonderama*, acusó a Uri Geller de ser un charlatán que usaba trucos que los magos conocían y los hacía pasar por poderes mentales. Randi lo retó varias veces a que demostrara sus habilidades en su presencia, pero Geller nunca aceptó. Randi insistió en su reto en el libro *La magia de Uri Geller,* en el que explicaba los trucos y técnicas usados por los magos para hacer la misma presentación y lograr el mismo resultado de cada una de las supuestas demostraciones de fuerza mental de Geller.

Con este antecedente, además de haber sostenido una discusión en radio con un parapsicólogo, en 1964 James Randi creó lo que conocemos como el *Reto del millón de dólares de lo paranormal*[149]. Se recompensaría con esa cantidad de dinero a cualquier persona que demostrara tener una habilidad supernatural o paranormal en las condiciones impuestas por Randi. Desde el nacimiento del reto, que comenzó ofreciendo diez mil dólares, hasta cuando concluyó en el 2015 ofreciendo un millón, aproximadamente mil personas lo intentaron, sin que ninguna de ellas lograra reclamar el premio. Ninguna pudo demostrar sus pretendidos poderes en las condiciones especificadas por la fundación que administraba el reto. En la actualidad, existen más de cien organizaciones[150] en todos los continentes que ofrecen premios de diferentes cantidades a quien demuestre este tipo de habilidades. Las recompensas continúan sin entregarse.

Desde tiempos muy remotos, la humanidad ha presenciado increíbles trucos de magia que se pueden hacer pasar por poderes; por ejemplo, los realizados por la corte de brujos del faraón de Egipto cuando Moisés y Aarón fueron a pedirle que liberara al pueblo judío (Éxodo 7-12). El Señor les había dicho que, si el faraón les pedía una señal, arrojaran el bastón al suelo y este se convertiría en serpiente. Así lo hicieron, y este se convirtió en el prometido reptil. Nos dicen las

---

[148] Randall James Hamilton Zwinge (Toronto, 7 de agosto de 1928), más conocido como James Randi, es un ilusionista, escritor y escéptico canadiense. Es una figura conocida en los medios de los Estados Unidos por exponer fraudes relacionados con la parapsicología, la homeopatía y otras pseudociencias. Randi se desempeñó como ilusionista durante casi cincuenta años, por lo que posee una gran habilidad para detectar los engaños de personas que alegan tener poderes sobrenaturales.

[149] Ver https://web.randi.org/

[150] Ver https://en.wikipedia.org/wiki/List_of_prizes_for_evidence_of_the_paranormal

escrituras que el faraón, por su parte, mandó llamar a sus sabios y magos. Estos, con sus artes mágicas, hicieron lo mismo: cada uno de ellos arrojó su bastón al suelo, y todos se convirtieron en serpientes, aunque la de Aarón se comió a las otras. ¿Los súbditos del monarca egipcio poseían poderes especiales? En realidad no: simplemente eran magos que sabían hacer buena magia.

Los hechiceros de Egipto han sido reconocidos como expertos en la actividad de encantar culebras. Particularmente, al presionar el cuello, pueden llevarlas a una clase de catalepsia que las hace rígidas e inmovibles. Pareciera que se transformaran en varas. Por medio de juegos de manos, ellos sacan al reptil disimulado entre sus vestidos como una vara rígida y recta. El famoso mago Walter B. Gibson[151], en su libro *Secretos de la magia,* explica paso a paso cómo realizar el truco.

Ante la negativa del faraón, Moisés y Aarón regresaron una segunda vez e hicieron el mismo pedido; volvieron a recibir un no como respuesta. Aarón extendió su vara sobre las aguas del río Nilo y todas las aguas de Egipto se convirtieron en sangre. Esta sería conocida como la primera de las diez plagas que azotaron a esta nación a causa de la dureza de corazón del faraón ante el pedido de liberar al pueblo de Israel. Los magos egipcios también hicieron teñir de rojo otras fuentes de agua. El faraón pensaba que, si sus hechiceros habían logrado reproducir la «magia» de los emisarios de Dios, eso quería decir que no había nada que temer de ese dios. Así que mantuvo su negativa. La siguiente plaga fue la de la invasión de ranas. Los brujos reales también fueron capaces de imitar la súbita aparición de los batracios. Hasta ese momento, el faraón no había visto nada que lo impresionara como para tomar en serio las solicitudes de liberar a sus esclavos israelitas. Pero los magos de la corte no fueron capaces de imitar las plagas que sucedieron después. Aun así, sus imitaciones de las primeras fueron suficientes para que el faraón dudara de que Moisés y Aarón fueran mensajeros de un dios poderoso. Era claro para él que, eventualmente, sus brujos llegarían a aprender esos trucos. Sin embargo, la última plaga fue definitiva. Ella hizo doblegar la terca voluntad del gobernante, quien finalmente accedió al pedido de los escogidos de Dios. La muerte de todos los primogénitos fue tan contundente que el faraón sabía que ante ella no había nada que hacer. Era el fin

---

[151]Walter Brown Gibson (12 de septiembre de 1897-6 de diciembre de 1985) fue un autor estadounidense y mago profesional, mejor conocido por su trabajo en el personaje de la revista *pulp, The shadow.* Gibson, bajo el seudónimo de Maxwell Grant, escribió más de trescientas historias de *The shadow.*

de todos los fines. No existía magia que pudiera regresar todo a la normalidad después de ese evento. El muerto, muerto queda, hasta que se hace cenizas.

Lawrence Alma-Tadema fue un pintor neoclasicista holandés de la época victoriana, formado en Bélgica y que residió en Inglaterra desde 1870. Se hizo famoso por sus detallados y suntuosos cuadros, inspirados en el mundo antiguo. Entre sus obras más célebres se encuentra uno titulado *La muerte del primer hijo del faraón*[152], que en la actualidad se exhibe en el museo *Rijksmuseum* en la ciudad de Ámsterdam, Holanda. Lawrence pintó al faraón de Egipto con el cuerpo de su hijo mayor, ya muerto, sobre su regazo. En la pintura, la madre se aferra al hijo con desesperación y angustia. Los sirvientes hacen duelo y los bailarines están realizando la danza de la muerte. La iluminación tenebrosa de las velas acentúa el dramatismo de la escena. El faraón es la figura central, como corresponde a su rango. Aunque su porte es imponente, y se presenta con todos los atributos de su poder, la presencia del cadáver de su hijo nos muestra, en realidad, toda su fragilidad. Se trata de un cuerpo cianótico, especialmente en labios y uñas, que porta una cadena de oro con el escarabajo sagrado como amuleto protector (muy poco efectivo, a juzgar por los resultados). Al fondo, a la izquierda, en medio de la penumbra, están los líderes israelitas, Moisés y Aarón, cuya siniestra presencia le recuerda al faraón que se han cumplido sus vaticinios. Ellos saben que, de la boca del gobernante, están a punto de brotar las palabras: «¡Hebreos, se pueden largar de Egipto!». Pero, a la derecha del faraón llama la atención la figura de un abatido médico. Se encuentra sentado en el suelo, con un arsenal de ungüentos terapéuticos a sus pies (tan poco efectivos como el escarabajo), y muestra su impotencia y desolación ante lo que no comprende.

La muerte es lo único a lo que realmente le ha temido el hombre, ya que se lleva al hueco toda esperanza de un mañana. Ni los magos que retrató Lawrence en esta pintura ni la ciencia más avanzada han logrado evitarla, y mucho menos revertirla. Pero ¿es cierto que ante la muerte no hay nada que hacer? El muerto, ¿muerto queda? ¿Puede el dueño de la vida hacer alguna excepción a esta ley?

---

[152] Ver https://www.rijksmuseum.nl/en/search?q=SK-A-2664

ARGUMENTO: ¡JESUCRISTO EN VERDAD RESUCITÓ!

Papá, mamá y sus dos hijos, uno de diez años y el otro de siete, estaban muy emocionados porque se acababan de mudar a su nueva casa. Una vez terminaron de desempacar y de poner en su lugar la mayoría de sus pertenencias, decidieron cambiar los colores del interior de la casa. Ya habían estado pensando en el asunto, así que compraron las pinturas y se pusieron manos a la obra. Comenzaron por la sala y se propusieron terminarla ese mismo día, sin importar la hora. Después de estar completamente distraídos por la labor, el padre miró su reloj y se dio cuenta de que era casi medianoche y los dos pequeños no se habían ido a la cama. Casualmente, el menor entró en ese momento y su papá le preguntó por su hermano. El menor le contestó que estaba viendo televisión. El padre le mandó a decir que apagara inmediatamente el televisor y que ambos se fueran a dormir. Obediente, el hijo menor fue a donde el mayor y le dijo: «Manda a decir mi papá que apagues inmediatamente el televisor y te vayas a acostar». En ese momento, el mayor entró en una disyuntiva. Pensó que era posible que su hermano hubiera inventado la historia para prender de nuevo el televisor y ver su programa favorito una vez que él lo apagara y se fuera al cuarto. De otro lado, pensó que, si era cierto que su hermano estaba transmitiendo la orden de su padre, y él no la obedecía, se ganaría un problema. ¿Cómo podía saber que el mensaje era verdadero? ¿Cómo saber que podía confiar en el mensajero?

El sentido común siempre nos ha indicado que el dilema entre obedecer una orden o no se resuelve fácilmente por la autoridad de quien la emite. Sin embargo, desde nuestro origen, encontramos casos de desobediencia, incluso cuando la orden proviene de alguien con suficiente autoridad. Dios les dijo en el Paraíso a nuestros primeros padres, Adán y Eva, que no podían comer del árbol del bien y del mal, porque, si lo hacían, morirían. Por su parte, la serpiente le dijo a Eva que sí podían hacerlo. ¿A quién debían creerle? ¿A Dios o la serpiente? Pareciera que, en principio, no había mucho qué pensar acerca de la cuestión, que la opción correcta estaba dada. Pero ya sabemos qué hicieron nuestros primeros padres y las consecuencias que tuvo esa mala decisión.

Cuando Jesús fue arrestado en el monte Getsemaní y llevado al sanedrín para ser supuestamente juzgado, de acuerdo con las normas judías, por el delito de blasfemia (ya que había afirmado ser el Hijo de Dios), sus acusadores lo declararon culpable y lo remitieron al gobernador romano Poncio Pilato para que este procediera con la sentencia de muerte. Pilato primero le hizo a Jesús un breve interrogatorio en el pretorio (Juan 18,32-38): «¿Eres tú el rey de los judíos?», a lo cual Jesús le contestó con otra pregunta: «¿Eso lo preguntas tú por tu cuenta, o porque otros te lo han dicho de mí?». Pilato le respondió: «¿Acaso yo soy judío? Los de tu nación y los jefes de los sacerdotes son los que te han entregado a mí. ¿Qué has hecho?». Jesús le contestó: «Mi reino no es de este mundo. Si lo fuera, mis propios guardias pelearían para impedir que los judíos me arrestaran. Pero mi reino no es de este mundo» (Juan 18,36).

El tema de la blasfemia tenía sin cuidado al gobernador, ya que el paganismo tenía infinidad de dioses. Para los romanos, dicha acusación tenía un peso y una connotación muy diferente a la de los judíos; era irrelevante, hasta divertido. Pero que Jesús hubiera hablado de un «reino» … eso ya era otra cosa. Era pasar al campo político, que sí competía a la jurisdicción de Pilato. Por eso quiso asegurarse de que había entendido correctamente y le preguntó: «¿Así que tú eres rey?». Jesús no solo le contestó afirmativamente, sino que le reveló el propósito de su existencia: «Yo nací y vine al mundo para decir lo que es la verdad» (Juan 18,37).

En esta historia tenemos a un hombre que dice ser el Hijo de Dios, que solo habla con la verdad. Una persona con la que todas las profecías que hablaban de la venida del Mesías se cumplieron. ¿Cómo podemos comprobar su autoridad? ¿Cómo podemos estar seguros de que Él sí era el mensajero de Dios?

Como le dijo Dios a Moisés, o se es un verdadero profeta o no se es (Deuteronomio 18:15-22). No hay profetas a medias. Si todas las profecías que señalaban al Mesías se cumplieron en Jesús —lo cual demostró que fueron dichas por verdaderos profetas—, ¿qué evidencia podemos aportar para descalificarlo como el Hijo de Dios? Ciertamente, sus milagros no fueron suficientes para demostrar su verdadera identidad. Cuando los fariseos y los saduceos le pidieron una señal, Él no mencionó que había devuelto a Lázaro a la vida, ni les recordó que había alimentado a miles con solo cinco panes y dos peces, no dijo nada de todos los ciegos a quienes les había restaurado la vista, ni de los paralíticos que ahora caminaban. No dijo una sola palabra de sus milagros. Dijo que la única señal que les daría sería la de «su resurrección». Él se distinguiría por algo que ningún profeta había hecho jamás: volver de la tumba. El Antiguo Testamento registra prodigiosos milagros hechos por Dios a través de sus profetas, pero la resurrección era algo inédito.

De manera que la única prueba que Jesús ofreció de que Él era quien decía ser no fueron sus milagros, sino su resurrección. De ahí que esta sea el pilar del cristianismo. La resurrección del Mesías y el cristianismo se mantienen en pie juntos, o se caen al tiempo. Si apareciera una prueba irrefutable que demostrara que la resurrección del Señor fue el montaje mejor planeado de la historia de la humanidad, nuestra religión se acabaría. En más de dos mil años, dicha prueba no ha aparecido; todo lo contrario, se han recopilado más y más evidencias que soportan la resurrección de Jesús.

El significado de su resurrección es un tema de la teología. Pero la desaparición de su cadáver es un tema que le compete a la historia. Para que un evento sea llamado histórico, debe cumplir dos condiciones: conocerse el «dónde» y el «cuándo». Es decir, el evento tiene que haber ocurrido en un espacio y en un tiempo.

La resurrección de Jesús fue un hecho histórico. Él fue sepultado en una tumba que estaba cavada en la roca de una colina cercana a la ciudad de Jerusalén. Esto sucedió en la época en que el prefecto de la provincia romana de Judea era Poncio Pilato, quien gobernó entre los años 26 y 36 de nuestra era. Hay un «dónde» y un «cuándo». José de Arimatea fue un ser real, miembro del sanedrín, adinerado y de gran influencia en el gobierno local. Nicodemo, quien ayudó a sepultar a Jesús, aportó cien libras de mirra y aloe para el embalsamamiento. Él también fue miembro adinerado del sanedrín, y es mencionado en varios libros apócrifos de la Antigüedad. Su tumba fue encontrada junto a la del mártir Esteban, en el año 415 d. C. José ben Caifás era el sumo sacerdote del sanedrín y fue el juez que condenó a muerte a Jesús. También fue un personaje real. Los restos de su casa pueden ser visitados en Jerusalén y su osario se encuentra expuesto actualmente en el museo de Israel, en esa misma ciudad. Existen monedas de bronce que fueron acuñadas en Galilea entre el año 26 y 36 d. C. para conmemorar el periodo de gobierno de Poncio Pilato. Todos los personajes que participaron directa o indirectamente en la pasión y muerte de Jesús fueron reales y tuvieron un lugar en la historia. Sabemos de ellos no solamente por las narraciones bíblicas, sino por muchas otras fuentes seculares. Además, hay una gran cantidad de hallazgos arqueológicos que involucran a estos personajes.

Sabemos dónde están los huesos de Abraham, Mahoma, Buda, Confucio, Lao-Tzu y Zoroastro. Pero ¿dónde están los de Jesús? La naturaleza del cuerpo de Jesús resucitado puede ser todo un misterio, pero el hecho de la desaparición del cuerpo es un asunto que debe ser decidido por evidencia histórica, como la que presentaré más adelante.

Toda la evidencia que encontramos en el Nuevo Testamento y en la literatura de la iglesia primitiva muestra que la prédica de la buena noticia del Evangelio no era «siga las enseñanzas del Maestro y pórtese bien», sino «Jesucristo resucitó de entre los muertos». No se puede quitar la resurrección de la doctrina cristiana sin alterar radicalmente su carácter y destruir su verdadera esencia.

Mencioné en el capítulo anterior que Dios le dijo al pueblo de Israel que el verdadero profeta era fácil de distinguir (Deuteronomio 18,21-22): si sus profecías se cumplían, era un verdadero profeta y, si no, era uno falso. Jesús, al igual que otros profetas del Antiguo Testamento, profetizó su traición, pasión, muerte y resurrección, la persecución de los cristianos, la destrucción de Jerusalén y muchas otras cosas más:

> A partir de entonces, Jesús comenzó a explicar a sus discípulos que él tendría que ir a Jerusalén, y que los ancianos, los jefes de los sacerdotes y los maestros de la ley lo harían sufrir mucho. Les dijo que lo iban a matar, pero que al tercer día resucitaría. (Mateo 16,21)

> Jesús, yendo ya de camino a Jerusalén, llamó aparte a sus doce discípulos y les dijo: «Como ustedes ven, ahora vamos a Jerusalén, donde el Hijo del Hombre va a ser entregado a los jefes de los sacerdotes y a los maestros de la ley, que lo condenarán a muerte y lo entregarán a los extranjeros para que se burlen de él, lo golpeen y lo crucifiquen; pero al tercer día resucitará». (Mateo 20,17-19)

> Después de decir esto, Jesús se estremeció y manifestó claramente: «Os aseguro que uno de ustedes me entregará» [...] Jesús le respondió: «Es aquel al que daré el bocado que voy a mojar en el plato». Y mojando un bocado, se lo dio a Judas, hijo de Simón Iscariote. (Juan 13,21-26)

> Jesús le dijo: «Te aseguro que esta misma noche, antes que cante el gallo, me negarás tres veces». (Mateo 26,34)

> Cuídense ustedes mismos; porque los entregarán a las autoridades y los golpearán en las sinagogas. Los harán comparecer ante gobernadores y reyes por causa mía; así podrán dar testimonio de mí delante de ellos. Pues antes del fin, el Evangelio tiene que anunciarse a todas las naciones. (Marcos 13,9-10)

> Al salir Jesús del templo, uno de sus discípulos le dijo: «¡Maestro, mira qué piedras y qué edificios!». Jesús le contestó: «¿Ves estos grandes

edificios? Pues no va a quedar de ellos ni una piedra sobre otra. Todo será destruido». (Marcos 13,1-2)

Jesús, como gran versado en las Escrituras, conocía las palabras que Dios dijo a través de Ezequiel con respecto a los «*falsos*» profetas:

Por eso yo, el Señor, digo: «Como ustedes dicen cosas falsas y sus visiones son mentira, yo estoy contra ustedes. Yo, el Señor, lo afirmo. Voy a levantar la mano para castigar a los profetas que tienen visiones falsas y cuyas profecías son mentira». (Ezequiel 13,1-16)

Todas las profecías que hizo Jesús se cumplieron, incluyendo la destrucción del templo de Jerusalén. Esta era una profecía que nadie hubiera creído posible ya que se trataba de una construcción extremadamente grande: quinientos metros de largo por trescientos de ancho, edificada con enormes bloques de piedra que pesaban toneladas. Era toda una fortaleza. Sin embargo, en el año 66 d. C., la población judía se rebeló en contra del Imperio romano. Cuatro años después, las legiones del emperador Vespasiano, siguiendo las órdenes de su hijo Tito, destruyeron la mayor parte de Jerusalén después de un asedio de más de cinco meses. El Gran Templo fue destruido. El arco de Tito, que fue levantado en Roma para conmemorar la victoria en Judea, representa a los soldados romanos llevándose la Menorah del templo.

Con su resurrección, Jesús demostró que Él no estaba loco, y que tampoco mentía cuando afirmaba ser el Hijo de Dios. Ciertamente, era el mensajero del Padre que venía a dar un nuevo orden y significado a lo que los profetas habían escrito. Todas las Escrituras quedaban convalidadas, ya que Él las recordaba, las explicaba y las cumplía. Un hombre que solo venía a decir la «verdad» no citaría las Escrituras a menos que ellas también fueran verdad. Incluso parecía obsesionado con ellas, ya que las mencionaba constantemente y no perdía oportunidad de demostrar la sabiduría que ellas contenían y cómo se aplicaban. Cuando el Señor se refugió por cuarenta días en el desierto y tuvo su encuentro con el diablo, este le hizo varias peticiones. El Señor le respondió con tres citas de la Biblia.

A la de que convirtiera las piedras en pan, el Señor respondió: «La Escritura dice: "No solo de pan vivirá el hombre, sino también de toda palabra que salga de los labios de Dios"[153]» (Mateo 4,4). Cuando le propuso que se tirara del templo, su respuesta fue: «También dice la Escritura: "No pongas a prueba al Señor tu Dios"[154]» (Mateo 4,7). A la oferta de riquezas, Jesús replicó: «La Escritura dice: "Adora al Señor tu Dios, y sírvele solo a él"[155]» (Mateo 4,10). Para Jesús, las preguntas o dudas tenían su respuesta en las Escrituras. Cuando le preguntaron si se podía trabajar en sábado, Él les dijo: «A ustedes les pregunto: "¿Qué permite hacer la Ley en día sábado: hacer el bien o hacer daño, salvar una vida o destruirla?"» (Lucas 6,9). A la pregunta: «¿Qué debo hacer para conseguir la vida eterna?», Jesús contestó: «¿Qué está escrito en la Escritura? ¿Qué lees en ella?» (Lucas 10,26-28). Sobre el mandamiento más importante de la Ley, Jesús citó el libro del Deuteronomio: «Amarás al Señor tu Dios» (Mateo 22,36-37).

Jesús muestra su autoridad al presentar las Escrituras como guía. Incluso, en varias ocasiones, el Señor reprende a los que no las leen. Cuando echa a los vendedores del templo, aclara: «En la Escritura se dice: "Mi casa es casa de oración"[156]» (Mateo 21,13). Al final de la parábola de los viñadores, Jesús les dice a las autoridades judías: «¿Nunca han leído ustedes las Escrituras? Dicen: "La piedra que los constructores despreciaron se ha convertido en la piedra principal"[157]» (Mateo 21,42). Muchas otras veces, Jesús hace referencia a las Escrituras; por ejemplo: «Ustedes estudian las Escrituras con mucho cuidado, porque esperan encontrar en ellas la vida eterna; sin embargo, aunque las Escrituras dan testimonio de mí, ustedes no quieren venir a mí para tener esa vida» (Juan 5,39-40). Los judíos lo admiraban por conocer las escrituras: «¿Cómo puede conocer las Escrituras sin haber tenido maestro?» (Juan 7,15). Cuando invita a la gente a creer en Él, dice: «Si alguien tiene sed, venga a mí, y el que cree en mí, que beba. Como dice la Escritura, del interior de aquel, correrán ríos de agua viva» (Juan 7,37-38).

¿Cómo habría usado Jesús las Escrituras para corregir al equivocado, reprender al que obraba mal, guiar al perdido, educar al ignorante y defenderse de las tentaciones, si ellas no fueran realmente la Palabra de Dios? El Señor no le

---

[153] Deuteronomio 8,3.

[154] Deuteronomio 6,16-18.

[155] Deuteronomio 6,13.

[156] Isaías 56,7.

[157] Salmos 118,22

restó autoridad a las Escrituras en ningún momento. Todo lo contrario: Él vino a cumplir todo lo que había sido escrito hasta ese entonces:

> No piensen que he venido para poner fin a la Ley o a los Profetas; no he venido para poner fin, sino para cumplir. Porque en verdad les digo que hasta que pasen el cielo y la tierra, no se perderá ni la letra más pequeña ni una tilde de la Ley hasta que toda se cumpla. (Mateo 5,17-18)

Si se demuestra que Jesús murió y resucitó, que no permaneció en la tumba, sino que volvió a la vida, entonces se demuestra que Él es verdaderamente el Hijo de Dios; que es a quien el Padre envió para comunicarnos su voz; que todo lo que Él dijo es «verdad»; que podemos confiar en sus palabras, que imprimen el sello de «verdaderas» a las Escrituras, y que, por lo tanto, la Biblia es la Palabra de Dios. Podemos confiar plenamente en esa forma que Él escogió para comunicarse con nosotros.

Primera tesis: la muerte en la época de Jesús

La forma de enfrentar la muerte de un ser querido en Occidente contrasta sorprendentemente con la actitud y el comportamiento de los orientales. Es necesario contar cómo eran las costumbres al respecto en la región y en la época de Jesús para tener un contexto adecuado que nos permita hablar del entierro del Maestro más adelante.

Cuando una persona moría, se expresaba un profundo lamento que incluso ha sido descrito como «un chillido agudo que penetra las orejas». Este gemido de muerte estaba conectado al dolor causado por el fallecimiento de todos los primogénitos de Egipto, en épocas de Moisés: «El faraón, sus funcionarios, y todos los egipcios, se levantaron esa noche, y hubo grandes gritos de dolor en todo Egipto. No había una sola casa donde no hubiera algún muerto» (Éxodo 12,30). Los parientes y amigos del difunto continuaban con el gemido desde que se oía el primer lamento de muerte hasta que se realizaba el entierro. Estas lamentaciones, precisamente, fueron escuchadas en la casa de Jairo, cuando Jesús entró a resucitar a su hija: «Al llegar a la casa del jefe de la sinagoga y ver el alboroto y la gente que lloraba y gritaba [...]» (Marcos 5,38).

Algunos profetas mencionan a las lloronas de profesión o plañideras —generalmente eran mujeres—, quienes recibían un pago por lamentarse y llorar. Jeremías lo señala:

> ¡Atención! Manden llamar a las mujeres que tienen por oficio hacer lamentación. ¡Sí, que vengan pronto y que hagan lamentación por nosotros; que se nos llenen de lágrimas los ojos y nuestros párpados se inunden de llanto! (Jeremías 9,17-18)

En esos tiempos también era común el uso del cilicio (tela rústica y de un color oscuro, hecha de pelo de camello o de cabra). Con este material se confeccionaban sacos o costales, así como los vestidos rústicos que la gente llevaba como única vestimenta o como un abrigo sobre su vestido para indicar que estaban atravesando por un profundo dolor. De allí viene la ropa negra de duelo que utilizamos en nuestro tiempo. El rey David usó esa vestimenta cuando murió su hijo Abner:

> Entonces dijo David a Joab, y a todo el pueblo que con él estaba: Rasgad vuestros vestidos, y ceñíos de cilicio, y haced duelo delante de Abner. Y el rey David iba detrás del féretro. (2 Samuel 3,31)

También era costumbre, como acabamos de ver, rasgarse las vestiduras para expresar el máximo dolor. De ahí que Caifás rasgara las suyas[158] cuando Jesús le confirmó que Él era el Cristo:

> Entonces el sumo sacerdote rasgó sus vestiduras, diciendo: ¡Ha blasfemado! ¿Qué más necesidad tenemos de testigos? He aquí, ahora mismo habéis oído su blasfemia. (Mateo 26,65)

Los judíos enterraban rápidamente a sus muertos, por lo general el mismo día del fallecimiento. Dos eran las razones para actuar con tanta prisa. La primera es que los cadáveres sufren una rápida descomposición en el clima cálido de Oriente Medio. La segunda es que dejar un cadáver sin sepultar durante varios días era, según el pensamiento de la época, una deshonra para el difunto y su familia. Los Evangelios y el libro de los Hechos relatan al menos tres entierros que tuvieron lugar el mismo día del deceso: el de Jesús (Mateo 27,57-60); el de Ananías (Hechos 5,5-10), y el del diácono Esteban, quien murió apedreado (Hechos 7,60; 8,2). Siglos antes de estos sucesos, la amada esposa de Jacob, Raquel, había fallecido mientras estaba de viaje con su esposo y su familia. En lugar de devolverse para enterrarla en la tumba familiar, Jacob le dio inmediata sepultura: «Así fue como Raquel murió, y la enterraron en el camino de Efrata, que ahora es Belén» (Génesis 35,19). Adicionalmente a todo esto, la Ley exigía que, si el muerto había sido condenado a morir colgado de un árbol por haber cometido delito grave, el cuerpo no podía dejarse exhibido toda la noche, sino que debía ser enterrado el mismo día (Deuteronomio 21,22-23), tal y como pasó con Jesús.

La población de aquellas regiones tenía la idea de que el espíritu de la persona fallecida permanecía cerca de su cuerpo por tres días después de la muerte para poder escuchar los lamentos. Por eso, Marta, la hermana de Lázaro, pensó que ya no había esperanza alguna para su hermano, quien había cruzado esa barrera

---

[158] La ley prohibía al sumo sacerdote rasgar su vestidura por asuntos personales (Levítico 10,6; 21,10). Pero, cuando actuaba como juez, la costumbre le exigía expresar su horror ante cualquier blasfemia pronunciada en su presencia.

de tiempo. Marta le menciona esto al Maestro: «Marta, la hermana del muerto, le dijo: "Señor, ya huele mal, porque hace cuatro días que murió"» (Juan 11,39).

Actualmente, Siria mantiene la costumbre de envolver al muerto. Por lo general, se le cubre la cara con un pañuelo y luego se envuelven la cabeza, las manos y los pies con un lienzo de lino (si el difunto era alguien importante, seguramente el lino había servido para envolver algún rollo de la ley). De esta forma es llevado a la fosa para ser enterrado. De este modo es que sale Lázaro de la tumba cuando Jesús lo llama: «Y el que había estado muerto salió, con las manos y los pies atados con vendas y la cara envuelta en un lienzo» (Juan 11,44).

El uso de especias era opcional, ya que eran muy costosas y solo los pudientes las podían pagar. Su propósito era disimular el olor de la descomposición. Inicialmente, se empleaban la mirra y aloes, y después se usaban hisopos, aceite y agua de rosas. Era opcional la envoltura completa en lino, como la que se usó en Jesús. Las tumbas contaban con un banco (parte de la roca) en el que descansaba el difunto hasta su desintegración. Cuando esta se completaba, los restos mortales eran colocados en un recipiente parecido a un pequeño ataúd, hecho de arcilla o de piedra, denominado osario. Este no ocupaba mucho espacio y podía ser enterrado bajo tierra o colocado junto a otros osarios de miembros de la familia en una tumba familiar. Así, la tumba podía ser utilizada una y otra vez por las siguientes generaciones. Por eso, los sepulcros en las rocas tenían un acceso que podía ser abierto en todo momento. Esa era la función de la gran piedra que clausuraba el sepulcro, propiedad de José de Arimatea. Igualmente, era costumbre blanquear la parte exterior de las sepulturas durante la primavera. De esta forma, la piedra era bien notoria y se evitaba que alguien se contaminara al tocarla inadvertidamente. De allí viene la expresión «sepulcros blanqueados», que es utilizada por Jesús cuando se refiere a los fariseos hipócritas que cubrían sus vicios con un bello exterior.

Si Jesús hubiese sido enterrado como cualquiera de los forasteros o peregrinos que morían en Jerusalén, habría estado en una tumba sencilla en la tierra, que no se volvería a abrir. Su resurrección no habría sido tan físicamente clara ni fácil de comprobar. La piedra movida y la sábana, que aún estaba allí, dieron testimonio de su resurrección. Profundizaré en esto más adelante. Para sepultar a Débora, la servidora de Rebeca, se usó una de esas tumbas sencillas. «También allí murió Débora, la mujer que había cuidado a Rebeca, y la enterraron debajo de una encina, cerca de Betel» (Génesis 35,8). Muchas veces, se empleaban cuevas naturales para este propósito, como la cueva de Macpelá, en la que Abraham, Isaac, Rebeca, Lía y Jacob fueron sepultados (Génesis 49,31). Solo los profetas y los reyes eran enterrados dentro de los límites de la ciudad. Eso sucedió con Samuel, que fue sepultado en su casa en Ramá (1 Samuel 25,1), y David (1 Reyes 2,10). Para la gente pobre, existía un cementerio en las afueras de la ciudad de Jerusalén (2 Reyes 23,6).

El entierro de Jesús fue como el de una persona adinerada. La sabana de lino, las cien libras romanas (treinta y tres kilos actuales) de mirra y aloe (Juan 19,38-42) y la tumba cavada en la roca así lo sugieren. José de Arimatea aportó el sepulcro y, seguramente, Nicodemo aportó el resto. Todos estos elementos no eran algo que la gente del común tuviera guardado en su casa. Eran cosas muy costosas y, como estaba comenzando el sábado, no había forma de comprarlas.

Es claro que quienes participaron de los rituales que se realizaban a un recién fallecido antes de colocarlo en su lugar de reposo final, los siguieron al pie de la letra en el caso de Jesús. La posibilidad de que la resurrección fuera cierta, tal y como había sido profetizada por el salmista y por el propio Maestro, no estuvo en la mente de ninguno. Ellos ungieron, de acuerdo con todos los ritos, el cuerpo de un hombre que habría de descomponerse dentro de la tumba en la que descansaría por años. Esto hace más creíbles todas las narraciones que nos cuentan lo que experimentaron las mujeres y los discípulos aquel primer día de la semana, cuando vieron la tumba vacía. ¿Por qué molestarse en hacer todo ese trabajo solo por tres días? ¿Por qué desperdiciar los valiosos aceites y linos, si finalmente Él estaría nuevamente con ellos el primer día de la semana? Solo su madre lo creía y, aunque no hay registro bíblico de alguna conversación entre ella y quienes se ocuparon del entierro, ella les tuvo que haber repetido las palabras que el Maestro pronunció en varias ocasiones sobre todo lo que habría de suceder en aquel fin de semana. Pero, al igual que a su hijo, a ella tampoco le creyeron. Esto explicaría por qué ella no participó de ninguno de los rituales de costumbre ni acompañó a las mujeres la madrugada en que encontraron la tumba vacía.

SEGUNDA TESIS: MÚLTIPLES TESTIGOS

William Jordan, sargento retirado del departamento de Policía de la ciudad de Los Ángeles, California, fue uno de los agentes asignados a la investigación del asesinato de Robert Francis Kennedy, mejor conocido como Bobby Kennedy. El homicidio se dio en la madrugada del 5 de junio de 1968, cuando terminó de dar su discurso de victoria después de haber ganado las elecciones primarias de su partido en el estado de California. En una entrevista en el canal de televisión *History Channel,* el sargento Jordan dijo que una de las cosas que complicó mucho esta investigación fue la gran cantidad de testigos. Había cientos de ellos en este caso y cada uno daba una versión distinta de lo ocurrido. Todos oyeron los disparos que acabaron con la vida de quien era senador del estado de Nueva York. Incluso muchos vieron al asesino. Cada uno aportó una gran cantidad de pormenores que resultaban irrelevantes. Sin embargo, por la jerarquía del personaje en cuestión, había que darle importancia a todos los testimonios y escucharlos.

Que haya diferentes versiones de un mismo hecho no quiere decir que los testigos estén mintiendo. Todo lo contrario, eso es lo que se espera. Un juez sospecharía si todos los testigos declararan exactamente lo mismo, incluso los detalles, ya que cada ser humano registra de modo diferente un evento (especialmente, si es de alto impacto emocional). Así que, si todos los testigos dijeran lo mismo, eso sería una clara indicación de que se pusieron de acuerdo. En ese caso, los testigos básicamente estarían mintiendo y engañando al juez.

La resurrección de Jesús es narrada por los cuatro evangelistas. Cada uno de ellos da ciertos detalles que no ofrecen los otros, la cual nos permite enriquecer la imagen de tan magno evento. No se espera que los cuatro Evangelios sean idénticos en su narración, por las razones dadas anteriormente. Sin embargo, la descripción de los hechos más importantes coincide en todos ellos. Esto nos da la confianza de que sus testimonios son legítimos.

Las narraciones de los evangelistas acerca de la resurrección comienzan cuando se hace rodar la piedra que cubría el sepulcro. Varias mujeres llegan temprano a la tumba el primer día de la semana para continuar con los rituales de la unción, pero la encuentran vacía. Cuando los ángeles que están en la tumba les dicen que Jesús ha resucitado de entre los muertos, las mujeres sienten temor y alegría al mismo tiempo. La cronología de los eventos que suceden después es algo confusa. Al parecer, María Magdalena corre más deprisa que las otras buscando a Pedro y a Juan. Cuando los encuentra, les informa de la desaparición del cuerpo del Maestro. Ellos salen corriendo, junto con María Magdalena, para confirmar con sus propios ojos la noticia que acaban de recibir. Los dos apóstoles le sacan bastante ventaja a María y comprueban, atónitos, que efectivamente la tumba estaba vacía. Después de ello, emprenden camino de regreso. Estando María Magdalena nuevamente en el sepulcro, Jesús se le aparece. Luego hace lo mismo con el resto de las mujeres que se están devolviendo de la tumba para dar la noticia de la resurrección a los discípulos. Pero los discípulos no les creen ni una palabra.

No hay un registro detallado en la Biblia de cómo fue el encuentro personal de Jesús con Pedro, ese mismo día, ya que la única mención bíblica, que es la de Pablo («y que se apareció a Cefas, y luego a los doce» [1 Corintios 15,5]), deja todo a nuestra imaginación. Los discípulos también mencionan esa aparición cuando están reunidos con Cleofás mientras escuchan sobre su encuentro con el Maestro en su camino a Emaús junto a otro discípulo. Finalmente, Jesús se les aparece a todos los demás apóstoles, excepto a Tomás, quien no se encontraba presente en esos momentos.

Combinando los cuatro relatos, se puede listar cronológicamente la secuencia de eventos de la resurrección del Señor como sigue:

- La piedra es removida del sepulcro (Mateo 28,2-4).
- Las mujeres llegan a la tumba (Marcos 16,1-4; Mateo 28,1; Lucas 24,1-3, y Juan 20,1).
- Los ángeles les anuncian la resurrección (Marcos 16,5-7 y Mateo 28,5-7).
- Los ángeles les recuerdan a las mujeres la profecía de la resurrección (Lucas 24,4-8).
- Las mujeres se devuelven temerosas (Marcos 16,8).
- Pedro y Juan son informados del suceso (Juan 20,2).
- Pedro y Juan corren y entran al sepulcro (Juan 20,3-10 y Lucas 24,12).
- Jesús tiene un encuentro con María Magdalena (Mateo 16,9 y Juan 20,11-17).
- Jesús se aparece ante las mujeres (Mateo 28,8-10).
- Los sumos sacerdotes se enteran y ocultan lo ocurrido (Mateo 28,11-15).
- Las mujeres cuentan su encuentro con el resucitado (Lucas 24,9-11; Marcos 16,10-11, y Juan 20,18).
- Jesús se le aparece a Pedro (Lucas 24,34).
- Jesús se le aparece a Cleofás y a otro discípulo, en el camino a Emaús (Lucas 24,13-27 y Marcos 16,12).
- Se revela la identidad de Jesús al partir el pan (Lucas 24,28-32).
- Cleofás les cuenta a sus compañeros sobre la aparición (Lucas 24,33-35; Juan 20,19, y Marcos 16,13).
- Jesús se aparece por primera vez ante sus discípulos (Lucas 24,36-44; Marcos 16,14, y Juan 20,20).

Si bien es cierto que son de esperarse ciertas discrepancias entre las narraciones que acabo de mencionar, un lector desprevenido podría pensar *a priori* que alguno de los narradores está mintiendo. Es necesario entonces aclarar que dichas diferencias pueden resolverse satisfactoriamente usando la lógica. Una de las citadas discrepancias, por dar un ejemplo, es la del número de ángeles que anuncian la resurrección del Señor. En su narración, Mateo (28,2-7) hace referencia a un solo ángel mientras que Lucas (24,4-7) menciona a dos. Pero el hecho de que Mateo solo hable de uno no quiere decir que no hubiera habido otro, el mencionado por Lucas. Tal vez Mateo decidió referirse solamente a uno porque quiso resaltarlo. Quizá solo ese ángel habló, como parece sugerirlo la narración de Lucas, y por eso Mateo solo se refiere a ese, y no al otro.

Otra de las supuestas discrepancias es que solo Mateo menciona el terremoto que se produjo cuando los ángeles removieron la piedra que tapaba el sepulcro. ¿Es esto una clara indicación de que está mintiendo? ¡Para nada! Nuevamente, la supuesta discrepancia se puede resolver usando la lógica. El hecho de que solo uno de los evangelistas mencione este evento no quiere decir que se lo esté inventando, o que los otros estén mintiendo. Simplemente Mateo le dio una importancia tal a ese hecho que quiso registrarlo en su narración mientras que los otros no se la dieron.

En el 2012, el periodista español Pepe Rodríguez, enemigo acérrimo de la Iglesia católica, publicó un libro titulado *Mentiras fundamentales de la Iglesia católica*. El libro tuvo un gran éxito en ventas. En dicha obra, el autor destroza el evento de la resurrección de Jesús describiendo todas y cada una de las «supuestas» contradicciones entre los Evangelios. Así, concluye que todo fue una farsa. Muchos de sus lectores le creyeron a la versión del libro. Pero, siguiendo el mismo principio lógico con el que se resuelve dos de esas «supuestas» discrepancias, podemos concluir que no se trata de mentiras, sino de una narración que se complementa a partir de los detalles que aporta cada uno de los Evangelios.

Otra de las razones que aumenta nuestra confianza en la fidelidad de los relatos que realizaron los evangelistas es la misteriosa «transformación» del cuerpo del Señor resucitado. Me explico: antes de su pasión y muerte, las Escrituras relatan tres resurrecciones hechas por Jesús mientras estaba en compañía de sus discípulos:

- La de su amigo Lázaro (Juan 11,1-44).

- La del hijo único de la viuda de Naín (Lucas 7,11-17).
- La de la hija de Jairo, líder de una sinagoga local (Mateo 9,18-23 y Marcos 5,21-43).

En todos esos casos, una vez que el muerto volvía a la vida, seguía siendo la misma persona, como era de esperarse. Las narraciones de lo que acontecía después de las resurrecciones nos dejan ver que sus familiares y seres queridos reconocían al que había fallecido. Es decir que la persona estaba viva, moría, Jesús la resucitaba y volvía a ser la misma persona que era antes de morir. ¿Por qué habría de cambiar de rostro o de cuerpo? Todo este proceso fue el que los discípulos presenciaron en esas ocasiones. En sus mentes existía la idea de que la resurrección consistía en que el dueño de la vida, Jesús, le daba al muerto la orden de que se levantara y entonces ese cuerpo recobraba milagrosamente la vida y retomaba sus actividades. Si los evangelistas se hubieran «inventado» la resurrección del Señor, ¿no sería de esperar que se la «inventaran» de la manera en que la conocían? Sin embargo, ¡en sus narraciones de la resurrección de Jesús ellos dicen que no lo reconocían! Por alguna razón su rostro había cambiado. Claramente, era su cuerpo, ya que no estaba en la tumba y seguía teniendo las heridas de su crucifixión. Pero algo le había pasado a su rostro, el cual no reconocían. En el encuentro que tuvo con María Magdalena, al frente de su tumba, ella no reconoció a Jesús («apenas dijo esto, volvió la cara y vio allí a Jesús, pero no sabía que era él» [Juan 20,14]). En el encuentro que tuvo el Maestro con los dos caminantes a Emaús, tampoco lo reconocieron («pero, aunque lo veían, algo les impedía darse cuenta de quién era» [Lucas 24,16]). Cuando se le apareció a siete de sus discípulos a orillas del lago de Tiberias, hablaron con el Maestro sin reconocerlo:

> Jesús les preguntó: «Muchachos, ¿no tienen pescado?». Ellos le contestaron: «No». Jesús les dijo: «Echen la red a la derecha de la barca, y pescarán». Así lo hicieron, y después no podían sacar la red por los muchos pescados que tenía. Entonces el discípulo a quien Jesús quería mucho le dijo a Pedro: «¡Es el Señor!». (Juan 21,5-7)

En una de las visiones que tiene con el arcángel San Miguel, en referencia al final de los tiempos, el profeta Daniel escribió:

> Muchos de los que duermen en la tumba despertarán: unos para vivir eternamente, y otros para la vergüenza y el horror eternos. Los hombres sabios, los que guiaron a muchos por el camino recto, brillarán como la

bóveda celeste; ¡brillarán por siempre, como las estrellas! (Daniel 12,2-3)

Jesús conoce muy bien este pasaje, ya que hace referencia a él cuándo les está explicando a sus discípulos la parábola de la cizaña:

Así como la cizaña se recoge y se echa al fuego para quemarla, así sucederá también al fin del mundo. El Hijo del Hombre mandará a sus ángeles a recoger de su reino a todos los que hacen pecar a otros, y a los que practican el mal. Los echarán en el horno encendido, y vendrán el llanto y la desesperación. Entonces los justos brillarán como el sol en el reino de su Padre. Los que tienen oídos, oigan. (Mateo 13,40-43)

Los discípulos habían visto resucitar a varios muertos con sus propios ojos. Ya sabían en qué consistía el milagro, conocían el antes y el después. También estaban al tanto de cómo sería esa resurrección del final de los tiempos. Pero no había nada que les sugiriera una «transformación» de la carne, tal y como la que le ocurrió a Jesús. Aun sin entender el porqué de dicho cambio[159], de tal forma lo registraron en los Evangelios.

Otro elemento que debe reforzar aún más nuestra tesis de la fidelidad de las narraciones bíblicas tiene que ver con las mujeres como testigos de la resurrección del Mesías. A la mujer judía se le prohibía hablarle a los hombres en público y debía cubrir su rostro con un velo cada vez que salía de la casa. Encontrar a una mujer sin velo en público era una causal de divorcio. Ellas cuidaban de la casa y los niños, y servían siguiendo la voluntad de sus esposos. Si un invitado de sexo masculino iba a casa para cenar, las mujeres debían cenar en otra habitación. Sus padres arreglaban la mayoría de sus matrimonios, así que raramente se cazaban con el hombre de sus sueños. Su mayor aspiración era que su marido las tratara mejor de lo que las habían tratado sus padres. Estaban relegadas a ocupar la parte externa de la sinagoga y no podían leer las Escrituras. Un rabino del siglo I llamado Eliezer dijo: «Mejor sería que las palabras de la Torá fuesen quemadas que confiadas a una mujer». No se les permitía recitar la

---

[159] Pablo explica en la Primera de Corintios, en el capítulo quince, que en la resurrección nuestros cuerpos serán imperecederos (1 Corintios 15,42), gloriosos (1 Corintios 15,43), fuertes y poderosos (1 Corintios 15,43) y perfectos (1 Corintios 15,44).

Shemá[160], o la Plegaria Matutina, ni orar en las comidas. ¡Una mujer no podía ni siquiera ser testigo en un caso en los tribunales![161]. Creo que me quedaría corto si dijera que se trataba de una sociedad machista.

Si las narraciones que escribieron los evangelistas respecto a la resurrección del Mesías hubieran sido fruto de su imaginación, o del deseo de dar por cumplida la profecía de que el Señor se levantaría de entre los muertos, habrían escogido a la peor testigo posible. Si toda la narración hubiera sido «inventada», no habrían escogido a María Magdalena como la testigo de la resurrección. En primer lugar, su testimonio no era válido por ser mujer, como se indicó anteriormente. En segundo lugar, no era una persona que gozara de respeto dentro de su comunidad, debido a su dudoso pasado. Recordemos que María Magdalena era la mujer a la cual Jesús le había sacado siete demonios[162]. Aunque generalmente la referencia a un demonio en los Evangelios se puede asociar a una enfermedad, una detallada lectura de ellos nos muestra que no necesariamente este era el caso de María Magdalena:

> Aconteció después que Jesús iba por todas las ciudades y aldeas, predicando y anunciando el Evangelio del Reino de Dios, y los doce con él, y algunas mujeres que habían sido sanadas de espíritus malos y de enfermedades: María, que se llamaba Magdalena, de la que habían salido siete demonios. (Lucas 8, 1-2)

En este caso, el evangelista Lucas está haciendo la distinción entre enfermedad y demonio. Refiriéndose a la Magdalena, dice que fue lo segundo.

De los posibles candidatos a ser testigo de la resurrección del Señor, ciertamente María Magdalena era la menos indicada. Sin embargo, quedó consignado en los Evangelios que ella fue la primera en verlo. Si los evangelistas se hubieran «inventado» la historia de la resurrección, seguramente habrían escogido a José de Arimatea o a Nicodemo en lugar de a la Magdalena. Ellos eran hombres, tenían dinero y eran miembros del sanedrín, ¡qué mejores testigos!

---

[160] La Shemá era, para los judíos de aquella época, como lo que el Padre Nuestro es para nosotros en la actualidad. La Shemá está en los textos bíblicos del Deuteronomio (6,4-9; 11,13-21) y en Números (15,37-41).

[161] La creencia era que si Sara, la esposa de Abraham, era capaz de mentirle a Dios, podía mentirle a cualquiera. Desde entonces, la mujer perdió toda credibilidad. Ver Génesis (18,1-15).

[162] Lucas 8,1-2

Pero no lo hicieron: los evangelistas escribieron las cosas tal y como sucedieron, así a primera vista se pudiera pensar que ese relato no era conveniente.

Como lo expliqué en la cuarta tesis del segundo capítulo, cuando los evangelistas escribieron los Evangelios, siempre que mencionaban algún suceso que cumplía alguna profecía, escribían cosas como: «Esto sucedió para que se cumpliera la Escritura que dice [...]»; «pero esto sucedió para cumplir la palabra que está escrita en la Ley [...]»; «entonces se cumplió lo que fue dicho por el profeta [...], cuando dijo: [...]»; «[...] todo esto ha ocurrido para que se cumplan las Escrituras de los profetas»; «[...] porque está escrito [...]», etc. ¿Por qué habrían omitido la mención de la correspondiente profecía si sus narraciones bíblicas respecto a la resurrección del Señor hubieran sido un «invento» pensado para convencer a los incrédulos? ¿Por qué lo hicieron? Difícil decirlo. Lo que sí podemos inferir es que las narraciones demuestran franqueza, honestidad y transparencia.

Tenemos cuatro puntos de vista de un mismo evento sin una agenda en particular, sin acuerdos previos de lo que se debía escribir, sin pulir los detalles para transmitir un determinado mensaje. No hay héroes, ni valientes, ni sabios. No hay una lectura que favorezca una sola idea, o que la perjudique; ni siquiera podemos hablar en esos términos. No les importó contar que ellos mismos fueron unos cobardes, que traicionaron a su maestro, que no entendieron lo de la pasión y la muerte, y mucho menos lo de la resurrección. Destacaron el papel tan importante de las mujeres en todos los acontecimientos de aquel fin de semana, y el comportamiento tan vergonzoso de los hombres. Estas no son las narraciones que se hubieran inventado unos escritores que dieron sus vidas defendiendo la verdad de sus palabras. Ellos escribieron lo que vieron, lo que sucedió, sin alterar la verdad, como lo comprueba toda la evidencia presentada.

TERCERA TESIS: JESÚS, ¿EL HIJO DE DIOS, MALVADO O LOCO?

Encontramos en la historia muchos personajes que entregaron sus vidas por una causa. Mahatma Gandhi la dio cuando buscaba liberar a la India de los británicos sin usar violencia. Cayo Julio César pretendía transformar la falsa democracia romana, que tan solo exprimía la riqueza de las provincias para beneficio de unos pocos, y construir un verdadero sistema democrático con el que todos se favorecieran. Martin Luther King promovió y encaminó la lucha afroamericana en los Estados Unidos mediante un discurso menos radical:

retomó la resistencia pacífica de Gandhi para lograr el reconocimiento de los derechos civiles de los afroamericanos. Esteban, diácono de la Iglesia primitiva, fue apedreado por enseñar el Evangelio. Todos ellos y miles más dieron sus vidas en la defensa de una causa. Era tal el nivel de convencimiento de que sus razones y motivos harían una diferencia en el mundo, que lo dieron todo con tal de hacer realidad sus ideales. Ellos fueron testarudos, decididos, valientes, luchadores, persistentes, líderes, etc. Ninguno vio sus obras materializadas en vida. Aunque, en muchos casos, sus sueños se hicieron realidad con el paso del tiempo.

Jesús también se ajusta al perfil de estos personajes que han trascendido en la historia por haber derramado su sangre en favor de una buena causa. La diferencia es que Él dio su vida por haberse adjudicado otra identidad: la de ser el Hijo de Dios. Ningún personaje de la historia que haya muerto en la lucha por un ideal ha dicho ser alguien diferente. Ni siquiera Buda o Mahoma o Confucio pretendieron ser una divinidad, u otra persona. Mahoma dijo que el arcángel Gabriel lo visitó durante años para revelarle el Corán. Se autoproclamó un escogido, pero no un dios. Buda transcribió el interrogatorio del que fue sujeto por varios hombres cuando vagaba por el nordeste de la India, poco después de su iluminación. Le preguntaron:

—¿Eres un dios?
—No —respondió él.
—¿Eres la reencarnación de un dios?
—No —repuso.
—¿Eres, pues, un hechicero?
—No.
—¿Eres un sabio?
—No.
—Entonces, ¿eres un hombre?
—No.
—En ese caso, ¿qué eres? —preguntaron confundidos.
—Soy el que está despierto.

En palabras de Thomas Schultz:

Ninguno de los reconocidos líderes religiosos —ni Confucio ni Moisés ni Mahoma ni Buda ni Pablo— ninguno de ellos ha declarado ser Dios; la excepción es Jesucristo. Cristo es el único líder religioso que ha alegado ser deidad y la única persona que ha convencido a gran porción del mundo de que lo es.

El judío era educado en la obediencia de la Ley, pues esta era la única forma de ir al cielo. No existía otra manera de lograrlo. No había otro camino. La obediencia total al Padre —a través de la Ley— era la única forma de salvación. Pero un día Jesús soltó una bomba atómica entre aquella comunidad altamente religiosa. Dijo: «No se turbe vuestro corazón; creéis en Dios, creed también en mí [...] Yo soy el camino, y la verdad, y la vida; nadie viene al Padre, sino por mí» (Juan 14,1-6). ¿También podían salvarse creyendo en Jesús? ¿Era Jesús el camino al cielo? Ni siquiera trató de ser un poco más humilde y moderado. No dijo que Él era «un» camino. Dijo que no había otro, ya la Ley no era el camino, contrario a lo que habían aprendido por generaciones.

Al leer los libros de los Macabeos, nos encontramos con una gran cantidad de mártires que no dudaron en sufrir los peores castigos y torturas con tal de cumplir la Ley. Pero ahora Jesús les está diciendo que Él es el «único» camino al Padre.

Todos los profetas y mártires del Antiguo Testamento habían predicado la obediencia «única y exclusiva» a Dios hasta el último de sus días. Gritaban en las plazas públicas que escucharan las palabras del Padre, dadas a través de ellos. Pero jamás pidieron que creyeran en ellos como el camino a la salvación. Tomemos, por ejemplo, las palabras del Bautista cuando le preguntaron quién era él: «Y él confesó claramente: "Yo no soy el Mesías"» (Juan 1,20). Él pedía que se convirtieran, que cambiaran sus corazones, que aplicaran el espíritu de la Ley, que no siguieran a otros dioses, pero no se declaró una deidad que los podía salvar. Eso mismo hicieron todos los profetas que lo antecedieron. El Bautista sabía perfectamente que la gente estaba ansiosa por la llegada del Mesías, quien finalmente los iba a liberar de sus opresores. Si él hubiera querido ser un impostor, habría contestado que él era a quien estaban esperando. Pero era muy consciente del precio que habría de pagar por semejante blasfemia, por tamaña mentira.

En otras ocasiones, Jesús se igualó a Dios Padre, al Creador («El Padre y yo somos uno solo» [Juan 10,30]). La palabra griega, que significa 'uno', que utilizó el evangelista, está escrita en la forma neutra (*hen*) y no en la masculina (*heis*). Esto quiere decir que no se está haciendo referencia a que son la misma persona, sino la misma esencia o naturaleza. Los judíos que escucharon esa afirmación, hecha por Jesús en un invierno en Jerusalén, cerca al Pórtico de Salomón, entendieron perfectamente que Él afirmaba ser Dios. Esto hizo enardecer a los fariseos, tal y como lo describe el discípulo amado en otra ocasión, cuando había sanado un paralítico en sábado:

> Por esto, los judíos tenían aún más deseos de matarlo, porque no solamente no observaba el mandato sobre el sábado, sino que además se hacía igual a Dios al decir que Dios era su propio Padre. (Juan 5,18)

No hay duda alguna de que tanto Jesús como los judíos entendían sin equívocos lo que sus palabras significaban e implicaban. No se trataba de una parábola. Él afirmaba ser Dios. En otra ocasión dijo: «De cierto, de cierto os digo: Antes que Abraham fuese, Yo Soy» (Juan 8,58). Primero, utilizó esa doble aseveración, «de cierto», que era una forma más fuerte y categórica de afirmar algo. Segundo, se autodenomina «Yo Soy», se apropia del nombre incomunicable e impronunciable del Creador (véase el Apéndice A). Si alguien sabía lo que implicaba que una persona se autoproclamara «Yo Soy», esos eran los judíos, y Jesús era uno de ellos. Como si proclamarse el Mesías no fuera suficiente, les dejó saber que también le debían el mismo honor que le expresaban al Padre:

> Porque el Padre a nadie juzga, sino que todo el juicio dio al Hijo, para que todos honren al Hijo como honran al Padre. El que no honra al Hijo, no honra al Padre que le envió. (Juan 5,22-23)

Estaba afirmando el derecho de ser adorado como Dios.

Antes de Jesús, nadie, ni en el Antiguo Testamento ni en ningún otro registro histórico, se había atrevido a llamar *Abba* a Dios. Los judíos se referían a Él, al principio de sus oraciones, con la palabra *Abhinu,* que significaba esencialmente un pedido de misericordia y perdón al Padre. *Abba* no implicaba estas peticiones. Era una palabra usada dentro de las familias para dirigirse al padre de la forma más cariñosa posible (como decir «*papi*», «*papá*» o «*daddy*»). Ni siquiera el rey David, con la cercanía tan grande que tuvo con el Padre, se atrevió a usar otro nombre. En el Salmo 103 escribió: «El Señor [*Abhinu*] es, con los que lo honran, tan tierno como un padre con sus hijos». Jesús llamaba *Abba* a su Padre. Así lo hizo en Getsemaní: «*Abba*, Padre, para ti todo es posible: líbrame de este trago amargo; pero que no se haga lo que yo quiero, sino lo que quieres tú» (Mateo 26,39).

Jesús fue llevado ante la Junta Suprema para ser juzgado, y durante todo el interrogatorio permaneció callado. Frustrado por el silencio del acusado, el sumo sacerdote se levantó de su silla y le preguntó: «¿Eres tú el Mesías, el Hijo del Dios bendito?» (Marcos 14,61). Jesús rompió su silencio y contestó: «Sí, yo soy. Y ustedes verán al Hijo del Hombre sentado a la derecha del Todopoderoso» (Marcos 14,62). «Mesías» e «Hijo del Hombre» eran títulos que habían usado los profetas cientos de años atrás para referirse a Dios hecho carne. Ahora resulta más fácil comprender la reacción de Caifás cuando escuchó con sus propios oídos semejante afirmación. «Entonces el sumo sacerdote rasgó sus vestiduras, diciendo: "¡Ha blasfemado! ¿Qué necesidad tenemos de más testigos? Ahora mismo ustedes han oído la blasfemia"» (Mateo 26,25).

Si Jesús no era quien proclamaba ser, entonces o los estaba engañando perversamente o estaba más loco que una cabra, porque le decía a la gente que debían creer en Él para alcanzar la salvación. Cuando perdonaba los pecados, lo hacía como si la falta perdonada lo afectara exclusivamente a Él. No actuaba como un intermediario que busca al ofendido y al ofensor y emite el perdón cuando el agraviado está de acuerdo. Jesús no consultaba a nadie; Él actuaba con total autoridad y autonomía. Era de elemental conocimiento que solo Dios podía perdonar las ofensas, pero Él afirmaba tener la autoridad para hacerlo. «Pues para que sepáis que el Hijo del Hombre tiene autoridad en la tierra para perdonar pecados (dijo al paralítico): A ti te digo: Levántate, toma tu camilla y vete a tu casa» (Lucas 5,24). En otra ocasión, fue incluso más lejos y no solo perdonó los pecados, sino que dictaminó la salvación de la «mujer de mala vida». Le dijo a la mujer: «"Tus pecados te son perdonados". Los otros invitados que estaban allí comenzaron a preguntarse: "¿Quién es este, que hasta perdona pecados?". Pero Jesús añadió, dirigiéndose a la mujer: "Por tu fe has sido salvada; vete tranquila"» (Lucas 7,48-50). En su libro *Mero cristianismo,* el gran apologeta C. S. Lewis[163] dijo lo siguiente:

> Intento con esto impedir que alguien diga la auténtica estupidez que algunos dicen acerca de Él: «Estoy dispuesto a aceptar a Jesús como un gran maestro moral, pero no acepto su afirmación de que era Dios». Eso es precisamente lo que no debemos decir. Un hombre que fue meramente un hombre y que dijo las cosas que dijo Jesús no sería un

---

[163] Clive Staples Lewis (Belfast, Irlanda del Norte, 29 de noviembre de 1898-Oxford, Inglaterra, 22 de noviembre de 1963), popularmente conocido como C. S. Lewis, fue un medievalista, apologista cristiano, crítico literario, novelista, académico, locutor de radio y ensayista británico. Es reconocido por sus novelas de ficción, especialmente por las *Cartas del diablo a su sobrino*, *Las crónicas de Narnia* y la *Trilogía cósmica*, y también por sus ensayos apologéticos (mayormente en forma de libro) como *Mero cristianismo*, *Milagros* y *El problema del dolor*, entre otros.

gran maestro moral. Sería un lunático —en el mismo nivel del hombre que dice ser un huevo escalfado—, o si no sería el mismísimo demonio. Tenéis que escoger. O ese hombre era, y es, el Hijo de Dios, o era un loco o algo mucho peor. Podéis hacerle callar por necio, podéis escupirle y matarle como si fuese un demonio, o podéis caer a sus pies y llamarlo Dios y Señor. Pero no salgamos ahora con insensateces paternalistas acerca de que fue un gran maestro moral. Él no nos dejó abierta esa posibilidad. No quiso hacerlo.

En el mundo de los sistemas de información usamos mucho los llamados «árboles de decisión». En ellos diagramamos gráficamente las acciones por tomar dependiendo de una determinada pregunta y sus posibles respuestas. Cuando Jesús afirma ser Dios, solo hay dos alternativas: que la afirmación sea verdadera o falsa. Si es falsa, hay ahora otras dos posibilidades: Él sabía que su afirmación era falsa o no lo sabía. Si no lo sabía, entonces era un lunático, estaba loco. Si lo sabía, eso quiere decir que engañaba deliberadamente a la gente. Es decir, habría sido un ser muy malvado, un mentiroso y un hipócrita, ya que iba en contra de una de sus enseñanzas[164]: la honestidad. Habría sido además sumamente necio, orgulloso, prepotente y narcisista, ya que se hizo matar por sus palabras mentirosas y engañosas[165]. Por otro lado, si sus afirmaciones eran verdaderas, Él era quien decía ser: el Señor, el Hijo de Dios, el Mesías, Dios hecho carne.

En el párrafo citado anteriormente, C. S. Lewis dice que Jesús no dejó abierta la posibilidad de escoger verlo como a un maestro sabio o como a Dios. La evidencia está claramente en favor de Jesús como Señor. Sin embargo, hay personas que rechazan, y rechazarán, estas evidencias, no debido a una posible falla en las mismas, sino a las implicaciones morales que su aceptación conlleva. El título de este argumento presenta tres posibilidades: Jesús era mentiroso y malvado, o estaba loco, o era el Hijo de Dios. Juzgue todas la información aportada y con honestidad moral adjudíquele uno de esos tres títulos a ese hombre que murió en la cruz por haber sostenido que era Dios.

---

[164] «El que se porta honradamente en lo poco, también se porta honradamente en lo mucho; y el que no tiene honradez en lo poco, tampoco la tiene en lo mucho» (Lucas 16,10).

[165] «Las autoridades judías le contestaron: "Nosotros tenemos una ley, y según nuestra ley, debe morir, porque se ha hecho pasar por Hijo de Dios"» (Juan 19,7).

CUARTA TESIS: LA ESCENA DE LOS HECHOS

El primer elemento de esta triste escena es un cadáver. Jesús murió en la cruz. Algunos detractores de la resurrección aseguran que el Maestro sobrevivió el martirio y que lo bajaron vivo del madero. Los doctores William Edwards, Wesley Gabel y Floyd Hosner, patólogos de la clínica *Mayo, de Rochester*, Massachusetts, publicaron en la revista médica *Journal of the American Medical Association,* en su edición del 21 de marzo de 1986, el siguiente informe:

> Veamos, en primer lugar, la salud de Jesús, pues los rigores de sus caminatas por toda la tierra de Israel hubieran sido imposibles si Él no hubiera gozado de una buena salud. Se asume, pues, que Jesús estaba en perfectas condiciones físicas antes de su arresto en el huerto de Getsemaní.
>
> Posteriormente, el estrés emocional, la falta de sueño y comida, los golpes que sufrió de manos de los soldados romanos y la larga caminata hacia el monte Calvario le hicieron vulnerable a los efectos fisiológicos adversos a la flagelación.
>
> En seguida, la Biblia nos revela que en el huerto de Getsemaní «sudó grandes gotas de sangre», fenómeno que a la luz de la ciencia es conocido como hematohidrosis (sudor sanguinolento: Mateo 26,36-38; Lucas 22,44). Esto suele ocurrir en estados altamente emocionales, cuando la hemorragia de las glándulas sudoríparas ocasiona que la piel quede excesivamente frágil.
>
> Durante la flagelación que experimentó por parte de los soldados romanos sufrió laceraciones profundas, pues estos látigos estaban formados de cinco colas con puntas de plomo y huesos en sus puntas (Mateo 27,24-26).
>
> Estos látigos se enrollaban en el pecho y espalda de la víctima desgarrándole la mayor parte de los tejidos subcutáneos, y por medio de este castigo los soldados pretendían debilitar a la víctima y llevarla a un estado muy cercano al colapso o a la misma muerte.
>
> El grado de pérdida sanguínea determinaba, generalmente, el tiempo que la víctima sobrevivía en la cruz. La pérdida de sangre de Jesús preparó el terreno para un estado de *shock* hipovolémico (estado en el que existe una discrepancia entre la capacidad de los vasos sanguíneos y su contenido).
>
> La hipovolemia significa una disminución del volumen sanguíneo, ya sea por pérdida de sangre o por deshidratación, la cual reduce también la presión circulatoria de la sangre que regresa al corazón. A esto es a lo que se le llama estado de *shock*.
>
> Las heridas de los látigos en la espalda de Jesús fueron cubiertas con un manto púrpura, el cual, al llegar al lugar de su crucifixión, le fue arrancado, lo que reabrió de esta manera sus heridas y arrancó su piel por toda la sangre que tenía coagulada (Mateo 27,27-31).

Durante la crucifixión, los brazos y las piernas de Jesús fueron totalmente estirados y colocados sobre la cruz juntamente con su espalda ensangrentada, pues los clavos eran colocados entre el hueso radio y los huesos del carpo. Aunque no producían fracturas, el daño al periostio (la membrana que cubre los huesos) era dolorosísimo.

Seguramente los clavos también le cortaron el nervio mediano, lo cual debió haberle ocasionado espasmos intensísimos de dolor en ambos brazos y piernas durante el procedimiento. Todo esto debió haberle producido una parálisis en parte de sus manos, pues los ligamentos son atrapados en el trayecto de los clavos, lo que ocasiona lo que se llama una «mano de garra».

Los clavos de los pies se los atravesaron entre los huesos del tarso y, seguramente, también le ocasionaron lesiones profundas en los nervios. El mayor efecto fisiológico de la crucifixión fue la interferencia con la respiración normal, especialmente durante la exhalación, ya que el cuerpo tiende a fijar el tórax en estado de inhalación. Esto, junto con la fatiga muscular, le debió haber ocasionado calambres musculares y contracciones intermitentes.

En el Evangelio de Juan se enfatiza la salida repentina de sangre y agua cuando uno de los soldados le atravesó el costado con una lanza (Juan 19,34), lo cual, de acuerdo con la cardiología moderna, correspondió al líquido pericárdico que sale del pericardio (capa que envuelve al corazón). Indicaciones de que no solo perforó el pulmón derecho sino también el pericardio y el corazón, asegurando por lo tanto su muerte.

De acuerdo con esto, las interpretaciones basadas en la presunción de que Jesús realmente no murió en la cruz están en desacuerdo con el conocimiento médico moderno.

Los soldados romanos estaban tan familiarizados con la muerte que la reconocían claramente cuando la veían. Conocían muy bien cómo lucía un difunto. De ahí que el soldado romano que se encontraba al frente de Jesús exclamara al verlo morir: «Verdaderamente este hombre era Hijo de Dios» (Marcos 15,39). De seguro fue el mismo soldado que le informó a Pilato que Jesús ya había muerto y que, por lo tanto, podía entregar el cadáver a José de Arimatea, cuando este fue a pedírselo:

Pilato, sorprendido de que ya hubiera muerto, llamó al capitán para preguntarle cuánto tiempo hacía de ello. Cuando el capitán lo hubo informado, Pilato entregó el cuerpo a José. (Marcos 15,44-45)

El segundo elemento de la escena es la tumba en la que se guardó el cadáver de Jesús ese viernes. La palabra «tumba», o «sepulcro», aparece treinta y dos veces en los relatos bíblicos de la resurrección, lo que demuestra la importancia que le dieron los apóstoles a este lugar. Eusebio de Cesarea —el padre de la historia de la iglesia— nos cuenta en su obra *Teofanía* la descripción que le hizo la emperatriz Helena[166], primera protectora del Santo Sepulcro:

> La tumba misma era una cueva que había sido labrada; una cueva que había sido cortada en la roca y que no había sido usada por ninguna otra persona. Era necesario que la tumba, que en sí misma era una maravilla, cuidara solo de un cadáver.

En marzo del 2016, las seis órdenes que custodian el Santo Sepulcro (Iglesia ortodoxa griega, católica romana, apostólica armenia, y las ortodoxas Siria de Antioquía, copta y etíope) dieron su aval para que un equipo de la Universidad Técnica Nacional de Atenas llevara a cabo una inspección y restauración del Edículo, la estructura que cubre el sepulcro. La obra de más de 4 millones de dólares fue financiada principalmente por el rey Abdullah II de Jordania y un obsequio de 1,3 millones de dólares de Mica Ertegun[167] al Fondo Mundial de Monumentos. Los arqueólogos consideraron que era imposible afirmar fehacientemente que en el sitio hoy venerado estuviera la efímera tumba de Cristo. Pero consideraron que sí se podía sostener que la actual Iglesia y el Santo Sepulcro están en la misma ubicación fijada en el siglo IV por Santa Helena y su hijo Constantino.

Cuando la madre del emperador y su séquito llegaron a Jerusalén, alrededor del año 325 d. C., sus investigaciones los llevaron a un templo romano (pagano) construido unos doscientos años atrás. Ese edificio fue demolido. Debajo suyo se hallaba una tumba tallada dentro de una cueva de piedra caliza. Para exponer el interior del sepulcro, en el cual el cuerpo de Jesús había sido depositado sobre una cama labrada en la piedra, se talló la parte superior de la cueva. Para preservarlo, se construyó el Edículo, una suerte de templete que rodea la tumba y que se conserva hasta nuestros días.

Del Edículo se extrajeron unas muestras de argamasa que fueron analizadas por dos laboratorios diferentes para determinar su antigüedad. El resultado fue que los materiales usados en la construcción databan del siglo IV d. C. Este

---

[166] Santa de la Iglesia católica y madre del emperador Constantino, quien, en el 313 d. C., autorizó la práctica del cristianismo.

[167] Viuda de Ahmet Ertegun, empresario y productor musical turco afincado en Estados Unidos. Ertegun es conocido por ser cofundador y presidente de la compañía discográfica Atlantic Records, que impulsó la carrera musical de artistas como Ray Charles, Led Zeppelin, Phil Collins y Crosby, Stills, Nash & Young.

hallazgo evidenció además que el sitio en donde reposaron los restos de Jesús por tres días seguía siendo el mismo, a pesar de los muchos ataques y siniestros que había sufrido este lugar sagrado por más de mil setecientos años.

El tercer elemento de la escena es la sepultura. Sabemos más de esta que de la de cualquier personaje famoso de la Antigüedad (incluyendo faraones, reyes, emperadores y filósofos). Sabemos quién tomó el cuerpo de Jesús después de haberse certificado su muerte, conocemos el nombre de la persona que donó las especies para su embalsamamiento y la cantidad de la donación. Están documentados los nombres de las personas que participaron en todos los preparativos que la costumbre dictaba para depositar el cadáver en su destino final. Se sabe quién era el dueño de la tumba, su lugar de nacimiento, adscripción religiosa, posición económica y ocupación. Conocemos la ubicación de la tumba y el número de veces que había sido usada previamente. También sabemos de qué estaba hecha. Quedaron registrados el día y la hora aproximados en que se depositó el cuerpo dentro del sepulcro. Sabemos cómo fue cerrada la tumba y quién la custodió por tres días. No existen detalles de esta misma calidad sobre el entierro de ningún personaje famoso de la Antigüedad.

El cuarto elemento de la escena es la piedra. Se sabe que era redonda, grande y sumamente pesada. De ahí la preocupación de las mujeres, cuando se dirigían al sepulcro, por quién la movería. A la tumba se podía entrar sin agacharse, lo que supone que la piedra tenía un diámetro aproximado de un metro y medio, o quizás un poco más. De acuerdo con este tamaño, su grosor debía ser mínimo de treinta centímetros. Según estas dimensiones, la piedra debía pesar más de dos toneladas. Definitivamente, era muy pesada. Estos datos coinciden con la descripción que dan Mateo («una piedra grande» [Mateo 27,60]) y Marcos («que la piedra, aunque era sumamente grande» [Marcos 16,4]).

El quinto elemento de la escena es el sello. Dedicaré la siguiente tesis exclusivamente a este tema por ser de suma importancia.

El sexto elemento de la escena es la guardia. Debido a que en múltiples ocasiones Jesús había anunciado que resucitaría al tercer día de entre los muertos, el sanedrín temía que sus discípulos intentaran robar el cadáver. Una vez desaparecido el cadáver, ellos podrían clamar como cierta la tan anunciada resurrección del que aseguraba ser el Hijo de Dios. Por esa razón, las autoridades del sanedrín lograron convencer a Pilato de que dispusiera de una «tropa de guardia» para su vigilancia; es decir, soldados romanos. El sanedrín pensaba que los doce apóstoles, o por lo menos once, intentarían realizar el hurto. Así que el número de soldados debía ser proporcional a la amenaza. Cuando el rey Herodes tuvo bajo arresto a Pedro, lo vigiló con dieciséis soldados (Hechos 12,1-5). Cabe pensar entonces que el número de guardias destinados a cuidar la tumba fue similar.

El manual del ejército romano, el *Strategikon*, nos cuenta que el castigo que sufría un soldado que se durmiera durante su guardia era el denominado *animadversio fustium*. Este consistía en azotar públicamente al infractor hasta que perdiera la conciencia. Por eso el soldado que estaba cuidando a Pablo y Silas quiso enterrarse la espada cuando pensó que habían escapado de la cárcel, después que un terremoto tan violento sacudiera sus cimientos e hiciera que se abrieran las puertas de sus celdas (Hechos 16,22-34). El historiador Polibio[168] nos cuenta que una tropa de guardia tenía entre cuatro y dieciséis hombres que eran relevados cada ocho horas. El sepulcro de Jesús fue vigilado durante los tres días por un grupo de soldados romanos que conocían muy bien el terrible castigo que les esperaba si se dormían o descuidaban sus deberes. ¿Cabe pensar que todos se hayan dormido, y que no se hayan despertado, mientras los discípulos movían una piedra de semejante tamaño y sacaban el cuerpo del Maestro?

Toda la escena del lugar del entierro de Jesús tiene un enorme soporte histórico. Nunca un delincuente produjo tanta preocupación después de su ejecución. Sobre todo, jamás un condenado a morir en la cruz había tenido el honor de ser custodiado por una escuadra de soldados. Todas las medidas judiciales y policivas del momento, adicionales a las que la prudencia dictaba, fueron tomadas para evitar que el cadáver de Jesús se moviera siquiera un centímetro del lugar donde había sido depositado ese viernes. Aun así, tres días después, el cuerpo ya no estaba.

Hoy podemos palpar con nuestras propias manos la roca del lugar donde Jesús fue amortajado y tocar la piedra sobre la que reposó su cuerpo en esa tumba, que aún se encuentra vacía.

---

[168] Polibio (Megalópolis, Grecia, 200 a. C.-118 a. C.) fue un historiador griego. Es considerado uno de los historiadores más importantes debido a que fue el primero que escribió una historia universal. Su propósito central era explicar cómo pudo imponerse la hegemonía romana en la cuenca del Mediterráneo. Para ello, mostró cómo se encadenaban los sucesos políticos y militares acontecidos en todos los rincones de esa área geográfica.

QUINTA TESIS: EL SELLO

El Evangelio de Mateo nos dice respecto al entierro de Jesús: «Y fueron y aseguraron el sepulcro; y además de poner la guardia, sellaron la piedra» (Mateo 27,66). La mayoría de las personas no prestan atención a este detalle de enorme importancia. Una lectura desprevenida hace pensar que «sellar» hace referencia a que la tumba quedó sellada con la piedra, lo cual es cierto. Pero no es eso a lo que se refiere el evangelista. Una lectura del libro del profeta Daniel nos puede ayudar a entender mejor:

> En cuanto Daniel estuvo en el foso, trajeron una piedra y la pusieron sobre la boca del foso, y el rey la selló con su anillo real y con el anillo de las altas personalidades de su gobierno, para que también en el caso de Daniel se cumpliera estrictamente lo establecido por la ley. (Daniel 6,17)

El sello consistía en una cuerda o cinta que atravesaba la piedra que obstruía la entrada del sepulcro. Esa cuerda se adhería a los extremos de la tumba con un trozo de arcilla fresca y luego un alto funcionario romano —Poncio Pilato, en este caso— o una persona a la que él designaba estampaba el frente del anillo en la arcilla. Quedaba entonces dibujado en alto relieve la cabeza de la argolla real. Esto implicaba que para mover la roca primero se tenía que «romper» el sello. Quien lo hiciese sin una autorización del mismo Pilato estaría violando una orden del emperador romano. El problema, pues, no sería con el sanedrín ni con ninguna autoridad judía, sino con Roma.

Esta técnica de protección física estuvo vigente hasta finales del siglo XVII, cuando se usaban el lacre y otras ceras para sellar la correspondencia real (entre otros usos). Generalmente de color rojo, el lacre es una pasta a base de colofonia, goma laca, trementina y bermellón. Después de que se cerraba el documento, se derretía un poco de este material en el cierre del papel y luego se estampaba un sello gubernamental, o el anillo del rey, y se dejaba secar. Una vez seco, la única forma de abrir el documento era rompiendo el sello. De esta manera se garantizaba su privacidad e integridad.

¿Por qué el gobernador Pilato se tomó la molestia de proteger con tanto celo esta tumba? Para contestar la pregunta, debemos retroceder unas horas el reloj de los acontecimientos y ubicarnos en el interrogatorio que Pilato le hizo a Jesús. Dice el Evangelio de Juan que, en medio del proceso, la muchedumbre le pidió al gobernador que lo crucificara porque se había «hecho pasar por Hijo de Dios» (Juan 19,7), y que cuando el prefecto escuchó esta declaración, «tuvo más miedo»

(Juan 19,8). Como la mayoría de los romanos, Pilato era extremadamente supersticioso. Pensar que Jesús fuera un hombre con poderes divinos —tal vez un dios o el familiar de algún dios que había descendido en forma humana (Hechos 14,11)— embargó de miedo a quien fungía como juez. Si ese fuera el caso, acababa de mandar a azotar y golpear a alguien que habría podido usar sus poderes sobrenaturales para vengarse. El sueño de su esposa sobre este carpintero y la advertencia que oportunamente le hizo (Mateo 27,19) no hicieron otra cosa que alimentar el miedo supersticioso de que un dios pudiera vengarse de él.

Pilato quiso despejar sus dudas en privado. El temor lo estaba consumiendo. A solas, en el pretorio, Pilato le preguntó: «¿De dónde eres tú?» (Juan 19,9). Él no quería saber el lugar de nacimiento de Jesús, ya que sabía que era galileo (Lucas 23,5-7). Lo que quería conocer era su «naturaleza», ahondar más en esas palabras que Jesús le había dicho momentos atrás: «Mi reino no es de este mundo» (Juan 18,36). ¿Pertenecía al «reino» de los humanos o al de los dioses? Las pocas palabras del Maestro no apaciguaron los temores del gobernante, pero Pilato optó por correr el riesgo de ordenar la muerte de un ser sobrenatural y complacer de esta manera a los judíos, en vez de tener que lidiar con la furia de quienes lo acusaban y pedían la muerte de ese extraño ser. No era el mejor fin de semana para molestar a la gente, ya que toda la ciudad se encontraba llena de fieles que habían ido a celebrar la pascua.

Si a Pilato lo asustaron profundamente las palabras del Mesías, eso no fue nada en comparación con las cosas que estaban a punto de suceder. Los Evangelios sinópticos dicen: «Desde el mediodía y hasta la media tarde toda la tierra quedó en oscuridad» (Mateo 27,45; Lucas 23,44, y Marcos 15,33). ¿Fue esta oscuridad producto de un eclipse solar como algunos sugieren? La realidad es que un eclipse no puede explicar una oscuridad de más de tres horas, aunque algunas traducciones bíblicas, como la versión de *El libro del pueblo de Dios*[169], sugieren que se trató de un eclipse. Matemáticamente, la máxima duración de un fenómeno de estos es siete minutos y treinta y un segundos. La explicación que

---

[169] «Era alrededor del mediodía. El sol se eclipsó y la oscuridad cubrió toda la Tierra hasta las tres de la tarde. El velo del templo se rasgó por el medio» (Lucas 23,44-45).

dieron los historiadores antiguos —como Sexto Julio Africano[170] y Tertuliano[171], entre otros— fue que se trató de un *chamsin* —una tormenta de arena— o de pesadas nubes negras que presagiaban un fuerte aguacero. Sea como fuere, esta oscuridad no hizo más que aumentar los temores supersticiosos de Pilato. Seguramente no hallaba la hora de que el día terminara para dejar atrás toda esta inquietante cadena de sucesos.

Mientras que esperaba el final de aquella jornada tan extraña, cerca de las tres de la tarde —justo cuando Jesús expiró—, Pilato fue testigo de un fuerte terremoto como nunca lo había sentido. «En ese momento, la cortina del santuario del templo se rasgó en dos, de arriba abajo. La tierra tembló y se partieron las rocas» (Mateo 27,51; Lucas 23,45, y Marcos 15,38). El representante del Imperio romano en aquella región despejó cualquier duda que hubiera podido tener y supo que había ordenado la muerte, no solo de un inocente, sino de alguien muy especial que tenía el respaldo de un ser sobrenatural.

Sexto Julio Africano también escribió sobre estos fenómenos naturales. En el libro tercero de su obra *Crónica*, compuesta por cinco tomos, escribió:

> Se echó sobre todo el universo una oscuridad espantosa; un terremoto quebró las rocas; la mayor parte [de las casas] de Judea y del resto de la tierra quedaron arrasadas hasta los cimientos. Esta oscuridad, Thallus[172], en el tercer libro de sus *Historias*, la considera un eclipse de sol, pero, a mi parecer, sin razón.

Los geólogos Jefferson B. Williams, Markus J. Schwab y A. Brauer examinaron las perturbaciones de los depósitos de sedimentos en la región de Galilea, cerca de la orilla del Mar Muerto. En su examen identificaron dos terremotos: uno muy fuerte, ocurrido alrededor del 31 a. C., y otro, menos intenso, entre el 26 y el 36 d. C. El estudio completo fue publicado en la revista *Geology Review*, volumen 54, del 2012. Aunque ellos no parecen estar

---

[170] Sexto Julio Africano (alrededor de 160 d. C.-alrededor de 240 d. C.) fue un historiador y apologista helenista de influencia cristiano-africana. Se le considera el padre de la cronología cristiana.

[171] Quinto Septimio Florente Tertuliano (alrededor de 160 d. C.-alrededor de 220 d. C.) fue un padre de la Iglesia y un prolífico escritor durante la segunda parte del siglo II y la primera parte del siglo III.

[172] Thallus fue un historiador temprano que escribió en griego koiné una historia de tres volúmenes sobre el mundo mediterráneo, desde antes de la guerra de Troya hasta la 167.ª olimpiada.

plenamente convencidos de que este segundo terremoto pudiera explicar que la cortina del santuario del templo se haya partido en dos, sí dejan abierta la posibilidad de que sus márgenes de error, con respecto a magnitud y fecha, necesitan ajustes.

Después de todas las cosas tan extrañas que habían acontecido ese día, lo último que Pilato quería era que el cuerpo de Jesús desapareciera, como se lo habían insinuado los judíos:

> Señor —le dijeron—, nosotros recordamos que mientras ese engañador aún vivía, dijo: «A los tres días resucitaré». Por eso, ordene usted que se selle el sepulcro hasta el tercer día, no sea que vengan sus discípulos, se roben el cuerpo y le digan al pueblo que ha resucitado. Ese último engaño sería peor que el primero. (Mateo 27,63-64)

Por esta razón se tomaron todas las medidas policivas y judiciales para custodiar esa tumba y garantizar que nadie se atreviera a tocar el cuerpo inerte durante esos largos tres días.

SEXTA TESIS: LA TUMBA VACÍA

Descifrar el misterio de la tumba vacía y de las apariciones que se registraron después de la muerte de Jesús es la clave para demostrar que su resurrección fue un hecho real y verdadero, que sucedió en la historia. Como reza el credo de los apóstoles, «fue crucificado, muerto y sepultado», y tres días más tarde su cuerpo ya no estaba ahí. ¿Qué paso? ¿Dónde está el cuerpo? ¿Cómo explicar que, a pesar de todas las medidas tomadas por las autoridades para garantizar la integridad de la tumba, su contenido haya desaparecido al tercer día?

El Nuevo Testamento menciona varias apariciones del Señor después de haber abandonado su tumba. Algunas de ellas fueron encuentros personales, como los que tuvo con Pedro, María Magdalena, Santiago y, muy seguramente, con su madre; otras apariciones fueron ante multitudes —por ejemplo, ante un grupo de más de quinientos de sus seguidores (1 Corintios 15,1-11)—. La Biblia no es la única fuente que nos habla de los testigos que vieron a Cristo vivo después de muerto. También hablan de ello los historiadores que vivieron en la época de Jesús, como Josefo Flavio en su libro *Antigüedades de los judíos*, o Cornelio

Tácito en su obra *Libros de anales desde la muerte del divino Augusto*, o Cayo Plinio Cecilio Segundo en sus cartas al emperador Trajano, entre otros[173].

Los testigos que afirmaron haber visto a Jesús vivo después de muerto se referían a una persona de carne y hueso. Las apariciones no fueron simples «avistamientos». Los que las atestiguaron hablaban de «encuentros» en los que hubo una interacción, no mencionaron simplemente que lo «vieron». En la primera aparición, ante María Magdalena (Juan 20,11-18), ella sostuvo una conversación con Él. En la segunda, que fue ante un grupo de mujeres (Mateo 28,8-10), ellas hablaron con Él y hasta le abrazaron los pies. En la tercera, que fue ante los caminantes de Emaús (Lucas 24,13-33), Él los acompañó en la jornada de once kilómetros de camino, les explicó las escrituras e incluso comió con ellos. En la cuarta, que fue cuando estaban reunidos diez de los once apóstoles (Juan 20,19-22), Jesús les mostró sus heridas y comió con ellos. La quinta fue de nuevo ante los apóstoles, pero en esa ocasión Tomás estaba presente (Juan 20,26-29). El Maestro le pidió que metiera el dedo en los agujeros que le habían dejado los clavos y la mano, en la herida del costado. La sexta fue ante siete discípulos que estaban pescando en el mar de Galilea; en esa ocasión, Él almorzó con ellos. A pesar de que todas estas apariciones de Jesús fueron en un cuerpo «transformado», misterio que a los discípulos les tomó años entender (1 Corintios 15,38-57), seguía siendo el cuerpo de una persona viva que se comunicaba, razonaba, caminaba y comía.

A lo largo de la historia han surgido toda clase de teorías que tratan de explicar la tumba vacía, desde las más fantasiosas hasta las más plausibles. Sin embargo, aquellos que han tratado de eludir el gran milagro se enfrentan a la ardua tarea de adaptar «toda» la evidencia existente a cada una de sus teorías; de lo contrario, deberán aceptar que no son consecuentes con los hechos. He resaltado la palabra «toda», ya que es importante señalar que la evidencia debe ser considerada como un todo. Una hipótesis soportada solo por parte de los hechos nunca puede ser mejor a una que se apoye en todo el cúmulo de pruebas que se tienen.

Veamos algunas de las teorías más populares, distintas a la de la resurrección, que han tratado de explicar la tumba vacía.

---

[173] En el capítulo anterior incluí la bibliografía correspondiente de estos historiadores y de otros más.

- **La teoría de la catalepsia:** esta hipótesis —popularizada por un grupo heterodoxo de musulmanes llamado Comunidad Ahmadía[174]— sostiene que Jesús no murió realmente en la cruz, sino que sufrió de catalepsia[175] y despertó dentro de la tumba. Pudo salir de ella por sus propios medios para reunirse nuevamente con sus discípulos.

  La forma en la que el discípulo amado encontró las vendas (sudario) anula esta teoría (más adelante hablaré en mayor profundidad sobre este detalle fundamental). Se suma a esto la imposibilidad de que un solo hombre hubiera podido mover la pesada piedra y, peor aún, desde adentro. Si esto hubiera ocurrido, los soldados no habrían ido donde los sumos sacerdotes a buscar una coartada para librarse del castigo que el gobernador les impondría si se enteraba de la desaparición del cadáver. Adicionalmente, en la cuarta tesis de este capítulo presenté un informe médico que diagnosticó la muerte de Jesús en la cruz.

- **La teoría de la alucinación:** esta posición sostiene que todas las apariciones reportadas por los múltiples testigos del Maestro se debieron a visiones, las cuales habrían sido producto del alto impacto emocional que significó su muerte para sus seguidores. La teoría fue presentada por el teólogo y orientalista francés Joseph Ernest Renan a finales del siglo XIX, pero se desvirtúa con los relatos de los testigos mencionados anteriormente.

  En estos relatos queda claro que los testigos reportaron «encuentros» y no «avistamientos» del Maestro.

- **La teoría de la tumba equivocada:** esta posición sostiene que las mujeres, quienes fueron las primeras en ir a visitar la tumba, se

---

[174] La Comunidad Ahmadía del islam fue fundada por Mirza Ghulam Ahmad (1835-1908, en Qadian) el 23 de marzo de 1889 en la India. Los musulmanes ahmadíes forman un movimiento reformador dentro del islam que reflexiona sobre la esencia de esta religión. Ellos se separan claramente de los grupos militantes y fundamentalistas, y destacan los elementos pacíficos y tolerantes del credo islámico. No obstante, la gran mayoría de los musulmanes extremistas considera que el movimiento ahmadí es «apóstata» y «hereje» y que no forma parte del islam.

[175] La catalepsia es un estado en el que el cuerpo permanece paralizado. Se observa en pacientes con cuadros graves y agudos de histeria, esquizofrenia y diversas psicosis. También se percibe como un estado biológico en el cual la persona yace inmóvil, aparentemente muerta y sin signos vitales, cuando en realidad se encuentra viva en un estado que podría ser consciente o inconsciente. La consciencia puede a su vez variar en intensidad: en ciertos casos, el individuo se encuentra en un vago estado de conciencia mientras que en otros puede ver y oír a la perfección todo lo que sucede a su alrededor. Puede ser producida por el mal de párkinson, epilepsia, consumo de cocaína, esquizofrenia, entre otros.

equivocaron y entraron a otra, cerca de la del Maestro, que estaba vacía. Esta hipótesis fue difundida por el profesor del Nuevo Testamento, Kirsopp Lake, de la Universidad de Oxford, a mediados del siglo pasado.

La posición ignora completamente las apariciones de Jesús después de muerto. Yo no soy de la clase de personas que explica experiencias «extrañas» como producto de la actuación de un fantasma, pero debería admitir que existen, ya que los apóstoles creyeron estar viendo uno, cuando en realidad se trataba de Jesús en otro de sus milagros: «Cuando los discípulos lo vieron andar sobre el agua, se asustaron, y gritaron llenos de miedo: "¡Es un fantasma!"». En la Biblia, el fantasma tiene una connotación negativa, asociado más a un demonio que a otra cosa[176].

Si la tumba no hubiera estado vacía, significaría que las apariciones ante quienes dijeron haberlo visto vivo después de muerto habrían sido las de un espíritu (fantasma). Eso fue lo primero que pensaron los discípulos cuando el Maestro se les apareció por primera vez: «Estaban todavía hablando de estas cosas, cuando Jesús se puso en medio de ellos y los saludó diciendo: "Paz a ustedes". Ellos se asustaron mucho, pensando que estaban viendo un espíritu. Pero Jesús les dijo: "¿Por qué están asustados? ¿Por qué tienen esas dudas en su corazón? Miren mis manos y mis pies. Soy yo mismo. Tóquenme y vean: un espíritu no tiene carne ni huesos, como ustedes ven que tengo yo"» (Lucas 24,36-39). Jesús quiso dejarles perfectamente claro que era Él, en cuerpo, alma y divinidad, y por eso los invitó a que lo tocaran. Pero como seguían incrédulos a causa de la alegría y el asombro, el Maestro les pidió algo de comer y ellos le dieron un pedazo de pescado asado. Él se lo comió en su presencia. Es claro, entonces, que lo que ellos vieron no fue un espíritu ni, mucho menos, un fantasma. Ellos vieron a Jesús en cuerpo presente, todavía herido, con las lesiones que le causaron durante su flagelación y crucifixión.

Otra razón para desvirtuar esta hipótesis es que las mujeres conocían bien la tumba. Ellas habían estado allí por largo tiempo, tal y como lo narran los Evangelios: «Las mujeres que habían acompañado a Jesús desde Galilea fueron y vieron el sepulcro, y se fijaron en cómo habían puesto el

---

[176] Algunas traducciones bíblicas utilizan las palabras «fantasma» o «espíritu». «Fantasma» siempre hace referencia a un demonio; no así la palabra «espíritu». Es común encontrar expresiones como el «Espíritu del Señor», que es una referencia a Dios, al igual que el «Espíritu Santo»; pero también se encuentra la expresión «espíritu inmundo» en referencia a un demonio.

cuerpo» (Lucas 23,55), «Pero María Magdalena y la otra María se quedaron sentadas frente al sepulcro» (Mateo 27,61).

- **La versión del Corán:** el islam tiene su propia versión de la tumba vacía. Ya que esta religión tiene tantos fieles, su versión ha llegado hasta nosotros y algunos la han adoptado. El Corán habla extensamente de Jesús. Su nombre allí es *Isa ibn-e-Maryam*, que significa «Jesús hijo de María». Empiezan a contar la historia de Jesús a partir de su abuela Ana, quien ofreció a su hija al servicio del templo desde antes de su nacimiento. Según este libro, María siempre mostró tener una relación extraordinaria con Dios. Todavía virgen, fue visitada por un ángel, quién le dijo que daría a luz a un hijo. Así, ella tuvo a Jesús cuando aún era virgen, y con su nacimiento se cumplieron varias profecías.

  Jesús creció en sabiduría, fue elegido profeta de Dios y fue denominado el Mesías de los judíos. Él comenzó a predicar y a hacer muchos milagros. Curaba a los enfermos, físicos y espirituales, y luchaba contra las falsas ideas de los eruditos judíos de su tiempo. Después de esto, fue flagelado y condenado a morir en una cruz, pero sobrevivió al terrible castigo.

  Fue sanado por sus apóstoles en secreto. Más tarde, se dirigió a escondidas a las tribus perdidas de Israel. Esta tarea le fue encomendada por Dios. Su viaje continuó durante muchos años, con el nombre Yuz Asaf o Yuzasaf. Finalmente, llegó a Cachemira, India, donde murió y fue enterrado a la edad de 120 años.

  En la actualidad, existe un lugar apartado en las montañas del norte de la India, en medio del casco antiguo de la ciudad de Srinagar, donde hay una casa de pobre apariencia. Allí descansan los restos de un supuesto profeta de nombre Yuz Asaf. Para el islam, esta es la tumba de Jesús de Nazaret. Es visitada por muy pocos turistas.

  A las argumentaciones anteriores, que desvirtúan las otras teorías, podemos agregar que, después de la resurrección, el cuerpo de Jesús no siguió siendo el mismo, ya que podía atravesar paredes. Esto les llamó enormemente la atención a los apóstoles, como era de esperarse. Por eso lo mencionan en los Evangelios: «Al llegar la noche de aquel mismo día, el primero de la semana, los discípulos se habían reunido *con las puertas cerradas* por miedo a las autoridades judías. Jesús entró y, poniéndose en medio de los discípulos, los saludó diciendo: "¡Paz a ustedes!"» (Juan 20,19; el *énfasis* es mío). Igualmente, no podemos olvidar que los discípulos lo vieron ascender a los cielos cuarenta días después de su resurrección: «Dicho esto, mientras ellos lo estaban mirando, Jesús fue levantado, y una nube lo envolvió y no lo volvieron a ver. Y mientras miraban fijamente al cielo, viendo cómo Jesús se alejaba, dos hombres vestidos de blanco se aparecieron junto a ellos y les dijeron: "Galileos, ¿por qué se han quedado mirando al cielo? Este mismo Jesús que estuvo entre ustedes y que ha sido llevado al cielo vendrá otra vez de la misma manera que lo han visto irse allá"» (Hechos 1,9-11).

Estoy seguro de que es evidente cómo esas teorías encajan con «algunas» de las pruebas que existen, pero no con todas. A esta lista de posibles «alternativas» a la resurrección, hace falta añadir una que considero que vale la pena rebatir en profundidad, ya que se encuentra en los Evangelios:

> Mientras iban las mujeres, algunos soldados de la guardia llegaron a la ciudad y contaron a los jefes de los sacerdotes todo lo que había pasado. Estos jefes fueron a hablar con los ancianos, para ponerse de acuerdo con ellos. Y dieron mucho dinero a los soldados, a quienes advirtieron: *«Ustedes digan que, durante la noche, mientras ustedes dormían, los discípulos de Jesús vinieron y robaron el cuerpo.* Y si el gobernador se entera de esto, nosotros lo convenceremos, y a ustedes les evitaremos dificultades». Los soldados recibieron el dinero e hicieron lo que se les había dicho. Y esta es la explicación que hasta el día de hoy circula entre los judíos. (Mateo 28,11-15; el *énfasis* es mío)

Una tumba vacía no es prueba suficiente de que hubiera una resurrección, pero sí plantea un gran interrogante: ¿que el sepulcro estuviera vacío era una obra divina o humana? Jesús fue sepultado, ungido y amortajado el viernes, antes que oscureciera, en la tumba que José de Arimatea facilitó. Cuando las mujeres fueron la mañana del domingo a terminar los rituales, que por el afán del viernes no habían podido concluir, Él ya no estaba ahí. Esta realidad nos deja ante dos posibilidades: o alguien entró y sacó el cuerpo o Él salió por su propio poder. La primera posibilidad es un robo, es decir, una obra humana. La segunda posibilidad es la resurrección, es decir, una obra divina.

Si fue un robo, entonces podemos preguntar: «¿Quiénes entraron a la tumba y sacaron el cuerpo?». Podemos dividir a los posibles sospechosos en dos grupos únicamente: o fueron sus amigos o fueron sus enemigos.

La profanación de tumbas ha sido una mala práctica que ha existido desde siempre, y que sigue existiendo en nuestros días. Recordemos que el terreno en el que se hallaba la tumba de Jesús era, para efectos prácticos, territorio romano, sometido a sus leyes y caprichos. Las leyes romanas sancionaban severamente las prácticas de profanación con una multa de entre cien mil y doscientos mil sestercios (moneda romana de bronce)[177]. Para hacernos una idea de cuánto dinero estamos hablando, consideremos lo siguiente: los *Anales* de Tácito, libro I, capítulos 17.4 y 17.5, nos cuentan que a los soldados del ejército del Rin que se alzaron contra Tiberio se les pagaban cuatro sestercios por día. Con este dinero, ellos tenían que comprar, entre otras cosas, sus propios uniformes. Por otra parte, una tableta de escritura inglesa, fechada con el año 75 d. C., registra la venta de un esclavo llamado Vegetus por dos mil cuatrocientos sestercios. Así las cosas, cien o doscientos mil sestercios era una multa exorbitante para quien se atreviera a profanar una sepultura. Nuevamente, vale la pena recordar que no estamos ante una tumba cualquiera: esta, en particular, tenía el sello del emperador, lo cual debía espantar a cualquier malhechor que estuviera a la caza de objetos valiosos dentro de las tumbas. ¿Quién entonces se hubiera atrevido a tan siquiera acercarse a la piedra?

Séptima tesis: ¿Los enemigos de Jesús robaron el cuerpo?

La única posibilidad que se le cruzó por la cabeza a María Magdalena fue que el cadáver hubiera sido robado por los enemigos de Jesús: «Y ellos le dijeron [los ángeles]: "Mujer, ¿por qué lloras?". Ella les dijo: "Porque se han llevado a mi Señor, y no sé dónde le han puesto"» (Juan 20,13). La lógica nos indica que los enemigos del Señor no pudieron ser los autores de tamaño sacrilegio, ya que ellos eran los menos interesados en que existiera alguna razón que hiciera pensar que el rumor de que Jesús resucitaría al tercer día era cierto. Recordemos las palabras que le dirigieron los jefes de los sacerdotes a Pilato aquel viernes en la tarde:

> Por eso, mande usted asegurar el sepulcro hasta el tercer día, no sea que vengan sus discípulos y roben el cuerpo, y después digan a la gente que

---

[177] «*Actio de sepulchro violato* [acción del sepulcro violado]. El pretor concede esta acción contra el que dolosamente haya violado, habite o edifique algo ajeno al sepulcro. La pena es *quanti ob eam rem aequum videbitur* [cuanto por esa cosa parezca bueno y equitativo], si reclama el titular; pero si este no desea reclamar o no hay titular alguno, el pretor concede la acción con carácter popular en forma subsidiaria, por cien mil sestercios en caso de violación y por doscientos mil sestercios en caso de habitación o sobre edificación». *Derecho Romano*, Gumesindo Padilla Sahagún.

ha resucitado. En tal caso, la última mentira [que resucitaría] sería peor que la primera [su autoproclamación de ser el Mesías]». (Mateo 27,64)

Por eso, además de sellar la tumba con la cara de su anillo, convencieron al gobernador de que pusiera a un escuadrón de soldados a custodiar la tumba.

Los guardias no pudieron explicarse lo que había acontecido y les tocó pedirle ayuda al sanedrín para librarse de las posibles consecuencias de haber fracasado en la facilísima tarea de vigilar que un muerto no se moviera de su lugar. Debía haber una explicación y ellos sencillamente no la tenían: «Ustedes digan que, durante la noche, mientras ustedes dormían, los discípulos de Jesús vinieron y robaron el cuerpo» (Mateo 27,13). Este pasaje no nos debe sugerir que todos los soldados dormían a la misma hora, como si la labor de vigilancia solo se hiciera durante el día. En su engaño, ellos debían incriminarse de un grave delito: haberse quedado dormidos durante la guardia. Recordemos que el castigo para esto era ser azotados en público hasta que desfallecieran (véase la cuarta tesis de este capítulo). Así que el soborno tuvo que haber sido tan grande como para justificar las consecuencias que podían sufrir si el gobernador se enteraba: «Y dieron mucho dinero a los soldados» (Mateo 28,12).

Si ellos hubieran usado la coartada por la que los sumos sacerdotes les habían pagado y el gobernador se hubiera enterado de ello, la furia de Pilato habría caído sobre ellos, ya que su versión no resistía al más mínimo escrutinio de la lógica. Si se habían quedado «todos» dormidos, ¿cómo podían entonces culpar a los discípulos del robo del cadáver de Jesús? ¿Cómo podían señalar al ladrón? Y si no se habían quedado dormidos, ¿cómo permitieron el robo? Con cualquier versión que usaran, les iría tremendamente mal. Su única salvación era que sus superiores no les pidieran cuentas de su misión, con lo que conservarían su salud y disfrutarían del dinero mal habido.

Varios días después de aquel domingo de resurrección, Pedro hizo su primer discurso ante los judíos y los gentiles en una plaza pública. Les explicó las Escrituras (Hechos de los Apóstoles 2,14-41), se refirió a las profecías que hablaban del Mesías y les recordó especialmente que estaba profetizado que el Mesías no se quedaría en el sepulcro ni que su cuerpo se descompondría, y les aseguró que él y los demás apóstoles habían sido testigos de la resurrección del Maestro. La respuesta a las palabras de Pedro fue abrumadora. Las Escrituras nos dicen que ese mismo día se convirtieron y se hicieron bautizar «unas tres mil personas». Si los enemigos de Jesús hubieran tenido en su poder el cadáver, ¿no habrían sido estos el lugar y momento perfectos para desmentir a los discípulos acerca de la supuesta resurrección? ¿No era esta una oportunidad de oro para desenmascarar a esos embusteros? Habrían podido arrojar el cadáver en medio de la plaza para dejarlos en ridículo y así exterminar de una vez y para siempre esa incipiente Iglesia que se estaba empezando a formar. La resurrección del Mesías era la base de esa Iglesia que, por mandato de Jesús, se había empezado a edificar, así que, desmentida la resurrección, se habría acabado el cristianismo en ese mismo momento.

Si los enemigos de Jesús hubieran robado el cuerpo de la tumba, ¿dónde lo pusieron? ¿Existiría un mejor lugar para retener a un muerto que una tumba protegida por un escuadrón de guardias del ejército más poderoso del mundo, una tumba que además había sido sellada por el representante del César? Si lo sacaron de ese lugar para hacerles creer a sus discípulos que había resucitado, solamente para luego burlarse de ellos y exhibir su cadáver en el mejor momento, ¿por qué eso nunca ocurrió? Es claro que podemos eliminar de la lista a los enemigos, pues nada les hacía más daño que el cuerpo desapareciera.

OCTAVA TESIS: ¿LOS AMIGOS DE JESÚS ROBARON EL CUERPO?

El filósofo, político, orador y escritor Lucio Anneo Séneca escribió en el año 56 de nuestra era, en su tragedia *Medea*, «*cui prodest scelus, is fecit*» (aquel a quien beneficia el crimen es quien lo ha cometido). Evidentemente, el gran peso de la sospecha recae sobre los amigos de Jesús, quienes habrían sido los autores del supuesto robo del cadáver. Pero ¿lo hicieron? Con todas las pruebas reales que tenemos, sumadas a las circunstanciales que conseguimos agregar, ¿podemos, sin violar la lógica y la razón, señalarlos como los autores del posible hurto del cuerpo de Jesús?

Tenemos dos bandos: primero, los que condenaron a muerte a Jesús —el sanedrín—, que tenían dinero, poder y un pacto tácito de colaboración con la gobernación romana; y segundo, los discípulos, que carecían de todo poder e influencia con sus superiores, tanto en lo político como en lo religioso. Con la muerte de Jesús, el sanedrín pensó que había acabado con la raíz del problema. Pero los sacerdotes sabían que quedaban unas semillas que había que extinguir antes que empezaran a germinar. ¿Tenían cómo deshacerse de los apóstoles? La respuesta es no. Recordemos que el único delito por el que condenaron a muerte a Jesús fue el de haberse autoproclamado Dios. Ninguno de sus discípulos afirmó tener una identidad diferente. ¿Qué era lo que el sanedrín necesitaba para deshacerse de ellos? ¿Con qué delito podrían acusarlos para que Pilato ordenara sus ejecuciones? Si el sanedrín hubiera tenido pruebas de que ellos habían roto el sello de la tumba y la habían profanado, podría haberlos acusado de un delito judicial, no religioso, por lo que le correspondería al gobernador imponer la sanción. Como expliqué anteriormente, el delito de profanación de tumbas era severamente castigado y romper el sello del gobernador sin su autorización implicaba el máximo castigo. Lo único que el sanedrín hubiera tenido que hacer sería presentar las pruebas de que los apóstoles habían cometido el delito contra el César, y Pilato se hubiera encargado del resto. ¿Por qué esto no ocurrió? Sencillamente porque no tenían esas pruebas. Por ello tuvieron que sobornar a los guardias con una gran cantidad de dinero y con la promesa de que no tendrían que rendirle cuentas al gobernador romano de su supuesta negligencia.

NOVENA TESIS: ¿DE COBARDES A VALIENTES?

Tal y como lo había profetizado Zacarías (13,7), los apóstoles abandonaron al Maestro cuando fue capturado y llevado a juicio —a todas luces ilegal— por los oficiales del templo y los soldados romanos, quienes fueron guiados hacia Él por Judas Iscariote. Pedro fue más valiente que los demás y lo acompañó en la distancia. El resto del grupo se escondió, aunque Juan recapacitó y terminó acompañando al Maestro hasta su última respiración. Todos sabemos que la valentía de aquel que había sido designado como la roca sobre la cual se edificaría la naciente Iglesia no duró mucho. Tras negar que conocía al acusado, Pedro buscó a sus compañeros y se unió a ellos, no sin antes haber llorado amargamente (Lucas 22,14). El temor a correr la misma suerte que su Maestro los mantuvo encerrados hasta ese primer día de la semana en el que Jesús se les apareció en la habitación que mantenían bajo llave «por miedo a los judíos» (Juan 20,19). ¿Cabe pensar que, de ser unos cobardes el viernes, pasaron a tener el coraje de robar el cuerpo de su maestro, de su amigo, de su compañero, de su Señor? ¿Tendrían las fuerzas para enfrentarse a un escuadrón de guardias del ejército romano? ¿Se atreverían a romper el sello que tenía estampada la cara del anillo del representante del César?

Aquel viernes habían asesinado de la forma más cruel al amigo con el que habían compartido más de tres años, por quien habían dejado todo para seguirlo y aprender de Él. Habían molido a golpes a ese hombre que admiraban y amaban entrañablemente, con el que habían vivido toda clase de experiencias y aventuras. Sus corazones estaban hechos añicos del dolor; sus almas desfallecían de angustia y desconcierto. ¿De dónde habrían sacado el valor para sobreponerse a semejante golpe, para emprender el gran reto de ir a esa tumba y robar el cuerpo del Maestro?

Cuando arrestaron a Jesús, lo llevaron ante el sumo sacerdote para enjuiciarlo. Mientras se desarrollaba esa farsa de juicio, Pedro se encontraba en el patio adjunto a la casa de Caifás. El escándalo del arresto había atraído a ese mismo lugar a una gran cantidad de curiosos e instigadores, quienes clamaban un castigo para el que se hacía llamar Hijo de Dios. De pronto, una citadina se acercó a Pedro y lo acusó de andar con Jesús. Él le respondió: «No sé de qué estás hablando» (Mateo 26,70). Si este hombre le tuvo miedo a una criada, ¿de dónde sacó el coraje y la valentía para enfrentarse a un pelotón de guardias del ejército más despiadado del mundo? Estos soldados eran brutales. No les temblaba la mano al clavar una puntilla en las manos de un ser vivo. No les importaba clavar una corona de espinas a un hombre que acababa de ser flagelado. Sin pestañar, obedecían la orden de propinarle el número de latigazos que quisieran —mientras que no lo mataran—, con el *flagrum taxillatum*[178], a un pobre hombre indefenso que no podía poner resistencia. A estos soldados era que tenían que eliminar los discípulos para acceder a la tumba y llevarse su contenido. ¿Lograron derrotarlos? Ya sabemos que los guardias estaban vivos —sin ninguna señal de que hubieran luchado— el día de la resurrección, porque leemos que se dejaron sobornar por los del sanedrín (Mateo 28,11-15). Si los discípulos se hubieran enfrentado a estos guerreros y los hubieran derrotado, no habrían ido sin ninguna explicación a donde los sumos sacerdotes cuando vieron la piedra removida de su lugar y constataron que el sepulcro estaba vacío.

---

[178] El instrumento utilizado para la flagelación fue el *flagrum taxillatum*, que se componía de un mango corto de madera. Tres correas de cuero de unos cincuenta centímetros estaban fijadas a este mango. Las puntas de cada una de estas correas tenían dos bolas de plomo alargadas, unidas estrechamente entre ellas; en otras ocasiones, tenían los *talli* o astrágalos de carnero. El instrumento más usado era el de bolas de plomo. El número de latigazos, según la ley hebrea, era 40; ellos, para evitar sobrepasarse, daban siempre 39. Pero Jesús fue flagelado por los romanos, en dependencia militar romana; por tanto, *more romano*, es decir, según la costumbre romana, cuya ley no limitaba el número. Solo estaban obligados a dejar a Jesús con vida. Esto por dos razones: primero, para poder mostrarle al público y que este se compadeciera (era la intención de Pilato); segundo, para que, en caso de una condena a muerte, llegara vivo al lugar de suplicio y pudiera ser crucificado vivo, pues esa era la ley.

DÉCIMA TESIS: ¿DE HONESTOS A VÁNDALOS?

Los discípulos fueron las personas que más cerca estuvieron de Jesús durante su apostolado. Escucharon y aprendieron de primera mano todas sus enseñanzas. Poco a poco fueron moldeando su carácter y templanza para trabajar como constructores del Reino de los Cielos. Dejaron su vieja perspectiva judía para entregarse a la que el Maestro les enseñó con su ejemplo y palabras. ¿De dónde, entonces, iban a sacar el espíritu de vándalos, forajidos y malandrines para urdir un plan tan maquiavélico como el de robar el cuerpo de su Maestro, sin mostrar el más mínimo respeto por el muerto y su familia, para engañar a la gente fingiendo una supuesta resurrección? ¿Cabe pensar que tendrían la intención de erigir una Iglesia con el más vil de los engaños? ¿Una madre como María se hubiera prestado para seguir el perverso juego de un engaño que comenzaba con sacar el cuerpo de su hijo del lugar de reposo y anunciar al mundo que había resucitado? Recordemos que María siguió siendo parte de esa Iglesia naciente. Prueba de ello es que forma parte de la reunión con los apóstoles en la celebración de la fiesta de Pentecostés (Hechos 1,12-14; 2,1-4).

La ley judaica considera el cadáver humano como la máxima fuente de contaminación:

> El que toque el cadáver de cualquier persona, quedará impuro durante siete días. Al tercero y al séptimo día deberá purificarse con el agua de purificación, y quedará puro. Si no se purifica al tercero y al séptimo día, no quedará puro. Si alguien toca el cadáver de una persona y no se purifica, profana el santuario del Señor y, por lo tanto, deberá ser eliminado de Israel. Puesto que no ha sido rociado con el agua de purificación, se encuentra en estado de impureza. [...] En campo abierto, todo el que toque el cadáver de una persona asesinada o muerta de muerte natural, o unos huesos humanos, o una tumba, quedará impuro durante siete días. (Números 19,11-16)

No existe ni una sola indicación, tanto en la Biblia como en la literatura apócrifa o secular, de que los apóstoles no fueran obedientes cumplidores de las leyes mosaicas, del mismo modo que lo había sido su Maestro (aunque Él lo hiciera siempre con el espíritu de la misericordia, que era lo que no hacían los fariseos). ¿Qué evidencia se puede aportar para pensar que, en un plazo de setenta y dos horas, los apóstoles pasaran de creer en la gran importancia del cumplimiento de la Ley a violarla flagrantemente e ignorar lo que Números 19,11-16 proscribía? Sabemos que el día en que ellos atestiguaron la primera aparición del Señor estaban todos reunidos en un mismo salón. Si hubieran estado impuros por haber tocado el cuerpo de su maestro, ¿por qué se encontraban reunidos, contaminados con no contaminados?

Para cada uno de los discípulos, los tres años de convivencia con el Señor fueron como montar en una montaña rusa. En esos años vivieron toda suerte de experiencias. Tuvieron momentos de gran alegría, de mucho susto, de grandes cuestionamientos y de mucha reflexión. No les resultaba fácil entender todas las enseñanzas del Maestro, pero con el tiempo lo lograban. Sin embargo, hubo una enseñanza que no pudieron entender: la de su pasión, muerte y resurrección. Si realmente Él era el Mesías, si realmente Él era el Hijo de Dios, si realmente Él y Dios eran uno, ¿cómo era que lo iban a juzgar, a matar, y que no había nada de qué preocuparse porque Él iba a resucitar de entre los muertos? ¿Cómo era posible matar a Dios?

La relación de los discípulos con el Maestro fue *in crescendo*. Primero, fue el señalado por Juan el Bautista. Luego de haberlo visto hacer tantos milagros, lo reconocieron como un profeta. Después de mucho tiempo y esfuerzo, lo reconocieron como el Mesías. Pero ese fatídico viernes perdió este último título y volvió a ser un profeta. Por eso, los caminantes de Emaús se refieren a Él en estos términos: «Lo de Jesús de Nazaret, que era un *profeta* poderoso en hechos y en palabras delante de Dios y de todo el pueblo» (Lucas 24,19). Al saber que había muerto en la cruz, los discípulos dejaron de creer que Él era quien decía ser y le dieron la sepultura que se le daba a todo ser humano, que moría y permanecía en ese estado para siempre. Para los discípulos, era claro que nunca más volverían a estar con Él. No esperaban ninguna resurrección. La última palabra del libro de historias de ellos con el nazareno se había escrito en el mismo instante en que Él expiró. ¿Para qué tomarse todas las molestias familiares, religiosas, legales y militares que implicaban robar el cadáver mejor custodiado de esa época si ellos habían dejado de creer que Él era el Mesías?

El discípulo amado confiesa que, cuando vio la tumba vacía, entendió aquello de la resurrección: «Porque aún no habían entendido la Escritura, que era necesario que él resucitase de los muertos» (Juan 20,9). Tuvo que ser el mismo Maestro, en el primer día de su resurrección, quien les explicara las Escrituras, ¡y entendieron!: «¿No es verdad que el corazón nos ardía en el pecho cuando nos venía hablando por el camino y nos explicaba las Escrituras?» (Lucas 24,32). ¿Qué sentido tenía robarse el cuerpo de Jesús para «pretender» una resurrección si ellos mismos no creían en ella? Al igual que la hermana de Lázaro, ellos creían en la resurrección de todos los muertos en el día del Juicio Final (Juan 11,23-24), mas no en la de Jesús.

DECIMOPRIMERA TESIS: ¿DÓNDE ESTÁN SUS RESTOS?

Jesús se ganó su popularidad con el pueblo judío no tanto por las buenas nuevas que les trajo, sino por sus milagros. Los curó, los revivió y los alimentó. «Jesús les dijo: "Les aseguro que ustedes me buscan porque comieron hasta llenarse, y no porque hayan entendido las señales milagrosas"» (Juan 6,26). La gente sabía que de Él «emanaba» una fuerza muy especial que lo cambiaba todo:

> Cuando oyó hablar de Jesús, esta mujer se le acercó por detrás, entre la gente, y le tocó la capa. Porque pensaba: «Tan sólo con que llegue a tocar su capa, quedaré sana». Al momento, el derrame de sangre se detuvo, y sintió en el cuerpo que ya estaba curada de su enfermedad. Jesús, dándose cuenta de que había salido poder de él, se volvió a mirar a la gente, y preguntó: «¿Quién me ha tocado la ropa?». (Marcos 5,27-30)

El pensamiento de esta mujer refleja perfectamente el de la multitud: por eso lo buscaban y lo seguían a todas partes. En la mayoría de los pasajes bíblicos en los que está Jesús, aparece rodeado por una gran cantidad de personas que disfrutaban de escucharlo y verlo retar al estamento religioso. Pero siempre existía el interés de una sanación o de un milagro que respondiera a sus necesidades más apremiantes. La gente vivía a la expectativa de la próxima llegada a una determinada región para tocarlo y obtener la curación: «Así que toda la gente quería tocar a Jesús, porque los sanaba a todos con el poder que de él salía» (Lucas 6,19).

Los judíos de su época veneraban las tumbas de los profetas y de otras personas santas como, por ejemplo, los mártires piadosos (véase Mateo 23,29; Hechos 2,29, y 1 de Macabeos 13,25-30). ¿Por qué no hay ni una sola evidencia cristiana, ni secular, ni histórica, de un lugar donde se hubiera venerado el cuerpo de Jesús?

Cuando Él hizo su entrada a Jerusalén el domingo anterior a su resurrección, montado en un burrito, la gente que lo conocía estaba sumamente eufórica, lo alababa con palmas y le gritaba hosannas. Semejante algarabía atrajo la atención de una gran cantidad de personas que indagaban. «Cuando Jesús entró en Jerusalén, toda la ciudad se alborotó, y muchos preguntaban: "¿Quién es este?". Y la gente contestaba: "Es el profeta Jesús, el de Nazaret de Galilea"» (Mateo

21,10-11). Esa fue la triste realidad del Maestro, que el pueblo lo reconoció como un profeta, pero no como el Mesías. De todos los profetas de la Antigüedad, no hubo uno que tan siquiera se acercara a la cantidad de obras y milagros que hizo Jesús. Aun así, se adoraban las tumbas de esos profetas, entonces ¿por qué no hicieron lo mismo con la de Jesús? La respuesta es sencilla: porque la tumba del Maestro quedó vacía después de tres días, y nunca más tuvo otra.

Sabemos dónde reposan los huesos de Abraham, Mahoma, Buda, Confucio, Lao-Tzu y Zoroastro, pero ¿dónde están los de Jesús? ¿No es esto una prueba más de que sus amigos no podían tener su cuerpo?

DECIMOSEGUNDA TESIS: LA SÁBANA EN LA TUMBA

La mayoría de los doctores bíblicos señalan al apóstol Juan (uno de los dos hijos de Zebedeo y Salomé, hermano menor de Santiago y compañero de Simón Pedro) como el discípulo amado que se menciona en el Evangelio que lleva su nombre. Él estuvo entre los primeros escogidos por el Maestro para ser uno de los doce. Esa elección fue contraria a las costumbres de la época, según las cuales los discípulos elegían a los maestros que los guiarían: «No me habéis elegido vosotros a mí, sino que yo os he elegido a vosotros» (Juan 15,16). Al parecer, era el más joven del grupo, así que Jesús le tomó especial cariño, y de ahí el apelativo del «amado».

Juan estuvo junto al Maestro en ocasiones especiales: en la casa de Jairo, jefe de una sinagoga, a cuya hija resucitó; cuando subió al monte Tabor para transfigurarse, y en el huerto de Getsemaní, donde Jesús se retiró a orar en agonía antes de su pasión y muerte. Junto a Pedro, fue el escogido para realizar los preparativos de la última cena pascual. Jesús lo invitó a sentarse a su derecha. De manera especial, Él le encomendó el cuidado de su madre mientras moría en la cruz. Juan también fue testigo privilegiado de las apariciones de Jesús resucitado y de la pesca milagrosa en el mar de Tiberíades.

Este discípulo vio al Maestro resucitar muertos, caminar sobre el agua, alimentar a multitudes con apenas unos panes y peces, sanar toda clase de enfermos, devolverle la vista al ciego, el habla al mudo, el caminar al paralitico, etc. Compartió con Él tres años, día y noche. Sostuvieron conversaciones que están consignadas en las Escrituras —más muchas otras que no se incluyeron, pero que podemos afirmar que existieron—. Aun así, Juan no creía que Jesús fuera el Hijo de Dios.

Las Escrituras nos cuentan los momentos de quiebre de algunos discípulos, momentos en los que cedieron a sus dudas y creyeron en la resurrección del Señor y, por consiguiente, lo reconocieron como el Mesías. El de Tomás fue cuando el Maestro le pidió que metiera sus dedos en los agujeros de los clavos y su mano, en la herida del costado. El de los dos caminantes de Emaús fue cuando, cenando con Él, lo reconocieron al partir el pan. El de otros fue cuando Jesús se les apareció en el cuarto donde se encontraban escondidos por «miedo a los judíos». ¿Cuál fue el momento de quiebre de este discípulo tan especial y al que el Maestro tanto amaba?

Junto con Pedro, Juan fue de los primeros discípulos en visitar la tumba después que María Magdalena les anunciara la resurrección del Señor. Al entrar al sepulcro, notaron que «todo» estaba en «su» lugar, menos Jesús.

> Los dos corrían juntos, pero el otro discípulo corría más que Pedro; se adelantó y llegó el primero al sepulcro; e inclinándose, vio los lienzos tendidos; pero no entró. Llegó también Simón Pedro detrás de él y entró en el sepulcro; vio los lienzos tendidos y el sudario con que le habían cubierto la cabeza, no con los lienzos, sino enrollados en un sitio aparte. (Juan 20,4-7)[179]

Los evangelistas utilizan la palabra «lienzo» o «sábana» para referirse a la «sábana de lino» que compró José de Arimatea para envolver el cuerpo de Jesús. Con respecto a esta tela, en la narración del discípulo amado, el evangelista hace énfasis en una palabra y por eso la repite: «tendidos». Al entrar en el sepulcro, los testigos se sorprendieron enormemente porque el cuerpo había desaparecido. En cambio, la sábana que lo había envuelto estaba «tendida». Es decir que la sábana permanecía en la misma posición en la que había sido colocada, pero caída sobre sí misma, como si el cuerpo se hubiera «evaporado». La sábana parecía estar «desinflada». De ahí la importancia del detalle. Por eso agrega que él «vio y creyó» (Juan 20,8).

Este discípulo, que tanto conocía al Maestro, que fue el «consentido» del Mesías, que estuvo junto a Él en momentos muy importantes de su vida, creyó

---

[179] La mayoría de las traducciones, desafortunadamente, nos hacen imaginar a Jesús envuelto como las momias egipcias y nublan así la verdadera razón por la que el discípulo amado creyó. En el 2010, la Conferencia Episcopal Española presentó una nueva traducción de la Biblia al español, la cual se utiliza como el texto de la Sagrada Escritura que se proclama en la liturgia. En ella, el relato de las telas halladas en el sepulcro ha mejorado con la traducción de los textos griegos.

finalmente al ver «tendida» la sábana. Juan vio en altorrelieve esa tela que alguna vez había cobijado a un cuerpo. Ahora aparecía «desinflada», con las marcas elevadas de la nariz, los pómulos, el mentón, el cuerpo y sus extremidades, en el mismo lugar donde el viernes habían depositado el cadáver. Para Juan, este vital detalle no solo descartaba el rumor que circulaba de un robo —¿qué ladrón se hubiera puesto a arreglar la sábana y el sudario de esta manera? —, sino que evidenciaba el milagro de la resurrección.

El Evangelio de Juan es el único que menciona, además de la sábana, el «sudario». La palabra griega que usó el evangelista para *sudario* significa 'paño o pañuelo para el sudor'. Se trataba de una tela, de un tamaño intermedio entre el de nuestros pañuelos y el de las toallas de mano, que formaba parte del atuendo habitual de los hombres en los tiempos de Jesús, y que servía principalmente para secarse el sudor. En el rito funerario, era utilizado para envolver el rostro; con esto se buscaba, especialmente, que la quijada no se descolgara. Era la primera prenda que se usaba en el ajuar mortuorio.

En Juan 11,44, en el relato de la resurrección de Lázaro, se usa esta palabra cuando se dice que «su rostro estaba envuelto en un sudario». En Lucas 19,20 se usa en la parábola de los talentos[180]. Finalmente, esta palabra se usa también en Hechos 19,11-12 cuando se mencionan los milagros que realizaba Pablo:

> [...] tanto que hasta los pañuelos [sudarios] o las ropas que habían sido tocados por su cuerpo eran llevados a los enfermos, y estos se curaban de sus enfermedades, y los espíritus malignos salían de ellos».

En Juan 20,7 se da mucha importancia a la posición concreta en la que se hallaba el sudario dentro de la tumba del Maestro. No estaba tendido como la sábana, sino que, por el contrario, estaba enrollado y lejos de ella.

Lo que el evangelista nos está diciendo es que el cuerpo de Jesús «traspasó» la sábana con el sudario puesto. Luego se lo quitó, lo enrolló y lo dejó en otro lugar, diferente de donde había reposado su cuerpo. Eso fue lo que hizo creer a Juan en la resurrección del Maestro. Eso fue lo que lo hizo convencerse de que Jesús era el Mesías, el Hijo de Dios. Él «vio y creyó» (Juan 20,8).

---

[180] El tercero de los siervos le devuelve al amo el talento recibido diciendo: «Ahí tienes tu talento, lo tenía guardado en un pañuelo [sudario]».

DECIMOTERCERA TESIS: MÁRTIRES

Al principio del siglo XX, después que fuera derrocado el zar de Rusia, se inició en este país una prohibición escalonada de la práctica de cualquier rito religioso. Sin embargo, algunas costumbres de esta índole se siguieron practicando de forma clandestina. Una de estas era la de hornear el pan para la Pascua de Resurrección (el *Kulich*), que era considerada la fiesta de todas las fiestas. Todos los fieles horneaban el pan en una gran variedad de formas y estilos y lo compartían con sus familiares y amigos en celebraciones caseras. En la medida en que el comunismo fue madurando e imponiéndose en todos los rincones del país, las autoridades empezaron a reprimir más y más todas las expresiones religiosas. En algunas regiones, se llegó incluso a impedir la preparación del *Kulich*. Uno de los afectados con dicha prohibición fue un pequeño pueblo en las cercanías de Kiev. A comienzos de 1930, las autoridades locales ordenaron que se confiscara toda la harina y que se apagaran los hornos. Pero, antes que comenzara la incautación, algunos habitantes del pueblo lograron esconder suficiente harina y otros ingredientes necesarios para hornear el pan para la Pascua que se avecinaba.

Uno de los hombres más poderosos del mundo fue Nikolai Ivanovich Bukharin[181], un líder comunista ruso que participó en la Revolución bolchevique. El día de Pascua de 1930 se dirigió a una asamblea masiva de trabajadores en el vecino pueblo de Kiev para instruirlos en el ateísmo. Apuntó, en un largo discurso de casi dos horas, la «artillería pesada» de sus argumentos contra el cristianismo, lanzando insultos y supuestas pruebas en contra de la existencia de Jesús y de la veracidad de su legado. Cuando terminó, miró a la multitud con aire de suficiencia. Creía que lo único que quedaba era un montón de cenizas humeantes de la fe de toda esa gente. Les preguntó si alguien tenía algo que decir. El sacerdote del pueblo, que quería contarle a la comunidad que, a pesar de la prohibición y de toda la propaganda ateísta, ya se había horneado el *Kulich* de la gran celebración, pidió la palabra. Le concedieron tres minutos. Él replicó que,

---

[181] Nikolai Ivanovich Bukharin (Moscú, 9 de octubre de 1888-15 de marzo de 1938) fue un político, economista y filósofo marxista revolucionario ruso. Destacado miembro de la dirección bolchevique, formó parte del Politburó hasta 1929, editó *Pravda* y fue, durante la década de 1920, el teórico oficial del comunismo soviético. Dirigió la Comintern entre 1926 y 1929. Entre 1925 y 1928 fue el principal dirigente soviético junto con Stalin. Fue el más destacado defensor de la evolución hacia la modernización económica y el socialismo y, en 1928-1929, el miembro más sobresaliente de la llamada «oposición de derecha».

para lo que quería decir, no necesitaba tanto tiempo. Mirando a toda la multitud gritó el reconocido saludo de la Iglesia ortodoxa: «¡Jesucristo ha resucitado!». En masa, la multitud se puso de pie y la respuesta llegó como un trueno: «En verdad, ha resucitado».

Toda la evidencia que encontramos en el Nuevo Testamento y en la literatura de la Iglesia primitiva muestra que la prédica de la buena noticia del Evangelio no era «siga las enseñanzas del Maestro y pórtese bien», sino «Jesucristo resucitó de entre los muertos». Eso fue lo que los apóstoles salieron a contar... y les costó la vida hacerlo. ¿Qué mayor prueba de que ese humilde carpintero de Nazareth no estaba loco, ni mentía cuando decía que Él y Dios eran uno (Juan 10,30), que haberse levantado de la tumba?

Aunque la Biblia solo narra la muerte de dos de los discípulos —la de Judas, el traidor que se ahorcó (Mateo 27,5), y la de Santiago *el Mayor*[182], que murió decapitado por orden del rey Herodes (Hechos 12:2)—, la tradición nos ha dejado saber que todos los demás pasaron por el martirio. En algunos casos, los lugares y las formas en que los apóstoles sufrieron la muerte difieren según la fuente que se consulte. Pero todas coinciden en que murieron como mártires. A continuación, las historias de sus muertes según la mayoría de las fuentes.

Juan, el discípulo amado del Señor, hermano de Santiago *el Mayor*, es el autor del Evangelio que lleva su nombre, del Apocalipsis y de dos epístolas. Sobrevivió a una olla con aceite hirviendo que el emperador Domiciano ordenó como castigo por su predicación. Ya que no consiguió matarlo, el soberano lo sentenció a trabajos forzados en las minas de la isla de Patmos. Después, fue liberado y murió pacíficamente en la isla de Éfeso.

El martirio de Pedro fue profetizado por el mismo Jesús, y el evangelista Juan lo escribió con su estilo alegórico diciendo: «[...] Jesús estaba dando a entender de qué manera Pedro iba a morir y a glorificar con su muerte a Dios» (Juan 21,18-19). El apóstol murió en Roma, crucificado en una cruz invertida por orden del prefecto Agripa, funcionario del emperador Nerón.

Andrés, el hermano de Pedro e hijo de Jonás, murió en Acaya, Grecia, en el pueblo de Patra. Cuando el hermano y la esposa del gobernador Aepeas se convirtieron a la fe cristiana, este se enojó mucho. Aepeas arrestó entonces al

---

[182] Conocido como «el Mayor», hermano del apóstol Juan, ambos hijos de Zebedeo y Salomé. Algunas biblias traducen su nombre como Jacobo.

230 | Las tres preguntas

apóstol y lo condenó a morir en la cruz. Andrés, quien se sintió indigno de ser crucificado en una cruz de la misma forma que su Maestro, suplicó que la suya fuera diferente, así que lo crucificaron en una con figura de X. Hasta el día de hoy, esta es llamada la cruz de San Andrés y es uno de sus símbolos apostólicos. La tradición ubica su martirio el 30 de noviembre del año 63, bajo el imperio de Nerón.

Santiago *el Menor* o Jacobo, medio hermano de Judas Tadeo e hijo de Alfeo y María, murió en el año 62, cuando el sumo sacerdote Anás II le ordenó renegar de Jesús. Santiago no solo no lo hizo, sino que, aprovechando que estaba en lo alto del templo, se puso a predicar el Evangelio a la multitud que se encontraba allí. Al escuchar esto, los fariseos y escribas se llenaron de furia y uno de ellos lo empujó desde lo alto. Como el apóstol no murió en la caída, lo apedrearon mientras rogaba de rodillas a Dios por sus asesinos. Finalmente, falleció de un golpe con una maza en la cabeza.

Judas Tadeo, o Leveo, hijo de Cleofás y María, fue decapitado con un hacha en la ciudad de Suamir, Persia.

Mateo o Leví, hijo de Alfeo, autor de uno de los cuatro Evangelios, fue martirizado en Nadaba, Etiopía, por oponerse al matrimonio del rey Hirciaco con su sobrina Ifigenia. Esta se había convertido al cristianismo por la predicación del apóstol. Murió en el año 60, decapitado al finalizar su sermón.

Simón el Cananeo o el Zelote fue martirizado en la ciudad de Suamir, Persia, aserrado por la mitad.

El ministerio de Felipe, originario de Betsadia, lo llevó a diferentes partes. Predicó en Asia y en Heliópolis, Frigia (antiguamente era territorio griego y actualmente es turco), donde lo encerraron en la prisión, y después fue crucificado en el año 54.

Bartolomé, conocido también como Natanael, hijo de Talmai, fue martirizado en la ciudad de Albana, en Armenia. Primero lo crucificaron y, antes de morir, lo descolgaron de la cruz. Lo desollaron vivo y finalmente lo decapitaron. Por esta razón, los antiguos artistas lo pintaban con la piel en sus brazos, como quien carga un abrigo.

Tomás Dídimos, el incrédulo, sufrió el martirio en la costa de Coromandel, India. Su cuerpo fue descubierto con marcas de haber sido atravesado con lanzas.

El término *kamikaze*, de origen japonés, fue utilizado originalmente por los traductores estadounidenses para referirse a los ataques suicidas realizados por pilotos de la Armada Imperial Japonesa contra embarcaciones enemigas, a finales de la Segunda Guerra Mundial. Estos ataques pretendían detener el avance de los aliados en el océano Pacífico y evitar que llegaran a costas japonesas. Con esta finalidad, aviones cargados con bombas de doscientos cincuenta kilos impactaban deliberadamente contra sus objetivos para tratar de hundirlos o averiarlos tan gravemente que no pudieran regresar a la batalla.

Este término también lo han empleado algunos periodistas para referirse a ciertos terroristas yihadistas que salen a matar al máximo número de «infieles» posibles con la certeza de que morirán en el cumplimiento de la misión. Hacen esto porque se les ha enseñado que Alá los recompensará en el cielo con una gran cantidad de «premios», tales como un ramillete de setenta y dos vírgenes sumisas (huríes); ríos de vino, miel y leche; caballos alados de oro y rubíes, y otros regalos más para su deleite sin fin.

A partir del 2009, más de veinte monjes tibetanos decidieron inmolarse como forma de protesta por la prohibición que el gobierno de la China impuso al regreso del Dalai Lama a su natal Tíbet. Al parecer, estos monjes no han encontrado otra forma de lograr la atención mundial para presionar a los invasores de que abandonen su país.

Tanto estos monjes como los yihadistas y los pilotos japoneses están cometiendo suicidio, y este es condenado en sus respectivas religiones. Pero cuando la acción no es por una cuestión personal, sino por un supuesto bien colectivo que defiende sus creencias, la cosa cambia. Ahí ya no aplican las mismas reglas. Por eso los tibetanos, japoneses y musulmanes extremistas no catalogan estos actos como suicidios.

Cuando el terrorista yihadista sale con un chaleco bomba de su casa para explotarse en el lugar donde más destrucción pueda causar, o cuando el piloto japones estrella su nave contra un barco enemigo a propósito, o cuando el monje tibetano se enrolla en alambres de púas para que nadie intente salvarlo de su autoinmolación, cada uno de ellos tiene la plena certeza de que va a morir en el acto. Técnicamente, se trata de suicidio. Este no es el caso de los apóstoles. Ellos no buscaban su propia muerte cuando anunciaban la resurrección del Señor. Sabían que eso les traería problemas y que podía costarles la vida, como efectivamente ocurrió, pero no buscaban, ni mucho menos deseaban, su muerte. Simplemente, ellos no negaron lo que les resultaba absolutamente imposible negar: que habían visto con sus propios ojos al Maestro después de haberlo sepultado en aquella tumba que tan gentilmente José de Arimatea había facilitado. Ellos no dieron sus vidas por defender una doctrina, ni por proteger las enseñanzas de Jesús, ni por preservar una naciente Iglesia, ni mucho menos por salvaguardar una religión. Motivados por la resurrección del Señor, ellos salieron a contar todo aquello de lo que habían sido testigos desde que Jesús de Nazareth apareciera en sus vidas y los llamara para que lo acompañaran en la más emocionante de todas las experiencias. Dieron su testimonio, contaron lo que habían vivido, y por ello fueron martirizados.

Conclusión

El libro de los Hechos de los Apóstoles, escrito por Lucas —el mismo autor del Evangelio que lleva su nombre—, narra la fundación de la Iglesia católica y la expansión del cristianismo en el Imperio romano. Después que los apóstoles recibieron al Espíritu Santo en aquel día de Pentecostés, organizaron en diversas casas la celebración diaria de la conmemoración de la última cena del Señor: «Todos los días se reunían en el templo, y en las casas partían el pan y comían juntos con alegría y sencillez de corazón» (Hechos 2,46). El término «última» antecediendo a la palabra «cena» nos debe transportar a un evento definitivo y melancólico, como de triste despedida. En el caso de la del Señor, fue el principio del fin, ya que con ella se dio comienzo a los eventos que llevaron a su muerte. ¿Por qué no se reunieron a conmemorar esa última cena vestidos de luto, tristes, entre llantos y lamentos? ¿Cómo así que se reunían a celebrar, y con alegría? Si no hubiera habido resurrección, ciertamente no habría nada que festejar con gran júbilo. Jesús había profetizado que eso llegaría a ocurrir:

> Están confundidos porque les he dicho: «Dentro de poco tiempo ya no me verán y dentro de otro poco me volverán a ver». Les aseguro que ustedes llorarán y se entristecerán, mientras el mundo se alegrará. Ustedes estarán tristes, pero su tristeza se transformará en alegría. (Juan 16,19-20)

Para muchos católicos, la resurrección del Señor es uno más de esos actos de fe, en el que se cree más por costumbre que por convencimiento. En el fondo del corazón se preguntan cómo se puede probar que Jesucristo resucitó de entre los muertos, si eso pasó hace tanto tiempo. Además, también se preguntan cómo se podría probar eso, si los apóstoles no escribirían en los Evangelios algo que «no les conviniera». En otras palabras, tal vez ellos nos contaron lo que necesitábamos creer. Como con dicho pensamiento se cuestiona su honestidad, entonces cierran ojos y oídos, y prefieren evitar las preguntas. Pero ahora, con las evidencias que he aportado en este capítulo, estoy seguro de que ya no habrá más dudas. Como lo expresé anteriormente, la Biblia no es la única fuente que corrobora que Cristo fue crucificado, muerto y sepultado, que después del tercer día muchos testigos reportaron haberlo visto vivo, y que, hasta donde sabemos, varios de ellos interactuaron con Él. Los Evangelios ciertamente aportan una gran cantidad de detalles que nos ayudan a probar la honestidad, espontaneidad y hasta ingenuidad de sus autores. Pero, repito, esa no es la única fuente. Así que ahora nuestra fe en la resurrección del Señor no es un salto al vacío, sino que, por el contrario, podemos caminar por el terreno firme de la prueba con sólidas evidencias.

¿Por qué Pablo dice que, si Jesucristo no resucitó, vana es nuestra fe? Lo que nos está diciendo el apóstol es que, sin la resurrección de Cristo, no existiría el cristianismo. En ese caso, probablemente usted no habría escuchado palabra alguna de los apóstoles ni existiría la Iglesia ni ninguna esperanza de vida después de la muerte. Seguiríamos esperando angustiosamente al que nos puede redimir de nuestros pecados para gozar, en la eternidad, de las bondades y bellezas de vivir en la casa del Padre. ¿Por qué es la resurrección del Señor un evento tan decisivo?

Abraham fue el primer hombre en la historia al que Dios se le reveló. Según las creencias que él había aprendido, existían múltiples dioses representados por objetos creados por el hombre o por elementos de la naturaleza. Sin embargo, cuando Dios le habló, Abraham lo escuchó y el Señor le hizo una promesa:

> Deja tu tierra, tus parientes y la casa de tu padre, para ir a la tierra que yo te voy a mostrar. Con tus descendientes voy a formar una gran nación; voy a bendecirte y hacerte famoso, y serás una bendición para otros. Bendeciré a los que te bendigan y maldeciré a los que te maldigan; por medio de ti bendeciré a todas las familias del mundo. (Génesis 12,1-3)

Esta fue la promesa que Dios hizo a una nación que luego se conocería como Israel. Según la promesa, a pesar de que la bendición llegaría a «todas» las familias del mundo, los descendientes de Abraham se destacarían, ya que serían una «gran» nación. Lo único que Dios pidió a cambio fue fidelidad. Cada vez que los israelitas de las siguientes generaciones escuchaban sobre la promesa que Dios les había hecho (en especial aquello de que serían una gran nación), a sus mentes venía la imagen de la potencia militar y económica del momento: los egipcios, los babilonios, los griegos o los sirios, dependiendo de la época. Dios siempre se mantenía firme y cumplía su parte de la promesa, pero el pueblo israelita no. Por eso continuaban añorando el día en que serían una gran nación.

Históricamente, aparecieron una serie de profetas que anunciaban la llegada de un «hombre» que le devolvería la dignidad al pueblo de Israel, que les llevaría la buena noticia a los pobres, que anunciaría la liberación de los presos, que les restauraría la vista a los ciegos y les daría la libertad a los oprimidos. Este no sería cualquier hombre, sería Dios, quien se haría carne como nosotros y a quien llamaríamos Emmanuel (el Mesías).

Como se explicó en el segundo capítulo, hubo cientos de señales (profecías, dadas por los profetas) que ayudarían a identificar al tan anhelado Mesías. También demostré que todas esas predicciones se cumplieron con la venida de Jesús. A primera vista, se podría pensar que eso habría sido suficiente para que el pueblo lo identificara, reconociera y, por consiguiente, estallara de júbilo al saber que Dios estaba entre los hombres. Pero la ceguera fue tal que no lo reconocieron. Le tocó al mismo Jesús decirles que Él era a quien ellos esperaban. ¿Cómo tomó este anuncio el estamento más culto y educado en la Ley, es decir, los que sabían de memoria los escritos de los profetas? ¿Cómo tomaron ellos la autoproclamación de ser el Mesías? Tomaron a Jesús como a un loco, como a un impostor, como a un blasfemo.

Los judíos pensaban que ese Mesías habría de ser, al menos, una réplica del rey David (nombre que en hebreo significa «el amado» o «el elegido de Dios»). David nació en Belén —la misma ciudad donde nació Jesús— en el 1040 a. C. y murió en Jerusalén en el 966 a. C. Fue hijo de Jesé y Nitzevet. Como el menor de siete hermanos, estaba destinado a ejercer el menos glamuroso de los oficios: pastor de ovejas. Sin embargo, pasó a la historia como «un rey justo, valiente, apasionado, guerrero, músico, poeta, rubio, de hermosos ojos, prudente, de muy bella presencia... aunque no exento de pecado», según coinciden los libros sagrados de las tres religiones monoteístas. Fue un gran guerrero y conquistador. La fama que lo ha precedido, incluso hasta nuestros días, no ha sido la de conquistador, sino la de haber matado al gigante Goliat de una sola pedrada. Concluyó la tarea de unificar en un solo territorio a las doce tribus de Israel (Jacob), labor iniciada por su antecesor Saúl. Sin embargo, durante el gobierno de su nieto Roboam, las tribus volvieron a separarse. La sociedad culta de Israel esperaba que el Mesías tuviera una hoja de vida similar a esta.

Un pobre carpintero, sin dinero en los bolsillos ni soldados a su disposición, no podía ser ni tan siquiera imaginado como el esperado Mesías. Sin embargo, los múltiples y grandiosos milagros que hacía Jesús causaban una enorme confusión e intriga entre los miembros del sanedrín. Lo vieron restaurarle la vista al ciego, el habla al mudo, el oído al sordo, el caminar al paralitico, la vida al muerto. Definitivamente, no era un hombre común, ya que esas sanaciones sobrepasaban de lejos el umbral de lo humano, de lo natural. Pero, si sus milagros los intrigaban, lo que Él decía los encolerizaba.

La relación de Jesús con la más alta esfera religiosa de todo Israel se movía entre esas dos bandas, la intriga y la cólera. Por momentos, se ignoraban mutuamente. Pero cuando los encuentros se hacían inevitables —ya que el Maestro visitaba el templo cada vez que estaba en Jerusalén y se encontraba allí con ellos—, Jesús no ahorraba palabras para reprocharles el asesinato del espíritu de la Ley promulgada por Dios a través de los profetas. También les reprochaba que la hubieran convertido en una pesada carga que ni ellos mismos estaban dispuestos a llevar. Los llamaba «hipócritas», «malvados», «infieles», «insensatos», «raza de víboras», «guías ciegos» e incluso llegó a compararlos con los sepulcros blanqueados: hermosos por fuera, pero podridos por dentro.

Un buen día, los fariseos y los maestros de la Ley decidieron retar a Jesús. Le pidieron un milagro «más» para demostrar que era cierto que era el Mesías. Él les dijo:

> Esta gente malvada e infiel pide una señal milagrosa; pero no va a dársele más señal que la del profeta Jonás. Pues, así como Jonás estuvo tres días y tres noches dentro del gran pez, así también el Hijo del Hombre estará tres días y tres noches dentro de la tierra. (Mateo 12,39-40)

El Maestro mismo les dijo que la única prueba que les iba a dar era su resurrección, no sus milagros. Si Él resucitaba, significaba que no estaba loco ni mintiendo, sino que era Dios encarnado; significaba que todo lo que decía era la más pura de todas las verdades; significaba que no citaría continuamente las Escrituras si estas no fueran las palabras que Dios Padre había infundido en los profetas; significaba que la Ley volvía a nacer con un nuevo espíritu; significaba que la espera de aquel que nos redimiría de nuestros pecados había terminado; significaba que nacería la esperanza de la vida eterna junto al Padre; significaba que la Iglesia, que estaba profetizada como puente entre la Tierra y el cielo, era ya una realidad; significaba que podíamos tener por seguro todo lo que prometió, contar con ello, y significaba también que podíamos llamar a Jesús nuestro hermano, a María, nuestra Madre y a Dios, nuestro Padre. Es por esta razón que

Pablo dijo que de nada valdría nuestra fe si Cristo no hubiera resucitado. Pero ¡resucitó!

Durante los casi dos mil años que han transcurrido desde la resurrección de Cristo se han tejido toda clase de teorías para desvirtuar ese evento. Han tratado de hacerlo parecer una historia producto del deseo de unos discípulos que buscaban iniciar, a como diera lugar, una nueva religión a partir del judaísmo. Pero quienes afirman esto lo hacen desconociendo el cúmulo de evidencias que existe de fuentes cristianas y no cristianas.

La puerta de la tumba de Jesús tuvo el privilegio de ser estampada con el anillo de la máxima autoridad romana para prevenir que alguien, sin la debida autorización, entrara. Adicionalmente, una guardia del ejército mejor preparado para la guerra y con las más estrictas reglas de conducta estuvo vigilando día y noche el único acceso al sepulcro. Tres días después, los soldados de la guardia tuvieron que ir donde los altos sacerdotes para que los ayudaran con una coartada y así evitar el castigo por haber dejado escapar el cadáver de su tumba.

Ciertamente, no podemos decir que la única explicación para la desaparición del cuerpo de una persona de su lugar de descanso sea la resurrección. ¡De ninguna manera! Esta razón no debe ni tan siquiera considerarse, a menos que hubiera sido profetizado, y a menos que el difunto hubiera proclamado ser Dios y tener el poder y la autoridad para vencer la muerte y levantarse por sus propios medios de la tumba. Presenté trece tesis contundentes, que son congruentes y consistentes con el cúmulo de hechos que la literatura histórica, la lógica y la Biblia nos presentan. En el segundo capítulo mostré que el Espíritu Santo es el autor de la Biblia, así que este libro tan especial no puede ser descartado en la tarea de sumar hechos que nos ayudan a resolver el misterio de la desaparición del cadáver del Maestro. Aporté evidencias de historiadores como Josefo Flavio, Cornelio Tácito y Cayo Plinio Cecilio Segundo, cuyas obras literarias han sobrevivido hasta hoy. En ellas podemos leer lo que los tres atestiguaron con respecto a la resurrección del Señor en su propio contexto. Ellos no ofrecen el lujo de detalles que sí nos brindan los testigos cristianos, pero corroboran lo fundamental, el corazón del asunto: que Cristo fue crucificado por orden de Poncio Pilato, que fue sepultado a las afueras de la ciudad de Jerusalén, cerca del lugar de su muerte, y que días después, mucha gente lo vio vivo.

Igualmente, en el capítulo anterior, demostré que las profecías que en el transcurso de varios siglos los profetas habían hecho —y las cuales ayudarían a identificar al Mesías— se cumplieron con la venida de Jesús. También demostré cómo es matemáticamente imposible que esas profecías se hubieran cumplido con el nacimiento de Jesús y que Él no fuera el Mesías. Analicé los hechos considerando todos los escenarios posibles: desde que las mujeres se hubieran equivocado de tumba y entraran a una vacía, pasando por el escenario de que Jesús no hubiera muerto aquel viernes, hasta el del robo del cadáver. Presenté las hipótesis de algunos grupos y personas anticristianas sobre la tumba vacía que, al confrontarlas con el pleno de la evidencia, se desvirtuaron completamente. En cada una de esas hipótesis había uno o más hechos que no «cuadraban». ¿Que no murió, qué lo que la gente vio fue a un doble de Jesús? ¿Dónde está su cadáver? ¿Por qué los guardias tuvieron que pedir una coartada? Entonces alguien tuvo que haber robado el cadáver. ¿Quién? Presenté el caso de los dos únicos bandos que podrían haberlo hecho. Ninguno de los casos se ajusta completamente a la evidencia. Contra toda razón y lógica, la resurrección queda como la única explicación que satisface plenamente la prueba recolectada.

Jesús tuvo la mayor de todas las osadías que la historia haya registrado: dijo que Él era Dios. No dijo que era el rey David o Isaías o Moisés o Abraham... Dijo que era Dios. Como era de esperarse, la gente lo tomó como a un loco. Pero, después de verlo hacer tantos milagros, le pidieron una prueba contundente, que no dejara duda alguna de que Él sí era quien decía ser. Él les dijo que la resurrección era la prueba. Jesús probó ser Dios. Demostró ser el Mesías que los profetas habían anunciado. La voz de Dios, que se expresó a través de estos hombres tan especiales, quedó registrada en las Sagradas Escrituras, como también su propia voz a través de su hijo, Jesucristo.

¿Podemos confiar en esa comunicación? ¡No hay duda de ello!

Epílogo

Pablo se levantó en medio de ellos en el Areópago, y dijo: «Atenienses, por todo lo que veo, ustedes son gente muy religiosa. Pues al mirar los lugares donde ustedes celebran sus cultos, he encontrado un altar que tiene escritas estas palabras: "A un Dios desconocido". Pues bien, lo que ustedes adoran sin conocer, es lo que yo vengo a anunciarles. El Dios que hizo el mundo y todas las cosas que hay en él es Señor del cielo y de la tierra. No vive en templos hechos por los hombres, ni necesita que nadie haga nada por Él, pues Él es quien nos da a todos la vida, el aire y las demás cosas. De un solo hombre hizo Él todas las naciones, para que vivan en toda la tierra; y les ha señalado el tiempo y el lugar en que deben vivir, para que busquen a Dios y quizá, como a tientas, puedan encontrarlo, aunque en verdad Dios no está lejos de cada uno de nosotros […] Dios pasó por alto en otros tiempos la ignorancia de la gente, pero ahora ordena a todos, en todas partes, que se vuelvan a él. Porque Dios ha fijado un día en el cual juzgará al mundo con justicia, por medio de un hombre que Él ha escogido; y de ello dio pruebas a todos cuando lo resucitó»

Hechos 17,22-31

Creo que después de haber leído este libro, podemos coincidir en la gran importancia que tienen las tres preguntas que escogí para contestar, ya que sus respuestas impactan enormemente nuestras vidas: que Dios sí existe; que creó todo lo visible y lo invisible; que habló por medio de los profetas; que se hizo hombre; que nos enseñó lo que es el amor; que murió en la cruz y resucitó al tercer día; que nos instruyó a llamar «Padre» a Dios, «madre» a María y «hermano» a Jesús —toda una familia celestial—; que desde que nos creó ha mantenido una permanente comunicación, y que, entre las varias formas en que lo ha hecho, las Sagradas Escrituras ocupan un lugar privilegiado.

A lo largo del libro se hizo evidente la existencia de Dios y sus dos roles básicos y fundamentales: Creador y Padre. En una profunda y honesta reflexión, ¿qué ha de significar la certeza de la existencia de Dios como Creador para nosotros? Decía en el primer capítulo que, cuando Darwin presentó su teoría de la evolución, uno de los efectos colaterales de su argumentación fue desbancar al hombre del pedestal especial en el que estaba. Hasta ese momento, creíamos ocupar un lugar privilegiado en toda la Creación por ser la única especie que Dios había creado a su imagen y semejanza. Pero, para la teoría, éramos simplemente una especie más que, al parecer, había tenido un poco más de suerte que cualquier otra. He aportado suficiente argumentación «convergente» y «convincente» sobre la existencia de un Creador que tuvo en mente desde el comienzo toda su creación, incluido el hombre como su máxima obra, tal y como nos lo revelan las Escrituras. Podemos volver a ocupar ese puesto de honor, con corona y cetro, porque claramente no somos producto del azar ni un accidente de la naturaleza; somos creación, fruto de un plan maestro que escapa a nuestra comprensión.

Sabemos que toda obra tiene una intención y este universo no puede ser la excepción. El Creador nos creó con un propósito. ¿Cómo conocerlo? La mayoría de las personas sostiene que el propósito de la vida tiene algo —¿o mucho? — que ver con alcanzar la felicidad, autorrealizarse, alcanzar sus propias metas, triunfar, conocer el mundo, obtener prosperidad económica, trascender, etc. Pero tener «éxito» y cumplir el «propósito» de la vida son dos cosas muy diferentes. Cuando estaba cerca de graduarse de su carrera en Filosofía, en la universidad de Chicago, Hugh S. Moorhead le escribió a doscientos cincuenta de los más reconocidos filósofos, científicos, escritores e intelectuales del momento para preguntarles cuál es el propósito de la vida. Algunos le respondieron de la mejor manera que pudieron; otros admitieron que, gracias a su pregunta, ellos mismos se la habían empezado a formular; los demás fueron más honestos y respondieron que no tenían ni la menor idea. De hecho, varios le pidieron el favor de que les dejara saber si algún día llegaba a encontrar la respuesta. En su libro *The Meaning of Life*, publicado en 1988, pueden verse todas las respuestas que recopiló.

Tal parece que no es una pregunta fácil de responder. Si yo le pusiera en sus manos un invento que jamás hubiera visto en su vida, que tiene la apariencia de un cubo metálico, algo pesado, que puede envolver con sus manos, es posible que usted lo termine usando como pisapapeles porque considera que es el mejor uso que puede darle. Pero, si acude a su inventor y le pregunta por el propósito de esa creación, él le diría, por ejemplo, que se trata de un proyector de imágenes tridimensionales, que para hacerlo funcionar debe colocar su dedo en una esquina por cinco segundos, y que, después de ese tiempo, se abre un compartimento de la caja y se empiezan a proyectar las más hermosas imágenes en tres dimensiones. «Qué desperdicio», pensaría usted después de ver ese increíble invento cumpliendo el propósito para el que fue creado... ¡y saber que lo estaba usando de pisapapeles!

Cuando una pareja de enamorados decide tener un hijo, no está pensando en traer al mundo al próximo presidente de su país o al científico que va a descubrir la cura de una enfermedad hasta ese momento incurable o al próximo papa. Ellos están pensando exclusivamente en ellos. Sienten que les hace falta dar el siguiente paso en su compromiso de familia, experimentan una especie de vacío que quieren llenar con el hijo, y pueden tener un sinfín más de razones. Pero son exclusivamente «sus» razones, no las del hijo. Cuando lo conciben, empiezan a imaginar un futuro lleno de sueños e ideales para él, con la esperanza de que la vida los haga realidad. Saben que un día ese hijo tomará sus propias decisiones y confían en que, al brindarle la mayor dosis posible de amor, agradarán al Señor.

Decía el famoso filósofo, matemático y escritor ateo Bertrand Russell: «A menos que se dé por hecho la existencia de Dios, la búsqueda del propósito de vivir no tiene sentido». No encontraremos el propósito de la vida buscando en nuestro interior, como sugieren la inmensa cantidad de libros de autoayuda, autosuperación y automotivación. No nos creamos a nosotros mismos; por lo tanto, no hay manera de que podamos encontrar la razón de nuestra existencia en nuestro interior. Fuimos creados por «Dios» y para «Dios», al igual que lo hicieron nuestros padres terrenales, que nos engendraron por «ellos» y para «ellos». Al ser parte de ese plan divino de la Creación, nuestra vida consiste en permitir que Él nos use para sus propósitos, y no que nosotros lo usemos a Él para los nuestros.

Nuevamente, en una profunda y honesta reflexión, ¿qué ha de significar para nosotros la certeza de la existencia de Dios, ya no como Creador, sino como Padre? La base de cualquier relación es la comunicación; con Dios no es la excepción. A Él le hablamos con nuestra oración y Él nos responde con su Palabra. Mostré que la Biblia es un libro vivo, escrito por el Espíritu Santo, que nos revela las palabras que todo buen padre quiere trasmitirle a sus hijos para su provecho y conveniencia. Volviendo al invento de la cajita metálica que, a falta del manual de instrucciones, se terminó usando como pisapapeles, se podría hacer una analogía: la Biblia es nuestro manual de instrucciones. Debo reconocer que tiene algunos pasajes difíciles de comprender, por la época en que fue escrita, por sus condiciones culturales y por el tiempo transcurrido desde entonces, pero, si esta es la razón por la cual usted no se siente cómodo leyéndola, se la puedo resumir en una sola palabra: amor. En tres: Dios es amor. Si la quiere un poco más extensa: amémonos los unos a los otros como Jesús nos amó. ¿Y cómo nos amó? El ejemplo más cercano que se me ocurre, aunque soy consciente de que me quedo corto, es el amor de una madre a su hijo. Es muy frecuente escuchar a las madres decir que ellas no tendrían ningún problema en donarle su corazón a sus hijos: «solamente díganme la hora y el lugar y ahí estaré». Una madre no solo va a estar ahí puntual, sino que estará feliz de hacerlo. Ese fue el tipo de amor que Jesús nos dio.

Cuando se habla de «amor», nos encontramos con dos clases de problemas. El primero es que el «exceso» de uso de esa palabra le ha restado valor a su real significado (se habla de amor a la patria, al trabajo, al arte, a la mascota, a una comida, a un restaurante, etc., la usamos con demasiada facilidad). El segundo problema es que el lenguaje nos impone una enorme limitación. En español, por ejemplo, tenemos dos palabras que expresan ese sentimiento en diferentes grados: *amar y querer*. Sin embargo, cuando un texto es traducido al idioma inglés, ambas palabras se traducen por lo general como *love*. Es decir que, mientras que una persona latina puede distinguir entre querer a una persona y amarla, un estadounidense no tiene una forma de expresar, con palabras, esas dos clases de sentimiento por una persona. Así como el inglés cuenta con solo una palabra para expresar este sentimiento y el español con dos, el griego (que fue el idioma en el que se escribieron los Evangelios) tiene tres: *philia, eros* y *agapé*. Los antiguos griegos dieron el nombre de *eros*[183] al amor entre el hombre y la mujer, un amor que no nace del pensamiento o la voluntad, sino que de alguna forma se «impone» al ser humano. El amor entre hermanos, el de los padres a los hijos, el que sentimos por nuestros amigos y mascotas, etc., lo denominaron *philia*. Este es el tipo de amor que Pablo describe en su primera carta a los Corintios:

> Tener amor es saber soportar; es ser bondadoso; es no tener envidia, ni ser presumido, ni orgulloso, ni grosero, ni egoísta; es no enojarse ni guardar rencor; es no alegrarse de las injusticias, sino de la verdad. Tener amor es sufrirlo todo, creerlo todo, esperarlo todo, soportarlo todo». (1 Corintios, 4-7)

Agapé lo reservaron para expresar el sentimiento de Jesús para con nosotros. Se trata del amor incondicional que «todo» lo da sin esperar nada a cambio. Al

---

[183] Solo encontramos dos veces esta palabra en el Antiguo Testamento.

hombre le resulta casi que antinatural esa forma de amar; pero ese es el reto, amar incondicionalmente. Si traducimos al griego la palabra «amor» en el diálogo de Pedro con Jesús resucitado, se leería:

Terminado el desayuno, Jesús le preguntó a Simón Pedro:
—Simón, hijo de Juan, ¿me *agapé* (amas) más que estos?
Pedro le contestó:
—Sí, Señor, tú sabes que te *philio* (quiero).
Jesús le dijo:
—Cuida de mis corderos.
Volvió a preguntarle:
—Simón, hijo de Juan, ¿me *agapé* (amas)?
Pedro le contestó:
—Sí, Señor, tú sabes que te *philio* (quiero).
Jesús le dijo:
—Cuida de mis ovejas.
Por tercera vez le preguntó:
—Simón, hijo de Juan, ¿me *philio* (quieres)?
Pedro, triste porque le había preguntado por tercera vez si lo quería, le contestó:
—Señor, tú lo sabes todo: tú sabes que te *philio* (quiero).
Jesús le dijo:
—Cuida de mis ovejas. (Juan 21,15-17)

El Señor trata de que Pedro entienda que Él le está pidiendo un amor (*agapé*) muy, pero muy superior al que el apóstol tiene por Él. Finalmente, en la tercera pregunta, Jesús desiste, se pone a su mismo nivel y utiliza la palabra que la humanidad del discípulo es capaz de dar (*philio*).

Desde que regresé a mi Iglesia, busqué la forma más racional posible de establecer una relación con Dios. Tal vez esa es una de las razones por las que la apologética cautivó mi interés. En ese proceso de racionalizar todo lo que iba descubriendo y aprendiendo, me di cuenta de que la mejor forma de establecer esa relación era asemejándola a la que tuve con mi familia cuando era un niño de apenas cinco años. Es decir que, a pesar de ser ya un adulto, ante Dios sigo siendo ese mismo niño. Él es mi Padre y mi Madre, yo soy su hijo de cinco años y todas las personas que me rodean son mis hermanos. Mi relación con mi familia cuando era niño es igual a mi relación de hoy con Dios.

No entendía muchísimas cosas de mis padres. No comprendía todo lo que hacían; o por qué me decían lo que me decían; o por qué algunas veces me daban alimentos que no me gustaban; o por qué realizábamos actividades que no siempre eran de mi agrado, que me molestaban o me incomodaban, como cuando me llevaban al médico o a visitar algunos miembros de la familia que no me atraían. Con Dios me pasa igual.

No me preocupaba por pensar de dónde provenía el sustento diario o la ropa o la casa o los juguetes; lo cierto es que todo estaba garantizado, nunca faltaba nada. Me bastaba decir que tenía hambre y «por arte de magia» aparecía ante mí la comida; era como si la despensa fuera ilimitada y se autoabasteciera. La ropa que me daban, a pesar de no tener caballos ni cocodrilos, me abrigaba y siempre me hacía lucir muy bien. Si en la madrugada me despertaba llorando por algún mal sueño, alguno de mis padres venía inmediatamente en mi auxilio y me acompañaba hasta que me calmara y me volviera a dormir, sin importar si estaba cansado o si tenía que madrugar. Nunca se agotaban y siempre se encontraban despiertos cuando yo lo estaba. Con Dios me pasa igual.

Si alguno de mis hermanos se enfermaba, a mis padres los hacía muy feliz ver que yo le ofrecía un vaso con agua y me preocupaba por su situación. Ellos sabían que yo no lo podía sanar, y que tal vez nada de lo que yo hiciera contribuiría a su mejoría, pero les alegraba y lo celebraban; celebraban que mi amor por ellos se manifestara en momentos como esos. Si peleaba con alguno de mis hermanos, mis padres quedaban intranquilos hasta que nos perdonábamos. No les gustaba que riñéramos, pero les encantaba que nos abrazáramos, que compartiéramos nuestras cosas y que nos divirtiéramos juntos. Con Dios me pasa igual.

Cuando se aproximaba el día de las madres, en el colegio nos pedían que lleváramos materiales para hacer algún tipo de manualidad y dársela en su día. Yo le tenía que pedir a mi madre que los comprara —ella era la encargada de esos asuntos— y en más de una ocasión me ayudó a terminar el trabajo. Parecía que ella lo olvidaba por completo una vez quedaba concluido, porque cuando se lo entregaba lo recibía con gran sorpresa, como si nunca lo hubiera visto en su vida. Mis padres disfrutaban que yo les pidiera cosas, en especial su ayuda y consejo. Me tapaban los oídos para que no oyera lo que no tenía que oír, los ojos para que no viera lo que no tenía que ver, y blindaban mi corazón para que no nacieran sentimientos que no tenían por qué surgir, a pesar de que yo pensaba que todas las palabras, imágenes y emociones eran igualmente buenas. Recuerdo una vez que mi madre se molestó mucho y me regañó porque me encontró tratando de meter un palo de paleta en un tomacorriente. Me advirtió que la próxima vez que me sorprendiera haciendo lo mismo me castigaría severamente. Confieso que me tomó bastantes años entender el motivo de su molestia. Con Dios me pasa igual.

La peor de las angustias, el más grande dolor y el mayor pánico que podía experimentar era ir al odontólogo. Hubiera apostado absolutamente todo lo que tenía, sin dudarlo ni por un segundo, a que no existía nada más horrible que algún ser humano pudiera experimentar. En mi mente infantil, estaba plenamente convencido de que no existía nada en la Tierra que pudiera siquiera acercarse a semejante cosa tan espantosa. Mi madre me hablaba. Con algo de risa me decía: «No te preocupes que todo va a estar bien. Yo no voy a soltar tu mano ni un instante y ya verás que va a pasar muy rápido». (Ella sabía que yo estaría feliz y riendo nuevamente en pocos minutos, pero era mi pequeño mundo contra el inmenso de ella). Finalmente, la confianza en mi madre, no en la del odontólogo, me calmaba; aferraba fuertemente mi mano a la suya y me entregaba al suplicio. No entendía por qué debía pasar por esa terrible tortura. Pero algo me decía que, si ella estaba a mi lado, todo estaba bien, nada malo me podría pasar. Aunque, sinceramente, la experiencia me parecía terrible. Mi madre tenía razón: todo quedaba rápidamente en el pasado, yo no moría. Por el contrario, estaba mejor, ya que podía volver a comer sin sentir dolor. Con Dios me pasa igual.

Yo con cinco años veía a mis padres como verdaderos superhéroes, de la talla de Superman y la Mujer Maravilla. Nunca se cansaban, todo lo podían. Veían el futuro, no sentían sueño ni hambre, estaban en todas partes y no podía decirles mentiras porque inmediatamente me explicaban lo que realmente había ocurrido; lo sabían todo. Ellos resolvían el peor de mis problemas con una facilidad sorprendente. No le tenían miedo a nada y espantaban con gran valentía a los monstruos que a veces se colaban en mi cuarto a la hora de dormir. Siempre tenían la razón y, de alguna manera, nos hacían sentir a mí y a mis hermanos que cada uno de nosotros era su hijo favorito, el más amado. Parecían enciclopedias ambulantes, ya que respondían cualquier pregunta que se nos cruzara por la mente. Creo que éramos más ricos que Bill Gates, ya que nunca nos faltó comida, ropa, juguetes y, de vez en cuando, idas al cine o paseos. Para mis necesidades, todo lo teníamos en abundancia. Con Dios me pasa igual.

He tenido la oportunidad de escuchar a muchas personas interpretar Mateo (18,3): «Les aseguro que si ustedes no cambian y se vuelven como niños, no entrarán en el Reino de los Cielos». Generalmente se enfocan en la pureza de corazón y la inocencia. Dicen que tenemos que deshacernos de los «malos pensamientos» para asemejarnos más a los niños. Pero yo he tomado estas palabras como la inspiración para desarrollar la relación que he descrito anteriormente. El niño tiene total y plena confianza en sus padres y por eso se abandona a ellos. Él sabe que todo proviene de ellos, que todo se lo dan y todo lo resuelven. Sin ellos, él sabe que está en serios aprietos. Por eso su mundo se transforma cuando se aferra a sus manos. Ahora ese «dichosos los que tienen espíritu de pobres, porque de ellos es el Reino de los Cielos» (Mateo 5,3) tiene más sentido y lo entendemos porque dice lo mismo que la cita anterior. El pobre, al no tener nada, está en las manos de otro, como el niño que, al no tener nada, depende enteramente de sus padres. Lo mismo me sucede con «pues si ustedes, que son malos, saben dar cosas buenas a sus hijos, ¡cuánto más su Padre que está en el cielo dará cosas buenas a quienes se las pidan!» (Mateo 7,11). Esta cita me llena de confianza al saber que la clase de relación que desarrollé con Dios, en mi forma racional y práctica de ver las cosas, es una relación familiar.

Con todas las vicisitudes que vivió el gran rey David, creo que él también terminó desarrollando este tipo de relación con Dios. Por ello, escribió en su Salmo (139,1-6):

> Señor, tú me has examinado y me conoces;
> tú conoces todas mis acciones;
> aun de lejos te das cuenta de lo que pienso.
> Sabes todas mis andanzas,
> ¡sabes todo lo que hago!
> Aún no tengo la palabra en la lengua,
> y tú, Señor, ya la conoces.
> Por todos lados me has rodeado;
> tienes puesta tu mano sobre mí.
> Sabiduría tan admirable está fuera de mi alcance;
> ¡es tan alta que no alcanzo a comprenderla!

Algunas personas desconfían de la Biblia debido a la cantidad de cuentos que de ella han inventado los que ven la religión como una forma de coartar sus libertades (¿libertinaje?). Según ellos, la Biblia ha sido manipulada para que la Iglesia pueda crear e inculcar miedo a un castigo eterno, con lo que nos pueden dominar a su antojo. También dicen que sus autores inventaron una gran cantidad de cosas para señalar algunas conductas humanas como «pecaminosas», jugar de esta manera con el miedo y mantenernos dominados. Otros se preguntan cómo creer en el Nuevo Testamento si los autores empezaron sus escritos muchos años después de los acontecimientos; por lo tanto, dicen, estos relatos no son confiables. Por supuesto, no faltan los que dicen que los «curas» de hace cientos de años desaparecieron una gran cantidad de escritos de la Biblia que a ellos no les convenían. Con esto, nos podrían controlar con el miedo al infierno. Hay muchas historias más de toda índole y procedencia.

En mi libro *Lo que quiso saber de nuestra Iglesia católica y no se atrevió a preguntar* dediqué varios capítulos a refutar estas y otras afirmaciones, así que no me extenderé señalando hechos y evidencias que desmienten este tipo de calumnias. Estas son el fruto del desconocimiento de la historia y, peor aún, de la falta de lógica y sentido común. Con la información aportada en este libro, creo que queda suficientemente claro que los profetas hablaron en nombre de Dios. Solo así ellos pudieron haber profetizado lo que profetizaron y sus profecías se cumplieron al pie de la letra cientos de años después. ¿Cabría pensar que todos estos hombres que gozaron de una cercana amistad con Dios lo traicionaron al final, que mintieron en sus escritos? ¿Todos ellos? Y si fueran puras invenciones humanas, ¿Jesús las habría repetido para instruir, corregir y guiar a la gente, diciendo que eran Palabra de Dios aunque no lo fueran? Y en el caso del Nuevo Testamento, ¿qué nos puede hacer pensar que los apóstoles, que vieron a Jesús resucitado (lo que comprobaba que Él era el mismo Dios), pusieron en su boca palabras que Él no dijo?

Yo tenía escasos ocho años cuando mi padre completó una larga curva de la carretera en lo alto de una montaña y, a lo lejos, en el horizonte, apareció, ocupando toda la geografía que teníamos al frente, el océano Atlántico. Aun hoy al escribir estas líneas recuerdo perfectamente el momento, el carro en el que íbamos, la gran alegría que sentimos cuando mi madre señaló la enorme mancha azulosa y nos dijo que era el mar. No recuerdo cómo yo iba vestido ni si iba en la silla de adelante o en la de atrás. Tampoco recuerdo las palabras exactas que nos dijeron para presentarnos el mar. Pero el recuerdo de esa primera impresión, la alegría que nos causó verlo, la fiesta y la algarabía que mis hermanos y yo hicimos no las he olvidado, a pesar de la cantidad de años que han pasado. Si quisiera escribir en mis memorias aquel día, diría lo que básicamente ya dije. ¿Importaría o cambiaría la historia si escribiera que mi madre dijo: «Miren, niños, ese es el mar» en vez de «ahí tienen el famoso mar» o «les presento el océano Atlántico»? ¿Pierde validez mi relato por no recordar exactamente las palabras que ella pronunció? ¿O incluso que haya sido mi padre quien las dijera y no ella, como quedó registrado en mi memoria? ¿Cierto que no? Lo importante de la historia es que yo iba con toda mi familia en el carro cuando uno de mis padres nos dijo que esa inmensa mancha azul brillante era el mar y que eso nos causó una enorme alegría, lo cual generó un hermoso recuerdo de familia que perdura hasta el presente.

Esto fue lo que hicieron los apóstoles. Ellos escribieron la esencia de las enseñanzas de Jesús, sus milagros, sus pensamientos, sus advertencias, sus consejos, sus mandatos..., sus promesas. Con las tesis presentadas en esta obra, creo que usted puede sentirse seguro de que ninguno de los discípulos se atrevió a tergiversar sus palabras o a mentir cuando escribieron el testimonio de todas sus vivencias con el Maestro; testimonios que, a la larga, les costaron la vida. Además, los apóstoles no fueron los únicos testigos de todo lo que escribieron. Percátese de que Jesús siempre estuvo rodeado de multitudes y que ellas fueron garantes de la veracidad de lo contado por los escritores del Nuevo Testamento.

Como resalté a lo largo de toda la obra, la Biblia tiene unas peculiaridades que no posee ningún otro libro sagrado de ninguna religión plenamente establecida, como el islamismo, el hinduismo y el budismo. La Biblia es la única que contiene una narración de la creación del universo que concuerda plenamente con los últimos descubrimientos científicos. Además, la Biblia es la única que contiene profecías que decían que Dios se iba a encarnar en una figura humana y habitaría la Tierra con nosotros. Demostré cómo, desde el punto de vista de las matemáticas, es imposible que esas profecías se hubieran cumplido con el nacimiento y vida de una persona que no fuera el Mesías. ¿Ya sabe qué responderle a quien le cuestione su certeza de estar en la religión correcta? El Dios de la Biblia es nuestro Creador y Jesús lo ratificó con sus obras, su vida y su resurrección.

Presenté el enorme dilema que aparece cuando le ponemos atención a todas las palabras de Jesús. Evidentemente, Él dijo cosas muy lindas, altruistas y esperanzadoras que atraen mucho tanto a creyentes como no creyentes. Por eso algunos simplemente lo ven como un buen hombre e ignoran —¿por desconocimiento?, ¿por conveniencia? — que ¡dijo ser Dios! Pero es precisamente eso lo que, de ser cierto, lo convierte en el Mesías, en Dios hecho hombre y, de ser falso, en un loco. ¿Se da cuenta del «problema» tan enorme ante el que estamos? Si usted no tiene el firme convencimiento de que Jesús resucitó de entre los muertos, pero simpatiza con sus enseñanzas, tenga muy presente que esas enseñanzas habrían sido las de un loco de atar. De ahí la importancia que le di en esta obra a aportar la mayor cantidad de evidencias para sustentar que su resurrección fue un hecho real e histórico. No existe la misma cantidad de información que tenemos del entierro de Jesús sobre ningún otro entierro de la antigüedad. Por ello pude recopilar las trece tesis que presenté; pero existen muchísimas más. De toda la literatura cristiana que se ha escrito, el tema de la resurrección es sobre el que más páginas se pueden compilar. Existen tratados enteros sobre este evento, tales como *The Resurrection of Jesus*, de James Orr; *The Resurrection of Our Lord*, de William Milligan, y *The Resurrection and Modern Thought*, de W. J. Sparrow-Simpson, entre otros.

La resurrección de Jesús no fue el resultado de la fe de los discípulos. Por el contrario, la resurrección dio origen a su fe. Esta es la fe que nos han transmitido hasta hoy a través de las Escrituras, de la Tradición y por medio de sus sucesores: los obispos. Quienes abrazamos la fe católica nos hemos acostumbrado tanto a la figura de Jesús y a todas sus enseñanzas que solo recordamos el magno evento de su resurrección durante la Semana Santa. Lo vemos casi como un acto más de los tantos que conocemos de sus tres años de apostolado. Pero tanto el Maestro, que tuvo que explicarles a los discípulos lo que significaba ese acontecimiento (Lucas 24,13-35), como Pablo, que dijo que sin la resurrección del Señor nuestra fe no servía para nada, recalcan la enorme importancia de esa tumba vacía. Sin la resurrección del Señor, seguiríamos matando corderos para buscar el perdón de nuestros pecados; seguiríamos circuncidándonos, como lo ordenaba la Ley; seguiríamos aferrados al cumplimiento de las más de seiscientas cuarenta leyes mosaicas; seguiríamos dejando morir al enfermo en sábado porque no podríamos hacer nada por él. Pero Jesús resucitó y eso le dio una nueva vida a la Ley. Los sacramentos se vuelven esa acción visible de la gracia invisible de Dios a través de la tercera persona de la Trinidad, como lo prometió el Maestro antes de ascender al cielo. Jesús se quedó en cuerpo presente a través de la eucaristía para alimentarnos y nutrirnos, y se quedó en espíritu para guiarnos hacia el Padre en nuestro peregrinar hacia Él.

Si usted es de las personas que, por las razones que sea, no lee la Biblia con regularidad, lo invito a que lo haga. Estoy seguro que, después de haber reflexionado sobre los temas tratados en este libro, coincidirá conmigo en que podemos ver la Biblia como una autobiografía de nuestro Padre, y ¿quién no quisiera leer la autobiografía de alguno de sus padres terrenales si estuviera escrita? La simple curiosidad sería suficiente motivación para hacerlo, pero el deseo de conocer más y más sobre esa persona que nos trajo al mundo y que tanto amor nos brindó debe ser el mayor motivo para leerla y volverla a leer. Ya le di la confianza de saber que las palabras que tiene su Biblia actual son las mismas que escribieron los profetas hace cientos de años, así que ya puede abandonar toda esa cantidad de mitos que probablemente ha escuchado y que usaba como excusa para no leerla. Si no está familiarizado con ella, le recomiendo que comience con el Evangelio de Lucas, luego el de Mateo o Marcos y luego pase a las cartas de Santiago y de Juan; después lea la Carta de los Romanos y los Salmos, y así, poco a poco, se irá adentrando más y más en la lectura. No se predisponga a entender todas y cada una de las palabras que lea, ni a buscar un mensaje en cada frase; solo dispóngase a pasar un rato con su mejor amigo.

Llego al final de esta obra con la esperanza de haberle ayudado a ratificar sus creencias católicas sobre bases racionales, apoyadas por la ciencia, las matemáticas, la historia y la lógica. El doctor de la Iglesia, San Anselmo de Canterbury (siglo XI), decía que era necesario creer para comprender, y luego tratar de comprender lo que se creía. Según el santo, quien no anteponía la fe era presuntuoso; sin embargo, quien no invocaba inmediatamente a la razón para comprender lo que creía era negligente. Hoy más que nunca debemos completar ese segundo paso recomendado por este ilustre doctor de la Iglesia, porque las corrientes ateas y agnósticas suman cada día más adeptos a sus filas usando historias científicas falsas y cuestionamientos que una persona mejor preparada desvirtuaría con hechos e información como los aquí presentados.

APÉNDICE A

Quién es Dios y quién no es Dios

Una de las primeras oraciones que aprendí en mi infancia fue el credo de los apóstoles. Uno de sus apartes dice: «[...] al tercer día resucitó de entre los muertos, subió a los cielos y está sentado a la derecha de Dios Padre, todopoderoso [...]». Recuerdo que siempre que la repetía, me imaginaba la escena de dos personajes —Padre e Hijo—, vestidos cada uno con túnica blanca y cinturón dorado, barba blanca, una nube muy grande a sus pies y otras a su alrededor, rodeados de ángeles regordetes que tocaban un instrumento parecido a un arpa pequeña; sentados en una silla de oro con incrustaciones de piedras preciosas, mirando hacia abajo todo el día. Ellos, arriba en el espacio azul y nosotros, en la Tierra. Al Padre lo imaginaba como a Santa Claus, algo gordo, de ojos azules, pelo cano, siempre sonriente, del tamaño de un gran gigante y definitivamente, de tez blanca. Su silla la imaginaba más grande e imponente que la del hijo. Y al hijo, sentado a su derecha, lo imaginaba como al actor inglés Robert Powell, quien interpretó a Jesús en 1977 en la famosa película de Franco Zeffirelli[184], *Jesús de Nazareth*. Lo imaginaba, por alguna razón, de pelo cano, aunque en la película lo tenía castaño.

---

[184] Gian Franco Corsi Zeffirelli fue un director de cine italiano que produjo una gran cantidad de aclamadas películas, óperas y obras de teatro.

Ya en mi edad adulta, después de hablar con la gente, he venido a descubrir que muchos tienen esa misma imagen de Dios y de su Hijo después de su ascensión a los cielos. Así como sucede con la radio, que deja a la imaginación la tarea de darle un rostro y un cuerpo a la voz que sale del aparato, tendemos a hacer lo mismo con Dios, queremos darle un rostro y un cuerpo. El Evangelio de Mateo (3,17) dice: «Se oyó entonces una voz del cielo que decía: "Este es mi Hijo amado, a quien he elegido"». ¿Cómo son el rostro y el cuerpo de Dios? ¿Cómo es? ¿Quién es?

En su libro *La cabaña*, Paul Young recrea el encuentro sanador entre un hombre cuya pequeña hija murió a manos de un asesino en serie y la Santísima Trinidad. Entre las novedades del libro está la forma que el autor le dio a cada una de las personas de la Trinidad: al Padre lo caracterizó como una mujer afroamericana, al Espíritu Santo, como una asiática y al Hijo, como un judío varón. El libro fue llevado al cine en el 2017. Octavia Spencer[185] interpretó al Padre (en la película es llamada cariñosamente «*papa*»). Tener una imagen de Dios ha inquietado a la mente humana desde que tenemos registros de su existencia.

A la pregunta «¿quién es Gabriel García Márquez?» se puede contestar que fue un escritor colombiano, premio nobel de literatura en 1982, autor de importantes novelas como *Cien años de soledad*, *Crónica de una muerte anunciada* y *La mala hora*, entre otras; autor de cuentos como *La increíble y triste historia de la cándida Eréndira y de su abuela desalmada* y *Los funerales de la Mamá Grande*, entre muchos otros. Vivió hasta los ochenta y siete años. Murió en la ciudad de México, lugar que lo albergó durante sus últimos años de vida, a causa de un cáncer linfático. Cuando se pregunta cómo era Gabriel García Márquez, se puede contestar que era una persona muy talentosa, de gran humor, que siempre hacía sonreír a sus amigos, un buscador incansable de la concordia y la armonía, alguien que, sin ocultar sus ideas socialistas, se mantuvo alejado de la política. Fiel y leal a sus principios, consideraba la amistad como uno de los grandes regalos de la vida, que había que conservar a toda costa. ¿Cómo era físicamente? Tenía pelo crespo, de cara redonda, pómulos sobresalientes, cejas muy pobladas y un bigote bastante tupido que resaltaba aún más su permanente

---

[185] Octavia Spencer (Montgomery, Alabama, 25 de mayo de 1970) es una actriz, directora, productora y guionista estadounidense de cine y televisión. Ha sido ganadora de un premio Óscar, un Globo de Oro, un BAFTA y tres Premios del Sindicato de Actores.

sonrisa. Tenía una frente ancha y despejada, nariz corva, y una piel clara que contrastaba con sus ojos marrones.

Esas son las preguntas clásicas que formulamos cuando nos interesa conocer a una persona. Queremos conocer su nombre, origen, principales rasgos físicos, carácter e intelecto, obras y legado. Es natural que queramos saber lo mismo con respecto a Dios.

¿CUÁL ES EL NOMBRE DE DIOS?

Después que Moisés dejó atrás a su familia real adoptiva y abandonó la tierra de Egipto, se refugió en la región de Madián. Allí conoció a quien sería su esposa, Zipora, hija de Jetro. En esa región aprendió y ejerció el oficio de pastor de ovejas y se hizo cargo de los rebaños de su suegro. Cuarenta años después, mientras cuidaba las ovejas en la montaña de Horeb, se percató de un arbusto en llamas que no se quemaba. Al acercarse, una voz lo llamó por su nombre y le ordenó que se quitara las sandalias, ya que la tierra que él pisaba era santa. La voz se presentó como el Dios de sus antepasados, el Dios de Abraham, de Isaac y de Jacob, y luego le encomendó la misión de sacar al pueblo israelita de Egipto para llevarlo a tierras de libertad. Al finalizar, y como quien se pone a pensar qué más necesita saber antes de comenzar la misión, Moisés cayó en la cuenta de un asunto importante y le dijo: «[...] El problema es que si yo voy y les digo a los israelitas: "El Dios de sus antepasados me ha enviado a ustedes", ellos me van a preguntar: "¿Cómo se llama?". Y entonces, ¿qué les voy a decir?» (Éxodo 3,13). Moisés, que vivía en un lugar donde se adoraba a los dioses del sol, el fuego, la luna, la muerte, etc., quería saber, de entre tantos, quien era él, a lo que Él le contestó: «[...] Yo Soy el que Soy[186]. Y dirás a los israelitas: Yo Soy me ha enviado a ustedes» (Éxodo 3,14). Otras traducciones dicen «[...] Yo Soy el que Soy. De este modo, dijo, dirás a los hijos de Israel: El que Es me ha enviado a vosotros».

Dios se abstuvo de decirle a Moisés un nombre como el que poseen todas las cosas que conocemos (silla, mesa, luna, tigre, Carlos, etc.), o como el que tenían los dioses que él conocía (Rá, dios del sol; Ámon, dios de todos los dioses; Toth, dios de la luna; Hathor, diosa del amor y la alegría). «Yo Soy el que Soy» no era su nombre, era más bien una indicación de su naturaleza: Él Es.

---

[186] En hebreo, *Ehyeh Asher Ehyeh*.

Entonces, ¿cómo nos vamos a referir a Él si no quiso dar su nombre? En el hebreo antiguo no se usaban las vocales en la escritura, por lo que las consonantes que se escribieron en el Pentateuco fueron *yod-hei-vav-hei* que se pronunciaba *iajuéj*. Al traducirse al latín, las letras que quedaron fueron YHWH, y en español se tradujeron como Yahvé. En la Edad Media, los judíos masoretas (quienes reemplazaron a los escribas de la época de Jesús) tomaron las vocales de las palabras *Elohin*, que significa «Dios fuerte», y *Edonay*, que significa «El Señor», y las mezclaron con Yahvé. Así, obtuvieron la palabra «YeHoWiH», que dio lugar al vocablo «Jehová», nombre adoptado por la mayoría de las biblias protestantes para referirse a Dios. No olvidemos que estos son nombres que creamos los humanos, y no nombres revelados.

¿QUIÉN CREÓ A DIOS?

Esta pregunta la ha pensado, la está pensando o la pensará la mayoría de las personas que cree en la existencia de Dios o del Creador. ¿Quién creó al Creador? ¿Quién creó a Dios? Esta pregunta puede parecer válida, y gramaticalmente, desde el punto de vista sintáctico, está bien formulada. Pero la verdad es que no tiene sentido. No todas las preguntas, por más que estén expresadas correctamente, tienen sentido. «¿Te acuerdas de lo que comiste ayer?» es gramaticalmente correcta y tiene lógica, pero «¿te acuerdas de lo que moriste ayer?» no la tiene. Las dos preguntas conservan la misma estructura sintáctica, ya que solamente estoy cambiando la palabra «comiste» por «moriste». Pero la segunda pregunta es ilógica. «Lo que comiste» tiene un sentido claro y se puede referir específicamente a una cosa, por ejemplo, una ensalada, pero «lo que moriste» no tiene sentido. Veamos otros ejemplos como «¿Cuántos metros tiene un litro de agua?». Nuevamente, esta pregunta es correcta sintácticamente, pero es absurda, ya que los volúmenes no tienen la propiedad lineal que nos permitiría medirlos con un metro. «¿Cómo hago para no olvidar esos lugares donde nunca he estado?», «¿cómo es un triángulo con cuatro ángulos?» son también preguntas ilógicas, ya que implican una contradicción.

Si alguien pregunta «¿quién creó a **D**ios?», realmente está preguntando «¿quién creó a **d**ios[187]?». La respuesta pertinente sería que a **d**ios lo creó **D**ios,

---

porque, si ese **d**ios fue creado, quien lo creó es **D**ios (el que crea tiene mayor potestad que lo creado). ¿Qué quiero decir con este juego de minúsculas y mayúsculas? Que, al Dios de Abraham, de Isaac y de Jacob, al Dios al que Jesús se refiere como su Padre, al Dios del Génesis que crea el universo y todo lo que hay en él nadie lo creó, porque precisamente ese es el significado de **D**ios, con mayúscula; Él simplemente ES. Por eso nos referimos a Él como Dios. Ya que no fue creado, Él es la causa de todo, es la causa de todas las causas. Él es eterno. Allí está precisamente la contradicción de la pregunta, en suponer que fue creado.

Todas, absolutamente todas las cosas que existieron, existen y existirán poseen una propiedad que se llama la «contingencia». Esta es la propiedad que tienen las cosas de existir o no. Yo soy un ser contingente porque existo, pero también podría no haber existido, en cuyo caso usted no estaría leyendo este libro, sino otro. La puerta de su casa es contingente, ya que existe, pero también podría no haber existido. En ese caso, usted tendría otra. El sol es una estrella contingente porque existe, pero podría no haber existido, en cuyo caso nosotros tampoco existiríamos, pero el resto del universo sí. Dios no posee esta propiedad porque Él siempre ha existido: Él es «necesario», que es lo opuesto a «contingente». Si lo «contingente» es lo que «podría» o no existir, lo «necesario» es lo que sabemos que «tiene que» existir. En su exposición de las cinco vías para demostrar la existencia de Dios, Santo Tomás de Aquino se refiere a Dios como la primera causa[188]. Tiene que haber un ser no contingente que sea causa de todo lo contingente. Es decir que, si existimos nosotros (o porque existimos) —lo contingente—, Dios —que es necesario— no puede no existir.

Así que cuando alguien pregunta «¿quién creó a Dios?», está suponiendo que Dios es contingente, y eso es una contradicción, ya que Él es necesario. Qué contestaría si alguien le pregunta «¿cuál es la comida más rica que nunca ha probado?». Esa pregunta no tiene respuesta porque contiene una contradicción. Lo mismo ocurre con «¿quién creó a Dios?».

Hay que tener mucho cuidado con las preguntas que llevan en sí mismas una contradicción, porque conozco a varios cristianos que cuestionan sus creencias después de escuchar ese tipo de interrogaciones. ¿Recuerda la famosa pregunta «¿puede Dios crear una piedra tan pesada que ni Él mismo pueda levantarla?»? El principal error de esa pregunta está en la manera de entender la omnipotencia.

---

[188] Antes de Santo Tomás de Aquino, Aristóteles, en el siglo IV a. C., fue uno de los primeros filósofos que habló de una causa primaria.

La omnipotencia no se define como la capacidad de hacer cualquier cosa, incluido lo que es lógicamente absurdo. Es como pedirle a Dios que cree un cuadrado de tres ángulos[189] o a un muerto vivo. Un cuadrado de tres ángulos y un muerto vivo son conceptos contradictorios en sí mismos, que no deben poner en duda el poder de Dios. Lo mismo ocurre con la piedra inamovible. Esto es un absurdo en sí mismo. Ser consciente de ello destruye el malicioso propósito que busca quien formula la pregunta, que no es otro que poner en duda la omnipotencia de Dios.

Lo mismo ocurre con la pregunta «¿qué hacía Dios antes de la creación del universo?». San Agustín contestaba que Él estaba preparando el infierno para los que se lo preguntaran. Nuevamente, esta pregunta no puede ser respondida, ya que el tiempo comenzó a existir cuando Dios creó el universo. La expresión «antes de» solo tiene sentido en un contexto en que el tiempo existe, y antes de la Creación, el tiempo no existía.

¿CÓMO ES FÍSICAMENTE DIOS?

Yuri Gagarin fue el primer ser humano en viajar al espacio exterior. Lo hizo el 12 de abril de 1961 a bordo de la nave rusa Vostok 1. Tiempo después, el entonces secretario general del Partido Comunista, Nikita Jrushchov[190], dijo lo siguiente en un discurso dirigido al pleno del comité: «Gagarin voló al espacio, pero no vio ningún dios allí». Yo también, en una etapa temprana de mi vida, compartí esa ilusión de poder ver a Dios de alguna forma, ya fuera con un súper-telescopio o gracias a que algún afortunado astronauta se lo encontrara en algún lugar por allá afuera y nos contara de su anatomía. Sin embargo, el comentario de Nikita, líder de una potencia mundial, buscaba ofrecer una prueba concluyente de que Dios no existía.

---

[189] En su libro *Summa contra Gentiles*, Santo Tomás de Aquino escribió: «Dado que los principios de ciertas ciencias, tales como la lógica, la geometría y la aritmética se derivan únicamente de los principios formales de las cosas, de los cuales depende la esencia de las cosas, entonces Dios no puede realizar acciones que sean contrarias a estos principios. Por ejemplo, a partir de una especie no se puede predecir el *genus*, es imposible que líneas [radios] trazadas desde el centro de una circunferencia no sean iguales, como tampoco es posible que en un triángulo la suma de sus tres ángulos internos no sea igual a dos ángulos rectos".

[190] Dirigente de la Unión Soviética durante una parte de la Guerra Fría. Desempeñó las funciones de primer secretario del Partido Comunista de la Unión Soviética entre 1953 y 1964.

La mitología griega[191] es tal vez la mitología antigua que nos resulta más familiar: Zeus, Crono, Poseidón, Urano, Hades, Eros, etc., eran los dioses que lo gobernaban todo. Tras la batalla con los Titanes, Zeus se repartió el mundo con sus hermanos mayores, Poseidón y Hades, echándoselo a suertes. Él consiguió el cielo y el aire; Poseidón, las aguas y Hades, el mundo de los muertos. Para los griegos de esa época, sus dioses no solo tenían nombres, sino que poseían forma humana y actuaban como tal. Se casaban entre ellos y daban a luz a otros dioses que desempeñaban diferentes roles en la vida de los humanos. Curiosamente, poseían las mismas debilidades de los hombres: se encolerizaban, hacían pataletas, se enamoraban de quien no debían, se traicionaban y sufrían las demás pasiones propias de la vida humana.

Así que no es extraño que un cristiano se pregunte por la forma física de Dios. Como lo dije anteriormente, yo lo hacía muy frecuentemente antes que mi concepto del Padre madurara. Sabemos de Dios lo que Él nos ha revelado, y en cuanto a su naturaleza, nos ha dicho que es espíritu (Juan 4,24); que no es un ser natural, sino sobrenatural. Es por ello que la tradición católica se ha negado a referirse a Dios como un ser, como un ente supremo que está por encima de todas las cosas, porque Él simplemente ES. En el latín de Santo Tomás de Aquino, se lo define como *ipsum esse subsistens:* Dios tiene su ser por sí mismo en virtud de la perfección de su esencia, a diferencia del resto de las criaturas, que reciben su ser (existencia) de otro. Dios es el mismo ser, el ser absoluto, el ser que subsiste por sí mismo. Según la gramática hebrea, «Yo Soy el que Soy» significa 'yo soy aquel que estaba, que está y que estará'. Significa, entonces, «el que existe por sí mismo»; es decir, que no fue creado, como se explicó anteriormente.

En su primer capítulo, el libro del Génesis nos dice: «Entonces dijo Dios: Hagamos al hombre a nuestra imagen, conforme a nuestra semejanza [...]» (Génesis 1,26). ¿Cabe entonces decir que, si somos su imagen, Él también posee piernas, brazos, ojos, etc.? La respuesta es no. Fuimos hechos a su imagen, pues nos infundió un alma a imagen de Él. Esto nos lo revela el Génesis (2,7): «Entonces Dios el Señor formó al hombre del polvo de la tierra, y sopló en su nariz aliento de vida, y fue el hombre un ser viviente». Podemos crear porque Él

---

[191] La mitología griega es el conjunto de mitos y leyendas de la cultura de la Antigua Grecia que tratan de sus dioses y héroes, la naturaleza del mundo, los orígenes y el significado de sus propios cultos y prácticas rituales. El término Antigua Grecia se refiere al período de la historia que abarca desde la Edad Oscura de Grecia (entre 1200 a. C. y la época de la invasión dórica) hasta el año 146 a. C. (época de la conquista romana tras la batalla de Corinto).

es creador, podemos amar porque Él es amor, podemos perdonar porque Él es perdón, podemos ser fieles porque Él es fidelidad, podemos ser pacientes porque Él es paciencia, etc. Todas estas son manifestaciones de nuestra alma como imagen de Dios, y nos hacen diferentes del resto de su Creación. Dios nos pone aparte del mundo animal y nos capacita para ejercer el dominio sobre todas las demás criaturas y tener comunión con Él. Se trata de una «semejanza» mental, moral y social.

Mental, porque fuimos creados racionales y con voluntad propia; es decir, podemos razonar y elegir. Esto es reflejo de la inteligencia y la libertad de Dios. Cada vez que alguien hace algo bueno, compone una obra, escribe un poema, descubre una medicina, resuelve un problema de matemáticas, esa persona vive la imagen de Dios en ella.

Moral, porque fuimos creados en justicia y perfecta inocencia, reflejo de la santidad de Dios. Al terminar cada día de la Creación, Él veía todo y lo llamaba «muy bueno». Cada vez que alguien hace buen uso de un recurso, escribe una ley justa, denuncia la injusticia, se aleja de la maldad, se siente culpable de algo que hizo mal, está manifestando la imagen de Dios en él.

Social, porque fuimos creados para la convivencia, reflejo de la trinidad de Dios y su amor. La primera relación que tuvo el hombre fue con Dios, quien luego le dio a la mujer por compañera, porque «no es bueno que el hombre esté solo [...]» (Génesis 2,18). Cada vez que alguien da un abrazo, ayuda a alguien, se casa, hace una oración, alimenta al prójimo, está proclamando la imagen de Dios en él.

Ahora, no olvidemos que Dios es Uno y Trino, es decir, tres personas distintas en un solo Dios verdadero: Padre, Hijo y Espíritu Santo. En el pasaje de la visita de Dios a Abraham, vemos a los tres en forma humana:

> El Señor se le apareció a Abraham junto al encinar de Mamré, cuando Abraham estaba sentado a la entrada de su tienda, a la hora más calurosa del día. Abraham alzó la vista, y vio a tres hombres de pie cerca de él. (Génesis 18,1-2)

En esta ocasión, solo Abraham y su esposa Sara tuvieron la oportunidad de verlos en dicha forma. Pero miles de personas vieron al Hijo cuando se encarnó en el hijo de José y María y habitó entre nosotros por cerca de treinta y tres años:

APÉNDICE A | **259**

Aquel que es la Palabra se hizo hombre y vivió entre nosotros. Y hemos visto su gloria, la gloria que recibió del Padre, por ser su Hijo único, abundante en amor y verdad. (Juan 1,14)

En otras oportunidades, el Espíritu Santo se hizo visible en forma de paloma (Mateo 3,16), y también en lenguas de fuego (Hechos de los Apóstoles 2,3). Pero esto no quiere decir que ellos tengan esas «formas». Dios Trino ha escogido estas representaciones terrenas para interactuar con nosotros, sirviendo un propósito específico y, en todo caso, actuando para nuestra conveniencia y como expresión de su amor por nosotros.

¿CÓMO SON EL CARÁCTER Y EL INTELECTO DE DIOS?

El evangelista Juan dice en su primera carta: «El que no ama, no ha conocido a Dios; porque Dios es amor» (1 Juan 4,8). Nótese que no dice que tiene mucho amor, o que es su máxima expresión, o que es el más grande amor que jamás haya existido; dice que ¡ES amor! Por favor, deténgase unos instantes y digiera esto que nos dicen las Escrituras: Él es el amor mismo. También sabemos que Dios es infinito, es decir, que es ilimitado. Todo lo creado es finito, tiene límites, por más grande que pueda ser. Hay una cantidad determinada de agua de los mares, la energía del átomo tiene cierta magnitud, el calor del sol solo puede alcanzar una temperatura dada. Pero Dios no tiene límites de ninguna clase. Que Dios sea infinitamente perfecto significa que no hay nada bueno, deseable o valioso que no lo tenga Dios; además, Él lo posee en grado absolutamente ilimitado. Las perfecciones de Dios son Dios mismo o, como se diría en teología, son de su misma sustancia. Esto significa que, para ser exactos, no deberíamos decir «Dios es bueno», sino «Dios es Bondad»; tampoco «Dios es sabio», sino «Dios es Sabiduría», etc.

Pero Dios también es otras cosas: es omnisciente (Salmo 139,1-16), —todo lo sabe—; es benevolente (1 Juan 4,8) —desea solo el bien—; es omnipotente (Job 40,1) —todo lo puede—; es omnipresente (Salmo 139,7-10) —está presente en todas partes al mismo tiempo—; es inmutable (Salmo 101,28; Apocalipsis 1,8) —no está regido por el tiempo, por lo que no experimenta ningún tipo de cambio—; es uno y único (Deuteronomio 32,39; Isaías 45,5).

La Biblia entera nos habla de todos estos atributos de Dios, poniendo de manifiesto un Padre amoroso que nos ama infinitamente, que nos conoce como ninguno, que está siempre y en todo lugar con nosotros y que, sin importar lo que hagamos, nos ama igual. Barry Adams[192] publicó una página en Internet[193] llamada *Father's Love Letter* en enero de 1999. Allí, después de escoger diferentes pasajes de las Sagradas Escrituras, compuso una carta del Padre a nosotros sus hijos:

Mi hijo, puede que tú no me conozcas, pero Yo conozco todo sobre ti (Salmos 139,1). Yo sé cuándo te sientas y cuando te levantas (Salmos 139,2). Todos tus caminos me son conocidos (Salmos 139,3). Aun todos los pelos de tu cabeza están contados (Mateo 10,29-31). Porque tú has sido hecho a mi imagen (Génesis 1,27). En mí tú vives, te mueves y eres (Hechos 17,28). Porque tú eres mi descendencia (Hechos 17,28). Te conocí aun antes de que fueras concebido (Jeremías 1,4-5). Yo te escogí cuando planeé la Creación (Efesios 1,11-12). Tú no fuiste un error, porque todos tus días están escritos en mi libro (Salmos 139,15-16). Yo he determinado el tiempo exacto de tu nacimiento y dónde vivirías (Hechos 17,26). Tú has sido creado de forma maravillosa (Salmos 139,14). Yo te formé en el vientre de tu madre (Salmos 139,13). Yo te saqué del vientre de tu madre el día en que naciste (Salmos 71,6). Yo he sido mal representado por aquellos que no me conocen (Juan 8,41-44). Yo no estoy enojado y distante, soy la manifestación perfecta del amor (1 Juan 4,16). Y es mi deseo gastar mi amor en ti simplemente porque tú eres mi hijo y Yo, tu padre (1 Juan 3,1). Te ofrezco mucho más que lo que tu padre terrenal podría darte (Mateo 7,11). Porque Yo soy el Padre Perfecto (Mateo 5,48). Cada dádiva que tú recibes viene de mis manos (Santiago 1,17). Porque Yo soy tu proveedor, quien suple tus necesidades (Mateo 6,31-33). El plan que tengo para tu futuro está siempre lleno de esperanza (Jeremías 29,11). Porque Yo te amo con amor eterno (Jeremías 31,3). Mis pensamientos sobre ti son incontables como la arena en la orilla del mar (Salmos 139,17-18). Me regocijo sobre ti con cánticos (Sofonías 3,17). Yo nunca pararé de hacerte bien (Jeremías 32,40). Porque tú eres mi tesoro más precioso (Éxodo 19,5). Yo deseo afirmarte dándote todo mi corazón y toda mi alma (Jeremías 32,41). Yo quiero mostrarte cosas grandes y maravillosas (Jeremías 33,3) Si me buscas con todo tu corazón, me encontrarás (Deuteronomio 4,29). Deléitate en Mí y te concederé las peticiones de tu corazón (Salmos 37,4). Porque Yo soy el que produce tus deseos (Filipenses 2,13). Yo puedo hacer por ti mucho más de lo que tú podrías imaginar (Efesios 3,20). Porque Yo soy tu mayor alentador (2 Tesalonicenses 2,16-17). Yo también soy el Padre que te consuela durante todos tus problemas (2 Corintios 1,3-4). Cuando tu corazón está quebrantado, Yo estoy cerca

---

[192] Cofundador de Father Heart Communications y pastor asociado del Westview Christian Fellowship.

[193] www.FathersLoveLetter.com

de ti (Salmos 34,18). Así como el pastor carga a un cordero, Yo te cargo a ti cerca de mi corazón (Isaías 40,11). Un día, Yo te enjugaré cada lágrima de tus ojos y quitaré todo el dolor que hayas sufrido en esta tierra (Apocalipsis 21,3-4). Yo soy tu Padre, y te he amado como a mi hijo, Jesús (Juan 17,23). Porque en Jesús, mi amor hacía ti ha sido revelado (Juan 17,26). Él es la representación exacta de lo que Yo soy (Hebreos 1,3). Él ha venido a demostrar que Yo estoy contigo, no contra ti (Romanos 8,31). Y también a decirte que Yo no estaré contando tus pecados (2 Corintios 5,18-19). Porque Jesús se murió para que tú y Yo pudiéramos ser reconciliados (2 Corintios 5,18-19). Su muerte ha sido la última expresión de mi amor hacía ti (1 Juan 4,10). Por mi amor hacia ti haré cualquier cosa que gane tu amor (Romanos 8,31-32). Si tú recibes el regalo de mi Hijo Jesús, tú me recibes a Mí (1 Juan 2,23). Y ninguna cosa te podrá a ti separar otra vez de mi amor (Romanos 8,38-39). Vuelve a casa y participa de la mayor fiesta celestial que nunca has visto (Lucas 15,7). Yo siempre he sido Padre, y por siempre seré Padre (Efesios 3,14-15). La pregunta es ¿quieres tú ser mi hijo? (Juan 1,12-13). Yo estoy esperando por ti (Lucas 15,11-32).[194]

Habiendo enumerado algunos de los atributos del carácter de Dios, nos resulta más fácil entender esa hermosa frase de Jesús narrada por el evangelista Mateo (7,11): «Pues si ustedes, que son malos, saben dar cosas buenas a sus hijos, ¡cuánto más su Padre, que está en el cielo, dará cosas buenas a quienes se las pidan!».

¿CUÁLES SON LAS OBRAS Y EL LEGADO DE DIOS?

Entendiendo al Creador como el que es capaz de sacar algo de la nada (que es realmente la definición de *crear*, que no es sinónima de *hacer*, *producir*, *transformar*, *convertir*, etc.), las obras de Dios son todo el mundo visible e invisible, es decir, toda la Creación, incluyéndolo a usted.

Los cielos cuentan la gloria de Dios, y el firmamento declara lo que sus manos han hecho. Un día le cuenta a otro este mensaje, y cada noche a la siguiente. No se escucha lenguaje ni palabras, ni se emite una voz que podamos oír. Sin embargo, su voz atraviesa el mundo entero, sus palabras llegan al último rincón de la tierra. Dios le ha dado al sol el cielo como hogar. Y como cuando sale un novio de la alcoba nupcial, o como cuando un atleta se dispone a recorrer su camino, así sale feliz el sol para

---

[194] *Father's Love Letter*, con permiso de Father Heart Communications © 1999 www.FathersLoveLetter.com

hacer su recorrido. Comienza su carrera en un punto del cielo y hace todo su recorrido hasta llegar al final; nada en la tierra puede escapar de su calor. (Salmo 19,1-6)

Yo no sé si le ha pasado que, por un motivo u otro, ha sido invitado a la casa de una persona que no conoce, que nunca ha visto, y, cuando usted llega y la recorre, puede determinar muchos rasgos de su anfitrión observando el estilo de decoración y otras características del lugar. Si la casa está sucia y desordenada, o si, por el contrario, está limpia y todo está en su lugar, qué cuadros adornan las paredes, qué música está sonando en la radio, qué programa está viendo en la televisión, qué libros hay en la biblioteca, si los hay, etc. Sin temor a equivocarse, usted siente que puede determinar en cierto grado la personalidad del propietario. Igual nos pasa con nuestro Creador, ya que en realidad somos invitados de honor en esta casa llamada Tierra. ¿Qué podemos decir de Él observando nuestro alrededor? Definitivamente, que es muy generoso, todo lo hizo en abundancia: los mares, las estrellas, la nieve, los peces, los árboles, los insectos, las aves, los colores, los olores, los sabores, etc. Todo es abundante, incluso los diamantes que, por ser tan costosos, se presume que existen en un número limitado, pero lo cierto es que llevamos cientos de años haciendo huecos profundos y los seguimos encontrando. Podemos decir que es sumamente creativo: basta ver toda la variedad de la naturaleza: hormigas, estrellas, elefantes, pulpos, cometas, ballenas, nieve, águilas, cataratas, cuevas, libélulas, océanos, lombrices, tigres, frutas, rosas, esmeraldas, volcanes, cotorras, vegetales, estalactitas, árboles, glaciares, mariposas, ríos, lluvias, perros, el hombre, etc. Toda esta variedad de formas; destrezas; tamaños; maneras de moverse, de alimentarse, de reproducirse, de adaptarse y de hacerse notar, de contribuir, de destruir, de iluminar, de absorber, de expulsar; en fin, su creatividad supera cualquier lista que desee hacerse. También podemos decir que es sumamente paciente: basta mencionar el caso de una estrella que toma millones de años en formarse para que, cuando dirijamos nuestra mirada al firmamento, lo veamos elegantemente adornado con esos puntos de luz y digamos: «¡qué cielo tan estrellado!». Le encanta la variedad. Pensó que el pescado nos habría de servir como fuente de alimentación, pero no nos lo dio de una sola clase —que igual nos alimentaría—, sino que nos dio millones de variedades. Pensó que los árboles serían los encargados de reciclar el aire y aportarnos la madera; pero no hizo una sola clase, sino millones de diferentes variedades. Lo mismo hizo con las manzanas, pues hay cientos de clases diferentes. ¡Y qué decir del hombre!: a pesar de que todos tenemos ojos, nariz, boca, orejas, pelo, color de piel y forma de la cara, no vemos dos rostros iguales.

QUIÉN NO ES DIOS

Dios no es uno más de esos dioses que la imaginación de los antiguos escritores concibió y que se encuentran en lo que se conoce como «mitología», dioses que poseían los mismos defectos y cualidades que nosotros los humanos. Ellos sentían celos, rabia, envidia, rencor, mentían y también eran capaces de ser amorosos, generosos, compasivos. Podían estar de buen o mal humor según las circunstancias particulares del momento. Algunas veces se aburrían de sus rutinas y se daban una vuelta por la Tierra, y en varias oportunidades fueron seducidos por la belleza de las mujeres y tuvieron relaciones con varias de ellas, traicionando a sus esposas «celestiales».

Dios no es ese guerrero violento que quiere imponer su verdad a punta de guerras y destrucción, como el dios que algunos grupos invocan pretendiendo que la violencia es lo que Él les ordena.

Dios no es ese dios policía que se esconde detrás de cada uno de nosotros para sorprendernos haciendo cosas consideradas malas, desde el punto de vista de nuestra educación o cultura, y castigarnos o corregirnos inmediatamente como lo harían nuestros padres terrenales.

Dios no es esa energía que encontramos manifiesta de diversas maneras en la naturaleza, que nos brinda el alimento corporal y espiritual.

Dios no es ese titiritero que se entretiene jugando con nosotros, haciéndonos hacer cosas, enviándonos castigos en forma de enfermedades, fracasos, ruinas, etc. por lo que hemos hecho mal, o premiándonos con buena salud, dinero, fama y poder por habernos portado bien.

Dios no es un narcisista que requiere que lo estemos adorando permanentemente para que esté contento, como si condicionara su amor hacia nosotros según sea nuestro nivel de adoración.

Dios no es el dios de los «huecos». Ese dios al que el hombre le atribuía algún fenómeno de la naturaleza que era incapaz de entender o de explicar, como la lluvia, el fuego, los eclipses, etc. En la medida en que comprendimos esos vacíos o «huecos», ese dios fue perdiendo «poder» hasta que desapareció casi que por completo.

Dios no es tampoco una combinación de un poco de cada uno de los referidos anteriormente, una combinación que vamos dibujando en nuestra mente y corazón dependiendo de las experiencias que le vayan dando forma a nuestra vida. Desafortunadamente, según sea el grado de inmadurez de nuestro conocimiento de Dios, cada una de esas ideas equivocadas de Él nos lleva por el camino errado, nos desvía del que nos ha de conducir a ese Padre amoroso del que nos habló Jesús en su hermosa parábola del hijo pródigo:

Jesús contó esto también: «Un hombre tenía dos hijos, y el más joven le dijo a su padre: "Padre, dame la parte de la herencia que me toca". Entonces el padre repartió los bienes entre ellos. Pocos días después el hijo menor vendió su parte de la propiedad, y con ese dinero se fue lejos, a otro país, donde todo lo derrochó llevando una vida desenfrenada. Pero cuando ya se lo había gastado todo, hubo una gran escasez de comida en aquel país, y él comenzó a pasar hambre. Fue a pedir trabajo a un hombre del lugar, que lo mandó a sus campos a cuidar cerdos. Y tenía ganas de llenarse con las algarrobas que comían los cerdos, pero nadie se las daba. Al fin se puso a pensar: "¡Cuántos trabajadores en la casa de mi padre tienen comida de sobra, mientras yo aquí me muero de hambre! Regresaré a casa de mi padre, y le diré: Padre mío, he pecado contra Dios y contra ti; ya no merezco llamarme tu hijo; trátame como a uno de tus trabajadores". Así que se puso en camino y regresó a la casa de su padre. Cuando todavía estaba lejos, su padre lo vio y sintió compasión de él. Corrió a su encuentro, y lo recibió con abrazos y besos. El hijo le dijo: "Padre mío, he pecado contra Dios y contra ti; ya no merezco llamarme tu hijo". Pero el padre ordenó a sus criados: "Saquen pronto la mejor ropa y vístanlo; pónganle también un anillo en el dedo y sandalias en los pies. Traigan el becerro más gordo y mátenlo. ¡Vamos a celebrar esto con un banquete! Porque este hijo mío estaba muerto y ha vuelto a vivir; se había perdido y lo hemos encontrado". Comenzaron la fiesta.
Entre tanto, el hijo mayor estaba en el campo. Cuando regresó y llegó cerca de la casa, oyó la música y el baile. Entonces llamó a uno de los criados y le preguntó qué pasaba. El criado le dijo: "Es que su hermano ha vuelto; y su padre ha mandado matar el becerro más gordo, porque lo recobró sano y salvo". Pero tanto se enojó el hermano mayor, que no quería entrar, así que su padre tuvo que salir a rogarle que lo hiciera. Le dijo a su padre: "Tú sabes cuántos años te he servido, sin desobedecerte nunca, y jamás me has dado ni siquiera un cabrito para tener una comida con mis amigos. En cambio, ahora llega este hijo tuyo, que ha malgastado tu dinero con prostitutas, y matas para él el becerro más gordo".
El padre le contestó: "Hijo mío, tú siempre estás conmigo, y todo lo que tengo es tuyo. Pero había que celebrar esto con un banquete y alegrarnos, porque tu hermano, que estaba muerto, ha vuelto a vivir; se había perdido y lo hemos encontrado"». (Lucas 15,11-32)

CONCLUSIÓN

¿Piensa que no respondí claramente quién es Dios? Lo cierto es que todas nuestras palabras y conceptos se quedan cortos al explicar quién es realmente. Él es esencialmente misterio, palabra que procede del griego *muein* y que significa 'cerrar la boca'. San Agustín dijo: «Si lo entiendes, ese no es Dios»[195]. A nosotros nos resulta fácil entender las cosas que nos rodean, lo que existe en el mundo, lo que podemos ubicar en un espacio y en un tiempo. Si Juan está allá, no puede estar acá en el mismo instante. Él es Carlos, por lo tanto, no es Roberto. Una mesa no es una silla. Esa es una montaña y ese es un pájaro. Desde niños vamos aprendiendo a conocer todo por comparación y contraste. Buscamos las cosas que nos resultan iguales y las llamamos por el mismo nombre. También aprendemos lo que hace a una cosa diferente de otra para aprender una palabra y adicionarla a la inmensa lista de cosas que conocemos. Pero con Dios no podemos hacer lo mismo. No podemos decir que ahí hay una mesa, allá hay una pared, allá está Carlos, acá estoy yo y allá está Dios. Incluso Santo Tomás de Aquino se rehusó a «clasificar» a Dios en un género; el animal, vegetal, mineral y el género de Dios, por ejemplo. No existe este género. Ni siquiera Él comparte la naturaleza de los ángeles. Ellos tienen su propio género y es diferente al nuestro.

Dios no es un «algo» más entre todas las cosas del mundo o del universo, ni siquiera es el «algo» más grande que existe. No podemos decir que este edificio es más grande que aquel otro; y que aquel otro es todavía más grande que el anterior; y que, a su vez, la Tierra es más grande que todos los edificios; pero que la galaxia es más grande que la Tierra; y que el universo es más grande que la galaxia, y que entonces Dios es más grande que el universo. Dios ni siquiera es lo más grande que existe en el universo. Dios simplemente ES.

Como Dios es infinito y perfecto, ningún ser creado puede comprender plenamente su naturaleza. Él es muy diferente a todo lo que existe o ha existido. Es incomprensible, inaccesible a nuestras mentes imperfectas y limitadas. Así dice san Pablo acerca de Dios:

---

[195] *Si comprehendis, non es Deus.*

Al Único Soberano, Rey de Reyes y Señor de los Señores, al único inmortal, que vive en una Luz inaccesible y que ningún hombre ha visto ni puede ver, a Él sea el honor y el poder por siempre jamás. (1 Timoteo 6,15-16)

¿Comprende y entiende usted plenamente a su pareja? Si no ha logrado entenderlo o entenderla plenamente a ella, que es otra persona de carne y hueso, teniendo en cuenta que ambos usan el poder del cerebro para actuar, que comparten un código de comunicación, que han compartido gran parte de sus vidas, ¿qué diremos de Dios? El hecho de que no comprendamos ni entendamos plenamente a nuestra pareja no quiere decir que no la amemos con todo nuestro ser, con toda nuestra voluntad y con todo el corazón, que gocemos de su compañía tanto como para decidir hacer una vida en unión para el resto de nuestros días. Con Dios nos debe pasar lo mismo. La diferencia es que no hay que conquistarlo, sino que debemos dejarnos conquistar, ya que Él, al igual que el padre amoroso de la parábola narrada por san Lucas, sale siempre a nuestro encuentro, a abrazarnos y a hacernos una fiesta cuando caminamos hacia Él.

APÉNDICE B

ALGO DE MATEMÁTICAS

He considerado importante hacer una introducción general a la notación (forma de escribir los números), poner en contexto los que considero que son números grandes y hacer una brevísima introducción al fascinante mundo de las probabilidades. En el desarrollo de la primera pregunta, me veo en la necesidad de hablar de cifras muy grandes. Sé que a algunas personas no les resulta fácil comprender qué tan grande es un número grande, ni qué tan pequeño es un número pequeño. Aclarar esto es la razón de este apéndice.

NÚMEROS GRANDES

Primero, debemos hablar de la notación científica o exponencial, que es una manera de escribir cifras grandes de un modo abreviado. Por ejemplo, podemos escribir el número cien millones de la manera convencional, es decir, 100 000 000, o, en notación científica, 1×10^8, que se lee «uno por diez a la ocho». También podemos decir que 100 000 000 es igual a 10×10^7 o a 100×10^6, o

1000x10^5, y así sucesivamente[196]. Entonces, podemos deducir que la cifra *mx10^e*, donde *m* es denominada *mantisa*[197] y *e* es denominado *orden de magnitud*, equivale a escribir el número *m* seguido de *e* ceros a su derecha.

Esta notación también se usa para escribir cifras pequeñas. Una millonésima de una unidad equivale a dividir la unidad en un millón de partes, o sea, equivale a 0,000001 —o lo que en notación científica sería 1x10^{-6}—. En este caso, el valor *e* indica el número de ceros a la izquierda de la mantisa.

Veamos algunos ejemplos:

$500 = 5x10^2$

$5\ 000\ 000 = 5x10^6$

$92\ 000\ 000\ 000\ 000\ 000\ 000\ 000\ 000 = 9,2x10^{25}$

$0,001 = 1x10^{-3}$

Ahora que hemos explicado la forma de escribir cifras extremadamente grandes o pequeñas, veamos los casos de algunos números que serían muy tediosos de escribir, leer o decir si no contáramos con esta notación.

Existe un acuerdo generalizado de la comunidad científica sobre la edad aproximada del universo: 15 000 millones de años, o 1,5x10^{10} años. Si 1 año tiene 365 días, 1 día tiene 24 horas, 1 hora tiene 60 minutos y 1 minuto tiene 60 segundos, ¿cuántos segundos de edad tiene nuestro universo? 15 000 000 000 x 365 x 24 x 60 x 60, que equivale a 4,7x10^{18} segundos. Como estoy seguro de que usted se imaginó que la edad del universo en segundos sería una cifra extremadamente grande, y lo es, podemos decir que una cifra con 18 ceros a la derecha es un número sumamente grande.

Si yo preguntara por un estimado del total de átomos que existen en el universo, ¿qué cifra se imaginaría? Seguramente no sería fácil dar un número determinado. Pero estoy seguro que pensaría que tiene que ser el número más grande que se pueda imaginar. Según la revista digital *Universe Today*[198], hay

---

[196] Realmente estas cifras no serían correctas, ya que el propósito de esta notación es escribir los números de la manera más abreviada posible. Sin embargo, he usado estas cifras para ayudar a comprender la metodología de la notación.

[197] La mantisa debe ser cualquier número mayor o igual a uno y menor que diez.

[198] Ver www.universetoday.com

aproximadamente 1x10^{86} átomos en todo el universo[199]. Es claro entonces que una cifra con 86 ceros a la derecha definitivamente representa una cantidad extremadamente grande.

INTRODUCCIÓN A LAS PROBABILIDADES

Entremos ahora brevemente al mundo de las probabilidades. Hay básicamente dos clases: simples y compuestas. Ejemplos de probabilidades simples: la probabilidad de ganarse la lotería, la probabilidad de sacar cara al lanzar una moneda al aire, la probabilidad de extraer un chocolate rojo de una bolsa de M&M's. Ejemplos de probabilidades compuestas: la probabilidad de sacar cara dos veces seguidas al lanzar una moneda, la probabilidad de sacar cuatro cartas al azar de una baraja inglesa y que resulten ser los cuatro ases.

Existen varias formas de expresar el grado de certeza que tenemos de que un determinado evento suceda, es decir, la probabilidad de que ocurra. Una de las más comunes es expresar ese grado de certeza en términos de un porcentaje entre cero y cien, como cuando se dice que hay 80 % de probabilidad de que llueva mañana. Una segunda forma es expresar el número de posibilidades que hay en contra, como cuando se dice que la probabilidad de ganar una determinada lotería es de 1 entre 200 000 000 y la probabilidad de ganar otra es de 1 entre 100.

Si una probabilidad se acerca al 0 %, quiere decir que el evento es muy improbable. Por otra parte, una que se acerque al 100 %, quiere decir que es un evento que seguramente ocurrirá. Un ejemplo: en la lotería Lotto de la Florida hay que acertar seis números de cincuenta y tres. La probabilidad de ganarse el premio mayor es entonces de 1 entre 22 957 480, lo que es igual a 4,35x10^{-6} %

---

[199] Según la misma revista, el total de galaxias que existe en el universo observable es aproximadamente 3x10^{11}. Cada una tiene un promedio de 4x10^{11} estrellas. Podemos decir entonces que hay aproximadamente un total de 1,2x10^{23} estrellas. En promedio, una estrella pesa 1x10^{35} gramos, así que todas ellas pesan 1x10^{58} gramos (1x10^{52} toneladas). Un gramo de masa de hidrógeno tiene 1x10^{24} átomos. Multiplicando estas dos últimas cifras, obtenemos el total de átomos en el universo: 1x10^{86}. Como puede darse cuenta, en este cálculo no se incluyen otros cuerpos celestes, tales como planetas, lunas, cometas, etc., ya que, si se hiciese, la cifra resultante cambiaría muy poco. Esto se debe a que la masa de todos ellos resulta despreciable frente a la de una estrella. Por ejemplo, en nuestro sistema solar, el sol representa el 99,98 % del total de la masa del sistema solar. El restante, 0,02 %, es el total de las masas juntas de todos los planetas, sus respectivas lunas, meteoritos, cometas, etc.

(0,00000435 %). Claramente, es una posibilidad muy baja, por eso es muy difícil ganársela. Otro ejemplo: los meteorólogos nos hablan diariamente de la probabilidad de que llueva al día siguiente. Nos dicen que habrá un 80 % de posibilidad de lluvia, lo que significa básicamente que debemos salir de la casa con paraguas porque es casi seguro que va a llover. Pero si dicen que habrá un 5 % de posibilidad de lluvia, eso significa que el día será seco.

Matemáticamente, una probabilidad simple está definida por la siguiente fórmula: número de casos favorables dividido entre número de casos posibles. ¿Cuál es la probabilidad de que al sacar una carta al azar de una baraja inglesa resulte ser el diez de corazones? La baraja inglesa tiene cincuenta y dos cartas. Está compuesta por cuatro palos: corazón, diamante, trébol y picas. Cada palo tiene trece cartas (desde el as hasta el diez, más la J, la Q y finalmente la K). Como la baraja tiene solamente un diez de corazones, la probabilidad de encontrarlo al azar es de 1 entre 52 (1/52 = 0,02). Uno, porque solo es favorable un caso: el diez de corazones; y cincuenta y dos, porque es el total de cartas que hay en la baraja. Ahora, ¿cuál es la probabilidad de que al sacar una carta al azar resulte ser un as de cualquier palo? En este caso, la probabilidad sería de 4 entre 52 (4/52 = 0,08). Cuatro, porque hay cuatro ases y cualquiera de ellos es favorable; y nuevamente cincuenta y dos porque es el total de cartas de la baraja. Otras formas de expresar esta probabilidad son diciendo «4 de 52» o «4:52». Si divido en 4 a ambos lados (para simplificar la fórmula), queda 1 entre 13, o 1:13, o 7,69 %.

La probabilidad compuesta está definida por la multiplicación de las probabilidades de los eventos individuales. ¿Cuál es la probabilidad de que saque al azar cuatro cartas de una baraja inglesa y resulten ser los cuatro ases? Al comenzar el ejercicio tengo todas las 52 cartas, así que la probabilidad de que la primera carta que saque sea un as es de 1 en 52 o 1,92 %. Como ya saqué una carta, la probabilidad para el segundo as es de 1 en 51 o 1,96 %; la del tercer as es 1 en 50, o 2 %, y la del cuarto es de 1 en 49, o 2,04 %. Así que la probabilidad de que al sacar al azar cuatro cartas de una baraja inglesa resulten ser los cuatro ases es de 0,0192 x 0,0196 x 0,02 x 0,0204 = 0,000000153 = 0,0000153 %, o $1,53 \times 10^{-5}$ %, o 1 en 6 535 948. ¿Qué significa este número? Que es muy difícil sacar los cuatro ases seguidos al azar. Tenemos 6 535 947 oportunidades de fallar y solo una de acertar. ¿Cree usted muy factible sacar los cuatro ases al primer intento? ¿Cierto que no? ¿Y qué tal al segundo? ¿O al tercero? Las cartas no tienen memoria, así que con cada nuevo intento de sacar los cuatro ases existe la misma probabilidad, sin importar que usted lleve diez millones de intentos y no lo haya logrado. Incluso si usted invita a 6 535 948 personas, le da a cada una baraja y les pide que, al sonar la campana, todas saquen cuatro cartas al azar, es posible que nadie saque los cuatro ases. Todas esas personas tienen la misma baja probabilidad de que eso suceda.

Siendo claro que es bastante improbable sacar al primer intento los cuatro ases seguidos, ya que tiene en su contra $6,5 \times 10^6$ casos, ¿qué decir de un evento que tiene 1×10^{368} casos en contra y solo 1 a favor? Si se produce el evento esperado al primer intento, teniendo 1×10^{368} casos en su contra, ¿sería muy pretensioso llamar a esto un milagro?, ¿no sería esta una definición matemática y probabilística de lo que es un milagro?

APÉNDICE C

LA GRAN HISTORIA

Algunas universidades están incluyendo en sus currículos una asignatura emergente llamada La Gran Historia. Esta historia pretende comprender de manera unificada las historias del universo, la Tierra, la vida y la humanidad, comenzando desde la Gran Explosión (*Big Bang*) hasta llegar al mundo actual. La Gran Historia forma parte de un campo interdisciplinario que nació de un proyecto iniciado por Bill Gates[200] y David Christian[201]. El proyecto ha ido creciendo en relevancia e importancia en el mundo académico por la gran cantidad de disciplinas que reúne, los temas que abarca y las preguntas que pretende resolver.

Encuentro muy oportuna esta asignatura porque el lector debe conocer a muy grandes rasgos esta historia. En el desarrollo de la primera pregunta, hago bastantes referencias a puntos importantes de todo este proceso.

El proceso histórico de formación de todas las cosas, que en esta asignatura se explica, es una visión completamente naturalista que tiene, como es de

---

[200] William Henry Gates III, conocido como Bill Gates, es un empresario, ingeniero informático y filántropo estadounidense, cofundador de la empresa de *software* Microsoft.

[201] David Christian, historiador y profesor de historia rusa de la Universidad de Oxford.

esperarse, grandes vacíos y suposiciones. La secuencia de eventos coincide con la versión bíblica y por eso la quiero presentar, aclarando que todo lo que científicamente sabemos del origen de nuestro universo es lo que ocurrió una fracción de tiempo después de la Gran Explosión. Después de la explosión ya se pueden aplicar todas las leyes de la física y química. Pero antes de ella no hay lógica ni física ni química que pueda ser aplicada a aquello que dio origen al estallido. Dicho de otra manera, antes de la Gran Explosión, la ciencia solo ofrece teorías naturalistas que no pueden ser demostradas, ya que ningún conocimiento puede ser aplicado a esa «singularidad» que dio origen a todo.

Esta Gran Historia puede resumirse de la siguiente manera: hace 13 700 millones de años no existía ni el tiempo ni el espacio, solo una pequeñísima «bola» de energía, tal vez un poco más grande que un punto[202]. Los científicos se refieren a esa «bola» como una «singularidad». Este supuesto, que es con el que empiezan todas las teorías naturalistas, tiene muchos problemas que atentan contra la lógica y las leyes de la física. Primero, contra la lógica, ya que hablan de un punto de energía del «tamaño» de un pequeñísimo átomo. Pero no podemos hablar de «tamaño» cuando no existía el espacio: hablar del tamaño de un objeto, por más infinitesimal que sea, solo tiene sentido si existe el espacio para contener a ese objeto. Segundo, no pueden explicar su origen; por eso lo han llamado «singularidad». Toda la materia en forma de energía que habría de formar todo lo que existe en el universo estaría contenida en esa «singularidad». Permítame reiterar lo que acabo de decir: la materia necesaria para «producir» todos los cuerpos celestes que usted ha visto en las fotografías o películas, toda esa inmensidad de estrellas, cometas, lunas, meteoritos, etc. y todo lo que hay en nuestro planeta, habría estado ahí en esa «bola» de energía.

Según la ciencia, esa «singularidad» comenzó a expandirse a una velocidad absolutamente increíble. Durante el primer segundo, la energía misma se hizo añicos en distintas fuerzas y aparecieron el electromagnetismo y la gravedad. Luego, la energía hizo algo que parece mágico: comenzó a «congelarse» para formar materia: quarks que formaron protones, y leptones que formaron electrones. Solo en un segundo de vida que tenía nuestro universo, ya existían las dos fuerzas que gobiernan la materia, así como sus primeros ladrillos.

---

[202] ¿Difícil de comprender esto? Ciertamente lo es, pero el genio de Albert Einstein fue capaz de comprenderlo tan bien que lo expresó en su sencilla fórmula de «energía es igual a la masa por la velocidad de la luz al cuadrado».

Tuvieron que pasar 380 000 años para que el enfriamiento del universo diera a luz los primeros átomos de hidrógeno y helio que se aglomeraron en gigantescas «nubes» sin ninguna estructura. En ese momento, la fuerza de gravedad empezó a hacer su trabajo de unir estos átomos de hidrógeno y helio que eran cercanos entre sí. Donde había más cantidad de ellos, mayor era la fuerza de gravedad, de modo que se unían más partículas que antes estaban muy lejos como para sentir la atracción. Con el correr del tiempo, esas aglomeraciones se hicieron cada vez más y más grandes hasta que crearon una enorme presión sobre la masa del centro. Así se empezaron a fusionar y liberaron una gran cantidad de energía en forma de calor. Después de transcurridos poco más de 200 millones de años, aparecieron entonces las primeras estrellas del universo. Pero ellas no viven para siempre: tienen vidas de millones de años, pero no son inmortales. Cuando una estrella agota todo su combustible, muere. Dependiendo de su tamaño, varias cosas pueden pasar. Las grandes (más de mil veces la masa de nuestro sol) colapsan y su explosión genera una temperatura tan alta que termina fusionando sus átomos entre sí. Así se forman todos esos elementos que encontramos en la tabla periódica (carbono, oxigeno, oro[203], hierro, mercurio, uranio, cobre, plata, etc.). Las estrellas pequeñas, como nuestro astro solar, se convierten en globos de masa helados, poco interesantes, y quedan condenadas al aburrimiento eterno, ya que nada especial pasa con ellas.

A medida que las estrellas iban muriendo, el universo se volvía más complejo químicamente. Podría haberse hecho una tabla periódica con varias docenas de elementos en ese momento, cuando el universo tenía poco más de 1000 millones de años. Este proceso siguió sucediendo hasta que hace unos 5000 millones de años se formó nuestro sistema solar con los residuos de otras estrellas que colapsaron. Por eso la Tierra es mucho más compleja que una estrella y su existencia se explica con toda la tabla periódica química.

Mil millones de años después aparecieron los primeros organismos unicelulares, con lo que inició la vida en la Tierra. Estos fueron los únicos seres vivos por cerca de 4000 millones de años. Después de ellos, aparecieron los organismos multicelulares y nuestro planeta empezó a ser colonizado por una increíble cantidad de especies que establecieron su morada en el agua, el aire y la

---

[203] Esa cadena de oro que posiblemente lleva colgada de su cuello proviene de una estrella que explotó. Parte de su material se volvió a juntar por la acción de la gravedad y formó otros cuerpos celestes como nuestro planeta.

tierra. La inmensa cantidad de ellas se extinguió con el paso del tiempo, pero en la actualidad sobreviven suficientes como para deleitarnos con la riqueza y variedad de lo que la vida produce. Entre todas las especies que han habitado la Tierra, el hombre (más importante y especial de todas) apareció hace 200 000 años.

¿Fue toda esta secuencia de hechos dirigida por un «ser» superior o simplemente fue el curso fortuito de las cosas? Con respecto a esta pregunta, se genera la división entre las comunidades científicas. Algunos sostienen que no, y le asignan a la materia la increíble propiedad de autogenerar la compleja y precisa información necesaria para que, en complicidad total con las propiedades físicas y químicas, se organice y cree todo lo que existe. Muy por el contrario, las comunidades religiosas, e incluso algunas comunidades científicas, sostienen que un «ser» superior inteligente (un verdadero Creador) fue quien le infundió la información necesaria a la materia para que se organizara de la manera en que lo ha hecho y se creara todo lo que existe.

APÉNDICE D

KITZMILLER CONTRA EL DISTRITO ESCOLAR DE DOVER

En el 2002, los profesores de biología William Buckingham y Alan Bonsell pasaron a formar parte del consejo de educación del distrito de Dover[204], Pensilvania. Durante los siguientes dos años, ellos se opusieron a que a los estudiantes de noveno grado se les enseñara la teoría de Darwin como única forma de explicar el origen de la vida, sin darles la oportunidad de conocer otras teorías. Los debates continuaron por bastante tiempo, hasta que un trabajo de arte de un estudiante de bachillerato desató la furia del consejo. El alumno pintó un cuadro de cinco metros y medio de largo que mostraba la transición, en varias etapas, de un simio a un hombre. La obra terminó incinerada y la pequeña comunidad de Dover se dividió entre los que estuvieron de acuerdo con la quema y los que no.

En la sesión del 7 de junio del 2004, el consejo cuestionó enfáticamente el uso del libro guía *Biology*, de Kenneth Miller, en noveno grado. El cuestionamiento se fundaba en que el libro da como hecho probado la teoría de

---

[204] Dover es una pequeña comunidad rural que tiene poco más de 20 000 habitantes, una gran cantidad de Iglesias fundamentalistas cristianas y un solo colegio de bachillerato. En esta comunidad, el debate entre evolución y creacionismo ha existido desde hace décadas y ha dividido notoriamente a sus habitantes entre los que apoyan una u otra teoría.

Darwin. En el consejo se propuso que el libro fuese reemplazado por *De pandas y personas*[205], escrito por Percival Davis y Dean Kenyon. Este libro incluía la teoría del diseño inteligente como alternativa a la de Darwin.

El consejo continuó con sus reuniones regulares y debatió la propuesta presentada por los profesores Buckingham y Bonsell. Finalmente, en la reunión del 18 de octubre del 2004, y con una votación de 6 a 3, se decidió incluir el siguiente texto en el pénsum de noveno grado:

> Las normas de la Academia de Pensilvania exigen que los estudiantes aprendan acerca de la teoría de la evolución de Darwin y que eventualmente se les pregunte sobre ella en los exámenes programados para aprobar el grado.
> La teoría de Darwin es una teoría que sigue en prueba, debido a nuevos descubrimientos que difieren de su punto de vista. La teoría no es un hecho. Existen unos vacíos que la evidencia no ha podido llenar. Una teoría es definida como una explicación comprobada que unifica una amplia gama de observaciones.
> El diseño inteligente es una explicación del origen de la vida que difiere de la propuesta por Darwin. El libro de referencia, *De pandas y personas*, está disponible para los estudiantes que quieran explorar esta teoría como un esfuerzo por comprender lo que el diseño inteligente implica.
> Como es aplicable para cualquier teoría, se les pide a los estudiantes una mente abierta. El colegio deja la discusión sobre el origen de la vida al estudiante y a su respectiva familia. Como Distrito Escolar sujeto a las normas de la Academia, la clase se focaliza en preparar a los estudiantes para que alcancen un nivel de conocimiento en los temas indicados por la academia escolar de Pensilvania.

Los tres miembros que votaron en contra renunciaron a modo de protesta y el resto de sus colegas se reusó a leer esta adenda del pénsum a los estudiantes —citaban el código 235.10(2) del estado de Pensilvania, que ordena que un educador no «[...] desvíe con intención y conocimiento de causa ninguno de los temas del pénsum escolar»—.

La junta escolar aceptó que efectivamente existían unos grandes vacíos en la teoría de la evolución de Darwin, y que por eso se trataba de una teoría y no de un «hecho». Estaba más cerca de ser una corazonada que una «hipótesis

---

[205] En su tercera edición, publicada en el 2007, *De pandas y personas* cambió su título original por *The Design of Life: Discovering Signs of Intelligence in Biological Systems.*

científica». Pero, igualmente, se oponían a darle un respaldo «científico» a una visión «religiosa» sobre el origen de la vida[206]. Los miembros que respaldaron la inclusión del texto argumentaron que lo único que se pretendía era informarle al estudiante que existía una explicación alternativa a la propuesta por Darwin sobre el origen de la vida.

La Unión de Libertades Civiles de América (ACLU, por sus siglas en inglés), en alianza con la organización Americanos Unidos por la Separación entre Estado e Iglesia (AU, por sus siglas en inglés), demandaron al Distrito Escolar de Dover el 14 de diciembre del 2004, en representación de once padres de familia, incluyendo a Tammy Kitzmiller[207]. El abogado Eric Rothschild, de la firma de abogados Pepper Hamilton LLP y miembro del Centro Nacional para la Educación Científica (NCSE, por sus siglas en inglés), se ofreció como representante del demandante, con el apoyo de todo el NCSE. El caso acaparó inmediatamente la atención del país, ya que lo que estaba en juego era el futuro educativo de las ciencias en los colegios de los Estados Unidos. Los principales diarios y revistas dedicaron numerosas portadas con titulares como *Darwin vs. Dios, Evolución al banquillo, La guerra contra la evolución*, etc.

La defensa corrió por cuenta del Centro de Leyes Thomas More (uno de los fundadores de este centro fue quien le presentó el libro *De Pandas y Personas* al profesor Buckingham). El apoyo académico de la defensa fue el Instituto Discovery[208] (varios de sus miembros sirvieron como testigos en el juicio, que duró seis semanas). Los abogados del centro no buscaron demostrar que una teoría era mejor que la otra, sino que la formación académica de los estudiantes se veía beneficiada en la medida en que fueran consientes de los fallos existentes en la teoría de Darwin y de que existían otras hipótesis que también explicaban el origen de las especies (desde otro punto de vista científico).

---

[206] Por un caso que se dio en 1987, la Corte Suprema de Justicia de los Estados Unidos prohibió la enseñanza del creacionismo en los colegios, ya que violaba la separación entre Iglesia y Estado consagrada en la Constitución de este país.

[207] La cadena de televisión PBS realizó un programa de dos horas, sobre este juicio, que tituló *El día del juicio final: el diseño inteligente al banquillo.* Puede verse en https://www.youtube.com/watch?v=x2xyrel-2vI&index=35&list=WL&t=0s

[208] Discovery Institute (www.discovery.org) es una organización sin ánimo de lucro fundada en 1990. Es considerado un centro de estudio conservador y tiene su sede en Seattle, Washington. Se ha hecho famoso por su defensa de teorías contrarias a la de Darwin, entre ellas, la del diseño inteligente.

La idea básica del diseño inteligente (que emergió en la década de los ochenta con el controversial libro *El juicio contra Darwin*, de Phillip Johnson) es que una «causa» o «agente» inteligente ha guiado el proceso de la formación de especies, ya que los elementos de este proceso son tan complejos que no pueden ser explicados por las simples mutaciones aleatorias de las células en sus respectivos organismos. Dichos elementos complejos requieren la organización precisa de todas las partes al mismo tiempo para funcionar como organismo y no pueden emerger lentamente con el paso del tiempo, como lo sugiere la teoría de Darwin. A manera de ilustración: una trampa de ratón requiere que todos sus componentes sean organizados al mismo tiempo para poder cumplir con su propósito —cazar ratones—. Esos componentes no pueden ser el resultado de lentos y graduales cambios que comenzaron con un algo, que no era una trampa de ratón, que llegó a convertirse en el mecanismo actual que atrapa ratones. Un «agente» inteligente tuvo que pensar y disponer sus partes para que, una vez ensambladas, cumplieran con el propósito que tenía en mente al momento de idearla. Por eso se habla de un «diseño».

Cuando comenzó el juicio sin jurados, precedido por el juez John E. Jones III, el 26 de septiembre del 2005, la nación se encontraba muy atenta a lo que pudiera pasar en la corte federal del Estado de Pensilvania. La polémica incluso involucró al entonces presidente de los Estados Unidos, George W. Bush, quien ofreció su respaldo a la teoría del diseño inteligente y mostró su acuerdo con la idea de que ambas teorías se enseñaran en los colegios. Ya que no había jurados, sus sillas fueron ocupadas por periodistas, escritores, científicos y académicos de todo el mundo, incluido el tataranieto del mismo Darwin, el escritor Matthew Chapman.

Durante las tres primeras semanas, los demandantes presentaron como testigos a una gran cantidad de biólogos, científicos y autores que argumentaban cómo para ellos la teoría de la evolución de Darwin, si bien era una hipótesis, explicaba plenamente la formación de la vida en el planeta a lo largo de su historia y era corroborada por los descubrimientos científicos divulgados hasta el momento. Un testigo que acaparó buena parte del tiempo fue Kenneth Miller, autor del texto de biología usado por los estudiantes del colegio en Dover. Miller dedicó primero su testimonio a aclarar qué era y qué no era ciencia. Según él, el diseño inteligente no lo era, por cuanto que no era demostrable.

El testigo más importante de la defensa fue el profesor de Bioquímica de la Universidad de Lehigh en Pensilvania, Michael Behe[209]. En sus libros, Behe habla de algunas partes de ciertos organismos tan complejas como el «flagelo»[210] de la bacteria (que se asemeja increíblemente al mecanismo del motor fuera de borda de un bote). El flagelo es capaz de rotar en ambos sentidos a cien mil revoluciones por minuto y está compuesto por más de veintiséis partes que incluyen engranajes, piñones, diferencial, ejes, etc. Behe sostiene que un mecanismo como este no puede ser explicado como el resultado de la evolución gradual y sucesiva que propone Darwin, ya que, para que funcione como mecanismo de propulsión, todas sus partes tienen que ser operativas al mismo tiempo. Behe denominó a este hecho «complejidad irreductible». Una mano, por ejemplo, por más complejo que sea su funcionamiento, puede operar con tres, cuatro o cinco dedos. Es decir que es posible explicar el número actual de dedos como el resultado de una evolución gradual. Pero no se puede explicar de igual modo el sistema de coagulación de la sangre, que requiere que los diecisiete componentes que intervienen en ella estén presentes y sincronizados al mismo tiempo.

El 20 de diciembre del 2005, el juez John E. Jones III emitió su veredicto. En este afirmaba que el diseño inteligente no era ciencia, sino un seudónimo de la versión bíblica de la Creación y que el tema había querido ser introducido en el programa académico por el Distrito Escolar de Dover por razones religiosas. Por esas razones, consideraba inconstitucional la enseñanza de dicha teoría en las clases de ciencias en los colegios públicos del distrito. En su fallo de ciento treinta y nueve páginas, reconoce que la teoría de la evolución de Darwin no es perfecta y que es incapaz de explicar una gran cantidad de hechos científicos. Pero afirma que esa no es una razón para proporcionar a los estudiantes información sobre otras teorías que tampoco han sido probadas. Dicho fallo significó para el juez Jones III la entrada a la lista de las cien personas más influyentes en los Estados Unidos de la revista *Time* del 2005.

---

[209] Autor del libro *La caja negra de Darwin: el reto de la bioquímica a la evolución.*

[210] Apéndice móvil con forma de látigo, presente en muchos organismos unicelulares, que sirve como mecanismo de propulsión.